注塑机使用维修200例

李培元　谢鹏程　编著

机 械 工 业 出 版 社

本书介绍了200个注塑机现场维修的典型案例，主要内容包括：注塑机合模故障诊断与维修、注塑机开模故障诊断与维修、注塑机调模故障诊断与维修、顶针部分故障诊断与维修、注塑机中子故障诊断与维修、注塑机注射故障诊断与维修、注塑机预塑（储料、熔胶）与背压故障诊断与维修、注塑机温度（电热、液压油）故障诊断与维修、注塑机的其他故障诊断与维修。本书是作者30余年从事注塑机现场维修工作的经验总结，所有故障案例均来源于实际生产现场，并配有丰富的图片，实用性强。

本书可供从事注塑机生产、使用与维修的专业技术人员和工人阅读使用，也可供相关专业的在校师生参考。

图书在版编目（CIP）数据

注塑机使用维修200例/李培元，谢鹏程编著. —北京：机械工业出版社，2019.5（2025.1重印）

ISBN 978-7-111-62418-9

Ⅰ.①注…　Ⅱ.①李…②谢…　Ⅲ.①注塑机-维修-案例
Ⅳ.①TQ320.5

中国版本图书馆CIP数据核字（2019）第061586号

机械工业出版社（北京市百万庄大街22号　邮政编码100037）
策划编辑：陈保华　臧弋心　责任编辑：陈保华　臧弋心　张亚捷
责任校对：李　杉　　封面设计：马精明
责任印制：部　敏
北京富资园科技发展有限公司印刷
2025年1月第1版第8次印刷
184mm×260mm・13.75印张・334千字
标准书号：ISBN 978-7-111-62418-9
定价：59.00元

前言

注塑机维修工作的核心是故障的判断和故障的处理。注塑机的维修人员，既要掌握机械设备维修的基础知识和液压维修的基础知识，也要具备电气维修的基础知识。

维修注塑机时，必须了解和掌握注塑机操作说明书中的内容，熟悉和掌握注塑机的机械部件、电路及油路，了解注塑机在正常工作时机械、电路及油路的工作过程，了解和掌握电气元器件、液压元件的检查和维修使用方法。要清楚正常工作状态与不正常工作状态，以避免误判断和误拆卸。平时要多收集注塑机有关资料。

本书案例分为合模故障、开模故障、调模故障、顶针部分故障、中子故障、注射故障、预塑与背压故障、温度故障、其他故障。电气元件修理均参考宏讯 C6000、C380、S260 及富士等计算机控制器。所有案例均为实际现场案例的搜集和整理、归纳和描述，并且配有大量的相关图片，以方便读者参考和学习。

本书由李培元、谢鹏程编著，呼炜忠、栾泽、迟文凯参与了书稿的校对及资料整理工作。我们力图全面系统地分析注塑机常见故障并提出解决方案，为注塑加工行业相关从业人员提供参考。由于水平所限，书中不足之处在所难免，敬请广大读者批评指正。

编著者

目录

前　言
第 1 章　注塑机合模故障诊断与维修 …… 1
案例 1　手动按下合模按钮后，注塑机没有合模 …… 3
案例 2　合模电子尺故障造成没有合模 …… 4
案例 3　前后安全门故障造成没有合模 …… 5
案例 4　脱模未退回报警造成没有合模动作 …… 6
案例 5　合模的输出信号灯亮并伴有嗡嗡响声，但注塑机未合模 …… 7
案例 6　放大板输出电流紊乱造成没有合模 …… 8
案例 7　合模时曲肘机构不能伸直 …… 9
案例 8　合模时速度很慢 …… 10
案例 9　在开启手动动作（或压力）时，模具开合模较慢 …… 10
案例 10　手动（半自动）合模时液压保险异常报警 …… 11
案例 11　手动（半自动）合模时机械保险异常报警 …… 12
案例 12　手动（半自动）合模时没有锁模终止信号反馈或高压时间过长 …… 13
案例 13　手动（半自动）合模时润滑报警 …… 13
案例 14　锁模到位后模板会退回 …… 14
案例 15　模具合模后锁模不严使得产品产生飞边 …… 15
案例 16　半自动状态下锁模到位后仍处于高压锁模状态 …… 17
案例 17　生产中锁模力经常下降，需要重新调模 …… 17
案例 18　无快速合模动作 …… 18
案例 19　无慢速合模动作 …… 18
案例 20　注射过程产生曲肘机构松动，行程开关未压住导致产品出现飞边现象 …… 19
案例 21　在生产时偶发高压锁模报警 …… 20
案例 22　锁模高压无法建立（有压力回落现象） …… 21
案例 23　模具空置情况下合模后出现模具保护报警 …… 22
案例 24　半自动模式下关门一次不合模 …… 23
案例 25　合模结束时，尾板产生左右晃动 …… 24
第 2 章　注塑机开模故障诊断与维修 …… 26
案例 26　工作数小时后，注塑机无法开模 …… 26
案例 27　手动开模没有动作输出 …… 27
案例 28　开模全程无快速度且开模不到位 …… 27
案例 29　开模无慢速度且频繁超过设置的停止位置，没有自动顶出动作 …… 28

案例 30　半/全自动生产时，出现开模超程故障 …… 29
案例 31　在按下开模开关后开模存在延迟 …… 30
案例 32　开模速度过快且无法通过压力速度调节 …… 31
案例 33　注塑机开模不到位且速度慢 …… 31
案例 34　开模初始有“咔”的一声 …… 32
案例 35　注塑机开模时产生异常声响且无法脱模 …… 33
案例 36　注塑机工作一段时间后频繁出现开模困难 …… 34
案例 37　锁模后在进行其他动作时，模具会慢慢打开 …… 34
案例 38　手动按合模按键时，只有开模动作输出 …… 35
案例 39　开始开模动作时，压力表显示正常但无法开模 …… 36
案例 40　注塑机重新开机后模具无法停止并沿原路返回一段 …… 36
案例 41　开射台动作或射胶动作，模具打开较慢 …… 37
案例 42　注塑机突然停电，4h 后再起动无法开模 …… 38
案例 43　模具到达设定的开模位置后，还会弹回 20mm 左右 …… 38
案例 44　注塑机生产时开模不到位且频繁报警 …… 39
案例 45　注塑机出现锁模后无法开启，更换机套未能改善 …… 40
案例 46　注塑机在生产完后关机，第二天无法开模 …… 41
案例 47　注塑机合模后无法开启，手动模式下也无开模反应 …… 41
案例 48　注射成型后，模具在半自动状态下无法开启 …… 42
案例 49　注塑机模具无法打开 …… 43

第 3 章　注塑机调模故障诊断与维修 …… 44

案例 50　调模时采用手动调模，调节压力正常但调模动作消失 …… 44
案例 51　注塑机调模过程中存在杂音 …… 45
案例 52　设备没有调模动作且液压马达不工作 …… 46
案例 53　注塑机没有调模动作但调模压力及输出信号正常 …… 47
案例 54　按调模进退按钮均向调模退方向移动 …… 47
案例 55　注塑机在调模时无法调动 …… 48
案例 56　正常自动生产中调模会越来越紧或越来越松 …… 48
案例 57　注塑机调模时存在较大的振动和噪声 …… 48
案例 58　注塑机无调模动作，拆卸安装恢复后，换模后故障复发 …… 49
案例 59　调模部分容易卡死 …… 50
案例 60　注塑产品出现毛边，现已无法通过重装调模改善 …… 50
案例 61　在调到慢速调模位置时无法移动 …… 51
案例 62　注塑机无法实现自动调模，显示自动调模电眼失败 …… 52
案例 63　调模频繁卡住 …… 53

第 4 章　顶针部分故障诊断与维修 …… 54

案例 64　开模前开门无法顶出 …… 55
案例 65　顶针在有信号且有压力显示的情况下无法实现顶出操作 …… 56
案例 66　抽插芯模具实际生产时出现异常 …… 57
案例 67　120t 注塑机顶针顶进时无法停机 …… 58
案例 68　顶针退后动作存在很大压力且十分缓慢 …… 58
案例 69　半自动顶针顶出后无法退回 …… 59
案例 70　顶针在半自动生产锁模的同时会自动向前 …… 60

案例 71　顶针退后动作存在很大的声音且退后动作十分缓慢 …… 61
案例 72　顶针动作实际次数小于设定次数，导致频繁压模 …… 62
案例 73　加大（减小）顶针动作时开模和合模也会随之变化 …… 62
案例 74　某 1250t 注塑机在模具顶针退回时产生异响 …… 63
案例 75　注塑机无开模动作且顶针不到位 …… 64
案例 76　某海天 85t 注塑机处于开模状态且无合模动作，顶针后退感应灯不亮 …… 64
案例 77　顶针无法退回，再次关闭安全门则恢复正常 …… 65
案例 78　注塑机在半自动模式下模具打开后顶杆无法顶出，只能手动顶出 …… 65
案例 79　注塑机在开模未到位时，就有顶出动作 …… 66
案例 80　在半自动和全自动模式下顶针都能进行顶进/顶退动作，但无法通过手动实现 …… 67
案例 81　较大公差范围的注塑机顶针退回时超行程报警 …… 68
案例 82　注塑机出现来回多次顶出现象 …… 69
案例 83　顶针顶不动产品，调大压力后依旧没变化 …… 69
案例 84　按住顶针前进键，顶针不能停止且有后退现象 …… 70
案例 85　顶出次数调到两次，出现顶针连续顶出问题 …… 70
案例 86　顶进停止开关闭合后仍有顶进动作 …… 71
案例 87　开模终止后也不会顶针 …… 72
案例 88　未压下行程开关顶针就开始回位，导致顶针顶出太短，产品取不出来 …… 73
案例 89　某 1380t 注塑机，顶针经常出现设定 3 次只顶出 2 次的情况 …… 73
案例 90　总是出现顶针不能归位的情况 …… 74
案例 91　在半自动模式下锁模动作完成后顶针依然移动 …… 74
案例 92　顶针不能准确到达设定位置 …… 75
案例 93　顶出速度只有设定在“61”以上时才能正常工作 …… 76
案例 94　模具不用顶出时经常出现脱模未到定位的报警 …… 77

第 5 章　注塑机中子故障诊断与维修 …… 78

案例 95　运行中的设备出现“中子动作位置偏差”报警，造成没有中子动作 …… 79
案例 96　某海天 HTF200 注塑机液压缸不能正常打开 …… 79
案例 97　注塑机中子板无法打开 …… 80
案例 98　注塑机中子板故障打不开且阀芯停止工作 …… 80
案例 99　手动模式下中子退回完成后液压缸由退回状态转为前进状态 …… 81
案例 100　安装一副模具后中子动作不正常 …… 82
案例 101　要求中子液压缸退出后再进行脱模顶出时，中子如何设定 …… 82
案例 102　在计算机显示中子前进合模时中子实际并未正常工作 …… 82

第 6 章　注塑机注射故障诊断与维修 …… 84

案例 103　在相同的塑料、成型条件、机型条件下，射胶出的产品不稳定 …… 88
案例 104　在射胶时噪声很大 …… 89
案例 105　重复出现漏胶问题 …… 89
案例 106　注射速度调到低于 10%则没有后续动作 …… 90
案例 107　500t 注塑机设置的注射压力与压力表显示不一致 …… 91
案例 108　注射无压力，但是系统压力和螺杆回抽压力正常 …… 92
案例 109　注塑机保压完成后，又自动保压一次 …… 92
案例 110　某海天注塑机开机后计算机显示的射胶位置反复跳动 …… 93
案例 111　当注射稳定性出现问题时判断止退环的好坏 …… 94

案例 112　射胶终点位置使用一段时间后会产生较大的漂移 …… 95
案例 113　某注塑机压力过大造成法兰损坏，如何拆掉法兰 …… 96
案例 114　料管的拆卸 …… 97
案例 115　使用高温材料生产时注嘴被堵住 …… 98
案例 116　某注塑机注射和熔胶时压力下降 …… 99
案例 117　某 125t 注塑机射胶到保压转换位置时，机筒噪声很大并伴随螺杆向后轻微反弹 …… 99
案例 118　在半自动注射时，机器前进后注射，导致注嘴漏料 …… 100
案例 119　设备射胶时间未到就自动转为保压动作 …… 102
案例 120　半自动生产冷却时间到后，设备不开模，而又开始射胶进入下一循环 …… 103
案例 121　按座退键，设备进行熔胶动作缓慢 …… 104
案例 122　某 250t 注塑机在射胶时的电流达到 70~90A …… 104
案例 123　采用注塑机注射 PET 料不能注射完全 …… 105
案例 124　一台 300t 注塑机，在生产时需调长射胶时间，但射胶时间总是 3s …… 106
案例 125　一台注塑机射出量不均匀的原因 …… 106
第 7 章　注塑机预塑（储料、熔胶）与背压故障诊断与维修 …… 107
案例 126　尼龙加玻璃纤维，预塑过程中熔胶与螺杆不后退，熔胶马达不停转 …… 107
案例 127　机器熔胶很慢，止逆环破裂导致不下料 …… 109
案例 128　注射成型 PVC 下水道管，做射胶动作时，射胶位置不稳定 …… 110
案例 129　熔胶转速很慢，压力达不到设定的转速值 …… 110
案例 130　160t 机熔胶转速过慢，但压力表压力正常，单向阀正常 …… 111
案例 131　油温高的情况下熔胶，速度不均匀 …… 112
案例 132　熔胶压力不够，下料后螺杆转速放慢，有时会停止转动 …… 112
案例 133　设备返厂维修后螺杆不能正常转动 …… 113
案例 134　使用几年注塑机在进行瓶杯注射时，背压过小，制品有气泡 …… 114
案例 135　止逆环、预塑电磁阀均正常，但在注射时螺杆反转 …… 115
案例 136　机筒进料口结块的故障原因 …… 115
案例 137　螺杆转动但是不后退，始终停在射胶完成时的位置 …… 116
案例 138　一台旧 1600t 注塑机，在熔胶时系统压力较低，熔胶太慢 …… 116
案例 139　设备在熔胶时螺杆旋转过程中螺杆直线后退然后再熔胶 …… 117
案例 140　一台注塑机一开始就熔胶很慢，其他动作都正常 …… 118
案例 141　设备加料（熔胶）时螺杆发出很大的声音，频率不一样，出现螺杆停转的现象 …… 118
案例 142　一台注塑机成型产品不稳定，总有飞边 …… 120
案例 143　塑化结束位置已经到了塑化开关，塑化动作还不停 …… 121
案例 144　已经使用了四五年的注塑机，熔胶很慢 …… 121
案例 145　一台 80t 注塑机使用回料时螺杆空转且不下料 …… 122
案例 146　机器在半自动的时候，熔胶时间逐渐加长，从 1s 到 19s …… 123
案例 147　注塑机出现熔胶变慢现象 …… 124
案例 148　储料（熔胶）时间太长，对螺杆、机筒、液压马达的影响 …… 125
案例 149　刚熔胶时出现液压马达转动正常，但旋转几圈后液压马达不工作 …… 125
案例 150　机器生产时出现一模料多，下一模就少料 …… 126
案例 151　储料先慢后快，储料经常不满 …… 127
案例 152　熔胶后，注射时，射不出料及透明产品开裂 …… 128
案例 153　半自动和全自动时，开模会出现熔胶的动作 …… 129

案例 154　530t 的注塑机，生产过程中经常出现储料周期较长 …… 130
案例 155　注塑机熔胶的时候声音很大，用料干净后声音消失 …… 131
案例 156　机器在熔胶时，电热圈未通电，二、三温区温度同样会缓慢升高，且熔胶速度很慢 …… 131
案例 157　某台 200t 的小型机器，熔胶时间相对于其他同型号的机器长 …… 132
案例 158　某台机器运作时其他动作均正常，但熔胶无压力 …… 133
案例 159　海天 HTB-250 机器预塑很慢，更换螺杆后情况未改善 …… 134
案例 160　机器运作时螺杆转动，但无法回退、储料 …… 135
案例 161　某产品生产时需要较高的背压，但加料也没有背压 …… 135
案例 162　注塑机预塑过程逐渐变慢 …… 136
案例 163　立式注塑机工作时，最后一段温度就会下降，不工作则一切正常 …… 137
案例 164　两台 200t 型注塑机，做相同产品时，储料的熔胶量却不一样 …… 138
案例 165　175t 注塑机在生产中停机一会之后，有时不回料（储料不退）不射胶 …… 139
案例 166　熔胶液压马达反转 …… 140
案例 167　机器熔胶中心轴断 …… 141
案例 168　设置储料前冷却，在储料前射座会后退一段距离，储料时又会前进 …… 142
案例 169　450t 注塑机储料时螺杆会转，但不会往后移动，生产无法进行 …… 143
案例 170　在注射过程中，经常出现不下料情况 …… 144
案例 171　某台申达 480t 注塑机不熔胶 …… 145
案例 172　设备通电，起动电动机，同时储料马达也会转动，储料位置停止后电动机仍在转动 …… 146
案例 173　熔胶总是堵在注嘴上，无法射入型腔 …… 146
案例 174　制作重量为 118g 的制品，熔胶位置是 45mm，熔胶位置经常改变 …… 147
案例 175　在生产 PC 料产品时经常出现不熔料 …… 148
案例 176　在同一压力流量条件下，储料时液压马达转速时而正常，时而缓慢 …… 149
第 8 章　注塑机温度（电热、液压油）故障诊断与维修 …… 150
案例 177　4 台数控机器改的计算机操作系统的机器，未装油温报警而不能正常生产 …… 150
案例 178　注塑机液压系统温升过高的原因与处理方法 …… 151
案例 179　注塑机油温设定为 30℃，工作一段时间后，油温超过了 50℃ …… 152
案例 180　机器近一个月没有开机运作，现开机生产 1h 后机器报警油温过高 …… 153
案例 181　某台 280t 注塑机总是报警油温过高，检查冷却系统未发现问题 …… 154
案例 182　机筒出现问题，材料冒烟 …… 156
案例 183　设定温度与实际温度有偏差，颜色有变化 …… 157
案例 184　注塑机计算机屏上面经常报温度 777、888、999 数字，报警后设备即停止生产 …… 158
案例 185　注塑机无法加热，检查熔丝后发觉熔丝上侧没有电 …… 159
案例 186　使用弘讯计算机控制器的 HTF 注塑机，温度失控，时高时低 …… 159
案例 187　注塑机无法加热，经检查为没有温度控制输出信号 …… 160
案例 188　在缺少热电偶的情况下如何控制温度进行生产 …… 162
案例 189　注塑机油温超过 60℃时即报警停机，电动机无法起动，需将模具拆卸下来 …… 162
案例 190　注塑机温度设定好以后，显示总是超过设定的温度 …… 163
案例 191　某台注塑机的加热温度无法达到设定温度 …… 164
案例 192　机器自动生产 15min，料就会烧焦，射出的料会产生异响 …… 165
第 9 章　注塑机的其他故障诊断与维修 …… 166
案例 193　注塑机计算机控制器常见故障 …… 166
案例 194　注塑机的润滑问题 …… 185

案例195　在拆装注嘴、法兰（前机筒）、过胶头以及螺杆与液压马达键槽分离时可能遇到的问题 …… 188
案例196　注嘴漏料 …… 193
案例197　热流道模具安装不当 …… 195
案例198　注塑机热流道系统常见故障 …… 200
案例199　螺杆清洗问题 …… 201
案例200　注塑机的噪声故障 …… 203
参考文献 …… 207

第1章 注塑机合模故障诊断与维修

本章必备知识

注塑机模板连接装置、曲肘连接装置和锁模液压缸装置的结构图如图 1-1～图 1-3 所示。

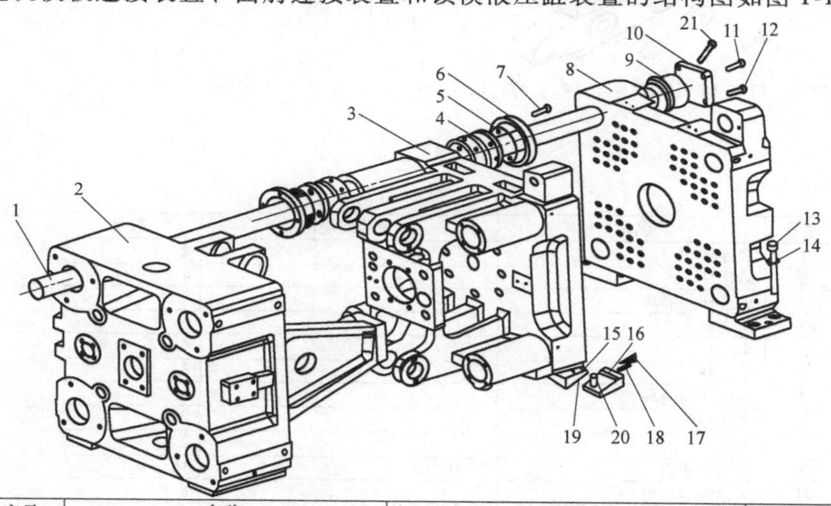

序号	名称	规格	数量
1	拉杆		4
2	尾板		1
3	二板		1
4	铜套		8
5	J形密封圈	d85	8
6	防尘圈压盖		8
7	十字槽沉头螺钉	M6×25	32
8	头板		1
9	拉杆螺母		4
10	拉杆压紧圈		4
11	内六角锥端紧定螺钉	M10×20	4
12	内六角锥端紧定螺钉	M10×25	4
13	内六角螺栓	M20×80	4
14	弹簧垫圈	20	4
15	二板滑脚上斜铁		2
16	二板滑脚下斜铁		2
17	六角头螺钉	M8×45	4
18	内六角平端紧定螺钉	M10×35	2
19	调整块		8
20	圆柱销	A8×16	2
21	内六角螺钉	M16×150	16

图 1-1　注塑机模板连接装置结构图

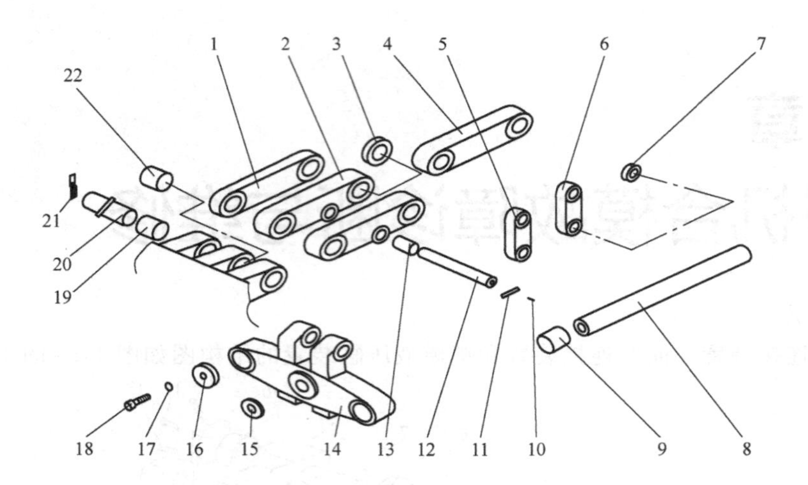

序号	名称	编号或规格	数量
1	后连杆		4
2	后连杆		4
3	后连杆间隔环		8
4	前连杆		6
5	小连杆		4
6	小连杆		2
7	小连杆间隔环		4
8	夹板拉杆		2
9	铜套		2
10	内六角螺钉	M10×20	16
11	小锁轴定位键		8
12	小锁轴		4
13	钢套		8
14	推力座		1
15	推力座垫片		1
16	闷盖		2
17	弹簧垫圈	16	2
18	内六角螺钉	M16×45	2
19	钢套		12
			2
20	大锁轴		6
21	内六角螺钉	M8×20	24
22	钢套		4

图 1-2　曲肘连接装置结构图

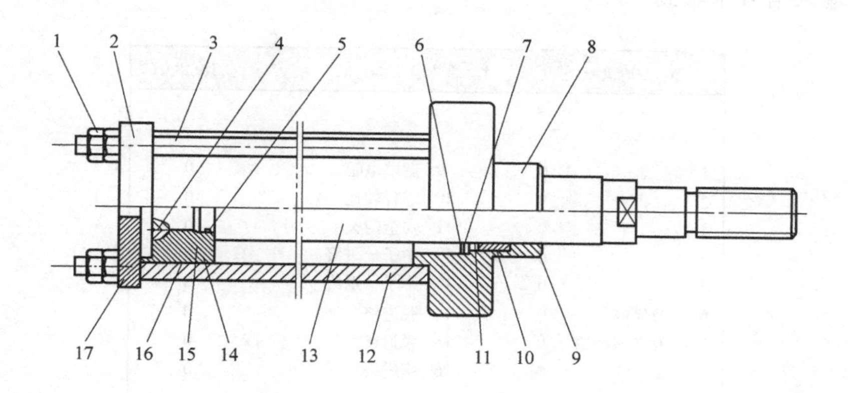

序号	名称	编号或规格	数量
1	六角螺母	M20	4
2	锁模液压缸后盖		1
3	锁模液压缸拉杆		4
4	内六角锥端紧定螺钉	M8×16	2
5	“O”形密封圈	47.22×3.53	1
6	孔用弹性挡圈	75	1
7	锁模前盖挡垫		1
8	锁模液压缸前盖		1
9	防尘圈	LBH55×63×5×6.5	1
10	锁模液压缸前盖铜套		1
11	“Y”形密封圈	UHS55	1
12	锁模液压缸筒		1
13	锁模活塞杆		1
14	“Y”形密封圈	UHS80	2
15	锁模活塞		1
16	活塞环	90×3.6×4.5	1
17	“O”形密封圈	82.14×3.53	1

图 1-3　锁模液压缸装置结构图

案例 1　手动按下合模按钮后，注塑机没有合模

检查锁模到位行程开关是否已经压上（或线路是否开路），可以打开 I/O 界面查询。若确认线路和行程开关良好，则说明是输入计算机板故障。

可由如图 1-4 所示的输入检测界面（PB）来确认控制器是否接收到相应的输入信号。若在机器运转中遇到异常 INPUT（输入）信号，也可由此界面来确认。

确认控制器是否接收到相应的输入信号。在确认 PB 信号前，显示 1 代表输入正常，显示 0 则代表输入信号未收到。

2007.06.20		1. 输入-1		15:28:01
1		0	9 调模电眼	0
2		0	10 螺杆转速	0
3		0	11 安全门关	0
4		0	12 中子一进终	0
5		0	13 中子一退终	0
6	关模终	0	14 脱进终	0
7	射出保护罩	0	15 脱退终	0
8		0	16 座进终	0
K：18				C：00

图 1-4　输入检测界面（PB）

案例 2　合模电子尺故障造成没有合模

首先拉动位置尺杆，若计算机屏上合模数字保持不变，则按如下步骤检查故障（见图 1-5）：

1）检查 DC15V，测量输出±15V 是否正常。

2）检查位置尺接线是否接错或短路。

3）量取位置尺电阻值是否随其长度变动。

4）测量位置尺电源是否有+10V，位置尺上插第 1、3 脚。

5）尝试更换 AD 板。

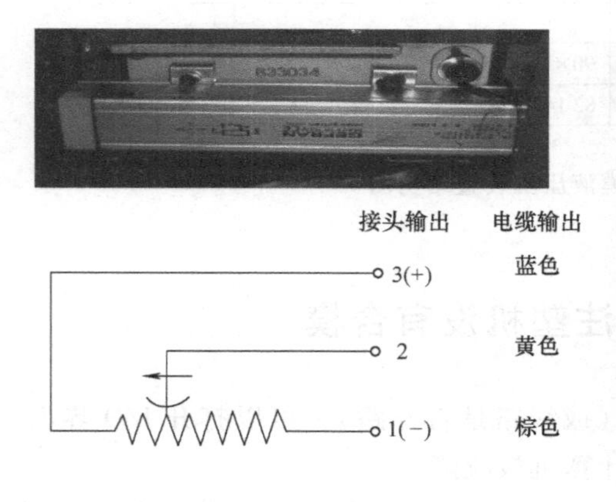

图 1-5　合模电子尺没有合模的故障实例

为了能够准确测量实际位置，合模电子尺应满足以下几点要求：

1）供电电压要稳定。工业电源要求±0.1%的稳定性，当基准电压为10V时，允许有±0.01V的波动，否则会导致显示的数值波动。如果显示波动幅度未超过波动电压的波动幅度，电子尺就属于正常状态。

2）供电电源要有足够的容量。如果电源容量太小，容易发生合模运动进而导致射胶电子尺显示跳动或由于熔胶运动导致合模电子尺的显示波动。特别是电磁阀驱动电源与电子尺供电电源在一起时容易出现上述情况，严重时可以用万用表的电压档测量到较明显的电压波动。如果在排除了静电干扰、高频干扰，并且在对中性良好的情况下仍不能解决问题，可以怀疑是电源的功率偏小。

3）静电干扰和调频干扰很容易使电子尺显示数字跳动。设备的强电线路应与电子尺的信号线分开。电子尺应使用强制接地支架，使电子尺外壳良好接地（端盖螺钉与支架之间的电阻应小于1Ω），信号线需要使用屏蔽线，且在电箱的一端应将屏蔽线接地。当存在静电干扰时，一般万用表的电压测量非常正常，但就是显示数字跳动；高频干扰时其现象也一样。可用一段电源线将电子尺的封盖螺钉与机器上某一点金属短接，静电干扰即可消除。此外，机械手、变频节电器等设备多出现高频干扰现象，可以用停止机械手或变频节电器的办法验证。

4）不能接错电子尺的三条线。“1”“3”是电源线，“2”是输出线，除电源线（“1”线、“3”线）可以调换外，“2”只能是输出线。一旦接错，将出现线性误差大、控制精度差、显示跳动等现象。

5）安装对中性要好，角度容许存在±12°误差，平行度容许±0.5mm误差。如果角度误差和平行度误差都偏大，就会导致电子尺显示数字跳动。在这种情况下，一定要对角度和平行度进行调整。

6）对于使用时间很久的电子尺，密封老化，可能掺有很多杂质，并伴有油、水混合物。这会影响电刷的接触电阻，导致电子尺显示数字跳动，此情况可以认为电子尺本身的损坏。

7）电子尺工作过程中，有时会有规律的在某一点显示跳动数据或不显示数据。这种情况下，就要检查连接线绝缘是否破损以及与机器的金属外壳之间是否存在规律接触。

案例3　前后安全门故障造成没有合模

本案例按如下步骤进行检修（见图1-6）：

1）检查安全门前后行程开关，并修复。

2）检查电箱内24V/5A电源，更换熔丝及电源盒。

3）检查液压保险阀芯是否卡住，清洗阀芯。

4）检查I/O板是否有输出，电磁阀是否到电。

5）检查液压保险安全开关是否压合。

6）检查机械挡杆板是否打开。

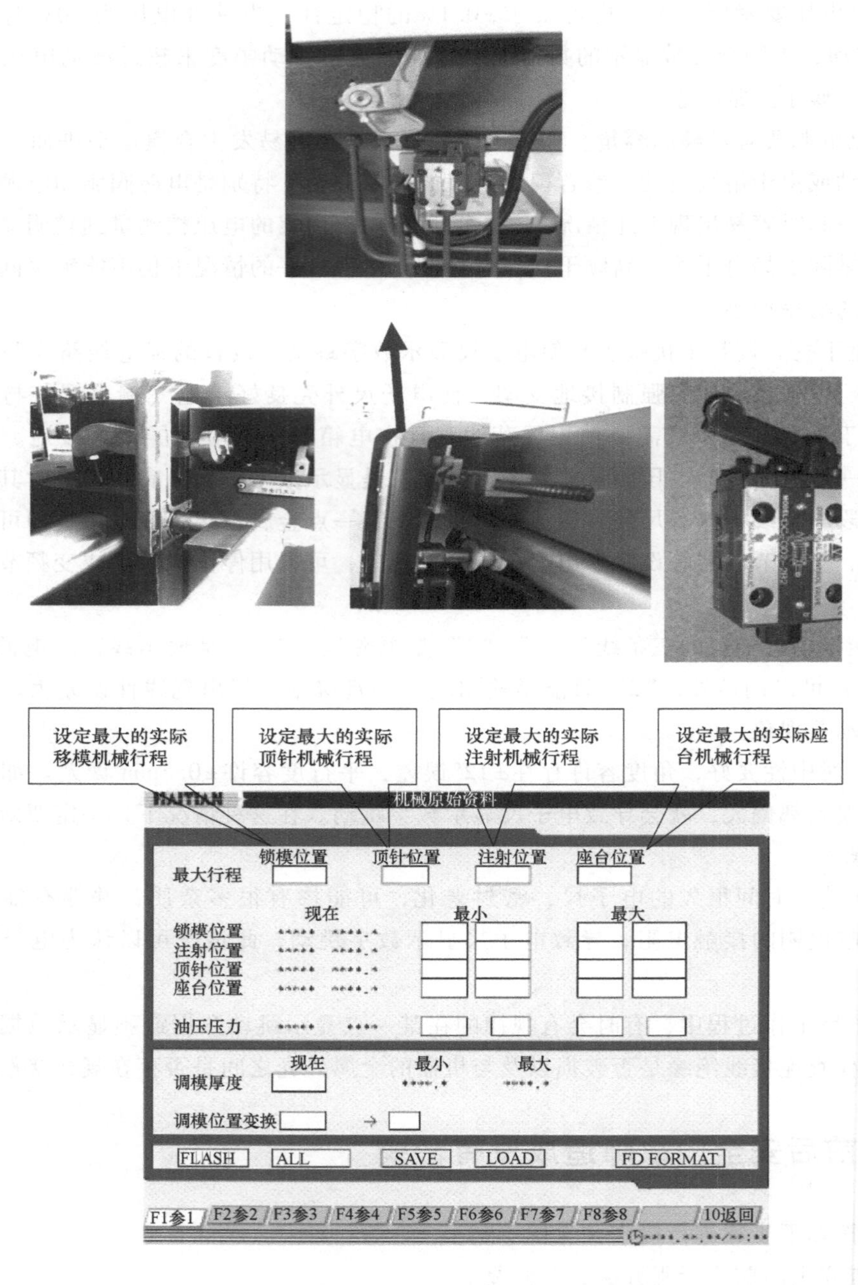

图 1-6 前后安全门及相应故障的系统界面

案例 4 脱模未退回报警造成没有合模动作

本案例按如下步骤进行检修（见图 1-7）：

1）检查发现顶针未退回。

2）开模设定停止位置与实际停止位置相差较大。

3）顶针设定压力和流量太小。

4）顶针设定顶出次数为零。

5）顶出后退行程开关没有接通（NPN）。

6）顶出电子尺故障。

7）顶出电子尺零位调整。

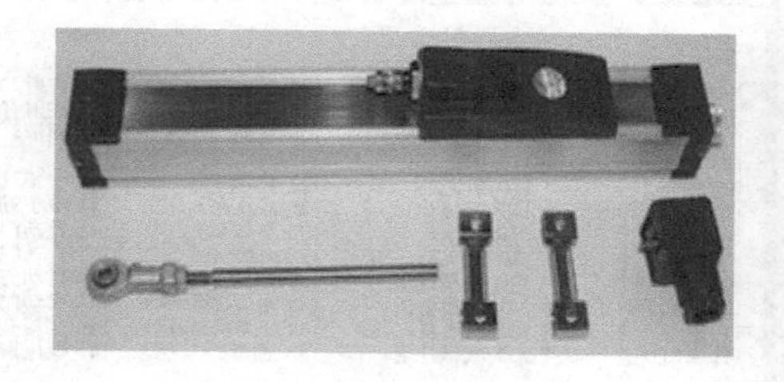

图 1-7 脱模未退回报警造成没有合模的故障实例

案例 5 合模的输出信号灯亮并伴有嗡嗡响声，但注塑机未合模

本案例按如下步骤进行检修（见图 1-8）：

1）开合模液压缸活塞杆与活塞分离造成没有合模。

2）检查系统压力和流量显示是否正常，发现有油压声。

3）检查合模输出界面是否正常。

4）检查液压电磁阀工作是否正常。

5）检查合模机械机构的曲肘是否卡住。

6）检查电路光学尺。

7）顶针前后开关同时接通。

8）将开合模油管反装后进行判断（经验法）。

9）检查机械保险挡块是否仍处于下档位，保险螺钉是否调整到位。

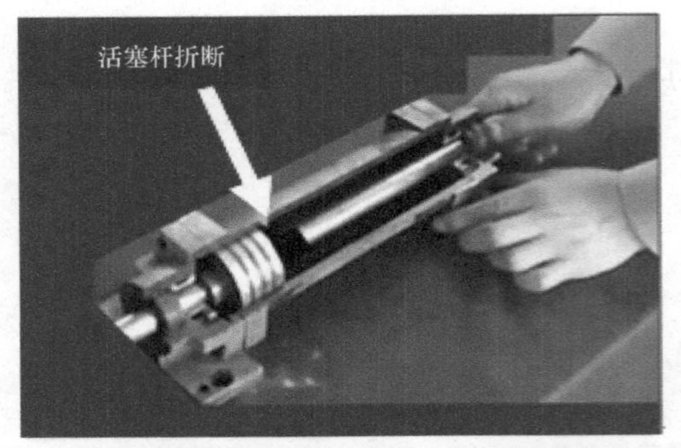

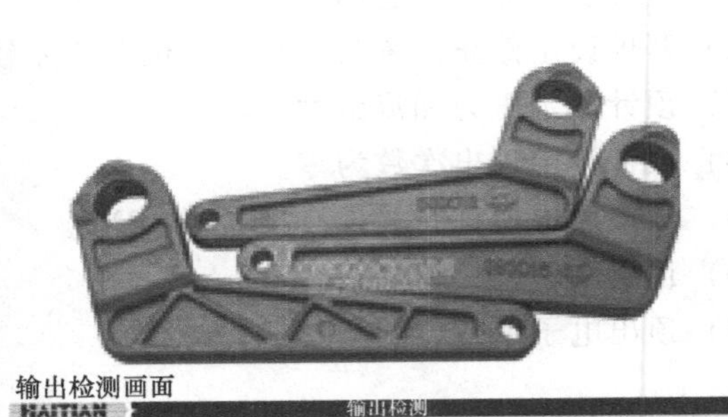

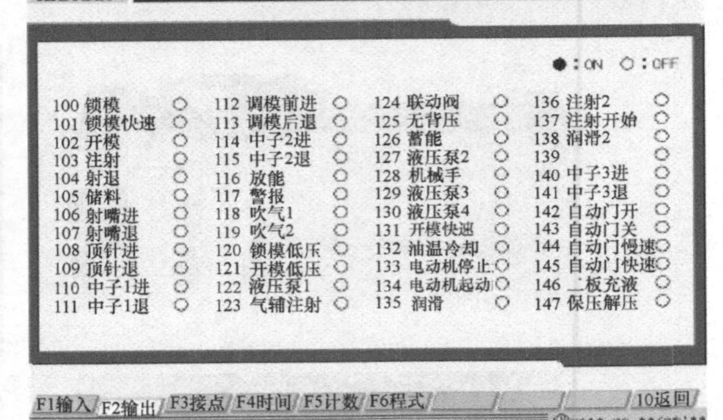

图 1-8　合模的输出信号灯亮并伴有嗡嗡响声，但注塑机未合模的故障实例

案例 6　放大板输出电流紊乱造成没有合模

本案例按如下步骤进行检修（见图 1-9）：

1）检查电流参数是否符合验收标准，重新调整电流值。

2）在系统压力设定在 1400Pa 时，比例压力电流参考值为 0.85A。当系统流量设定在 99%时，系统流量电流参考值为 0.7A。

3）确定 RS232 电缆正常，再检查显示面板（MMI）是否工作正常［显示面板（MMI）CPU 上的 LED1 闪烁表示正常工作］。若不正常工作则需更换显示面板（MMI）CPU 板或程序。

图 1-9　放大板输出电流紊乱造成没有合模的故障实例

2007.06.20 DA-输出 15:28:01

压力#1: 0
速度 : 0
压力#2: 0

下限:0 上限:140

K: 17 C: 00

图 1-9 放大板输出电流紊乱造成没有合模的故障实例（续）

案例 7 合模时曲肘机构不能伸直

本案例按如下步骤进行检修（见图 1-10）：

1）检测发现锁模高压时间设置太短或锁模力太低或速度太慢。

2）检查前后门行程开关是否接触不良（安全门晃动引起）。

3）检查 I/O 计算机界面的输入和输出是否正常（包括大小泵是否工作，压力是否正常）。

4）根据计算机提示检查。

5）检查销轴是否磨损严重。

6）检查开合模液压缸密封件是否损坏，进而造成液压压力内泄漏。

7）检查模具导柱是否磨损严重。

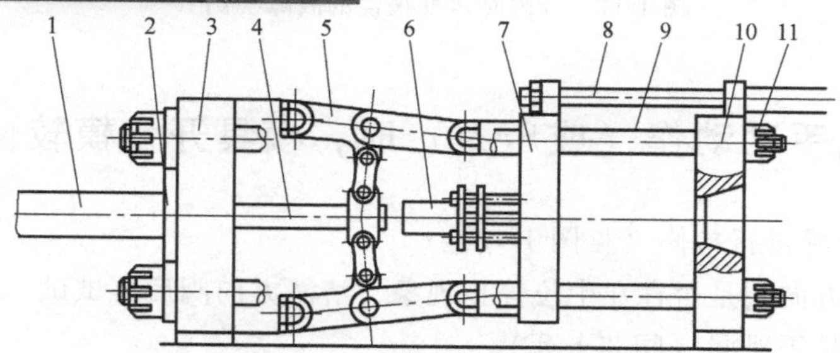

图 1-10 合模时曲肘机构不能伸直的故障实例

1—合模液压缸 2—调模距机构 3—固定后模板 4—活塞杆 5—曲肘连杆机构 6—顶出液压缸 7—移动模板 8—安全保护机构 9—拉杆 10—固定前模板 11—固定拉杆螺母

案例 8　合模时速度很慢

本案例按如下步骤进行检修（见图 1-11）：

1）检查压力流量设定是否合理。

2）检查开合模液压缸密封件是否损坏严重。

3）检查安全门内的压力保险阀是否故障。

4）检查液压油路是否正常（有无泄漏）。

5）检查液压油路中是否存在困气现象（松动螺钉排气）。

6）检查 I/O 计算机界面的输入和输出是否正常。

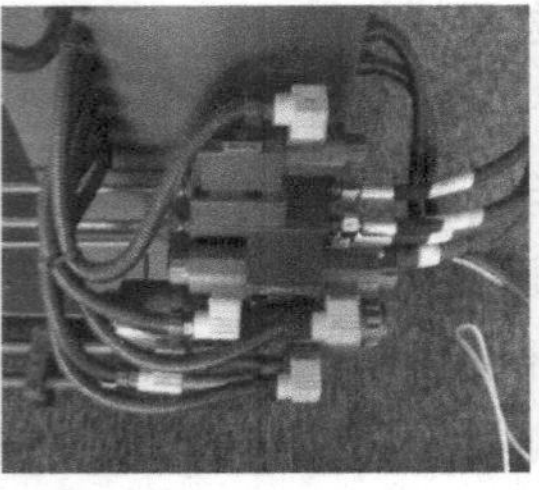

输出检测画面

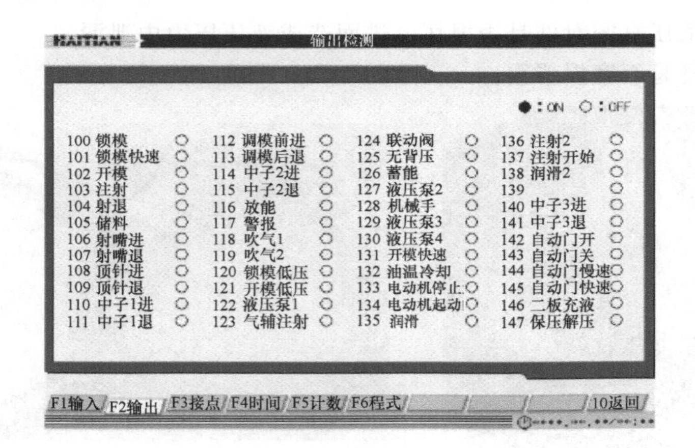

图 1-11　合模时速度很慢的故障实例

案例 9　在开启手动动作（或压力）时，模具开合模较慢

本案例按如下步骤进行检修（见图 1-12）：

1）检查开合模方向阀是否存在中位停止现象，清洗方向阀后再试试。

2）检查液压阀是否泄漏（阀芯卡死）。

3）检查在有压力时，机器是否同时有合模（或开模）信号的输出。

4）更换开合模方向阀。

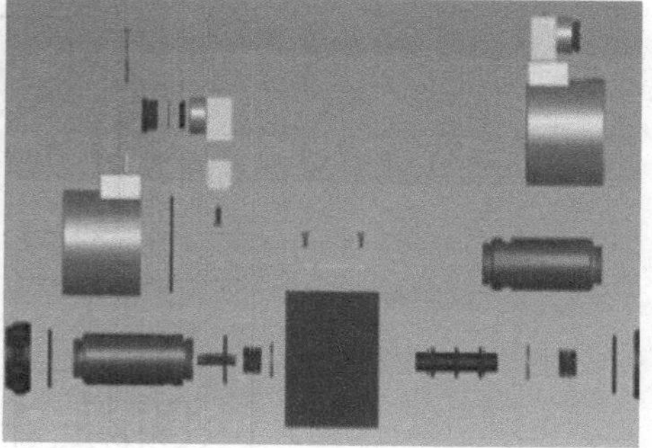

2007.06.20		3 输出-1	15:28:01
1 关模	0	9 脱进	0
2 差动	0	10 脱退	0
3 开模	0	11 中子一进	0
4 射出	0	12 中子一退	0
5 射退	0	13 调模进	0
6 储料	0	14 调模退	0
7 座进	0	15 警报	0
8 座退	0	16 闪光	0
K：18			C：00

图 1-12 在开启手动动作（或压力）时，模具开合模较慢的故障实例

案例 10 手动（半自动）合模时液压保险异常报警

本案例按如下步骤进行检修（见图 1-13）：

1）检查 I/O 计算机界面的输入和输出情况。

2）检查安全门下的液压保险（机动换向阀）是否压上。

3）在确定安全门下的液压保险压上的基础上，观察安装在液压保险压上的接近开关是否正常。

图 1-13 手动（半自动）合模时液压保险异常报警的故障实例

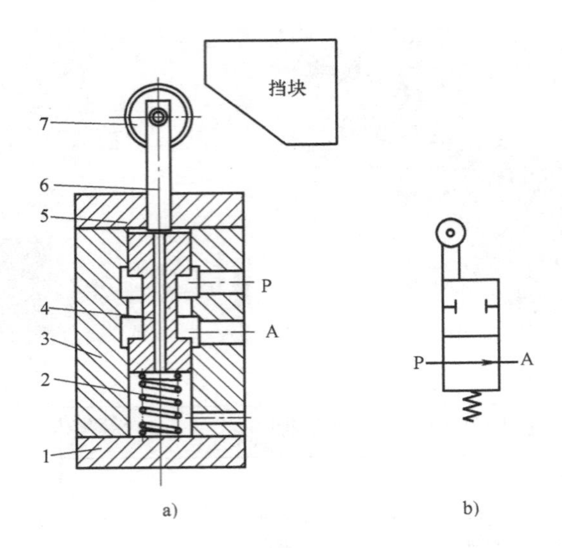

图 1-13　手动（半自动）合模时液压保险异常报警的故障实例（续）
a）液压保险　b）二位二通机动换向阀
1、5—阀盖　2—弹簧　3—阀体　4—阀芯　6—推杆　7—滚轮

4）检查液压保险压上的前提下接近开关线路是否有开路情况。

5）更换液压保险上的接近开关。

案例 11　手动（半自动）合模时机械保险异常报警

本案例按如下步骤进行检修（见图 1-14）：

1）检查 I/O 计算机界面的输入和输出情况。

2）检查安全门使用的空气压力是否正常（>0.196MPa）。

3）检查机械保险气缸是否正常（固定销轴是否完好）。

4）检查安装在机械保险气缸上的接近开关是否完好，电路是否正常。

5）调节机械保险气缸上的接近开关位置。

6）更换专用接近开关。

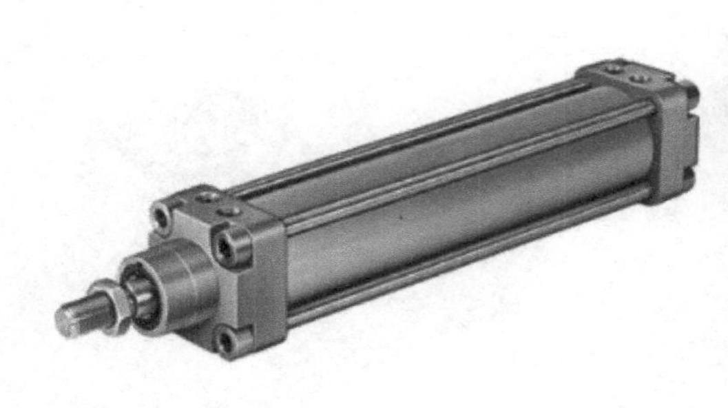
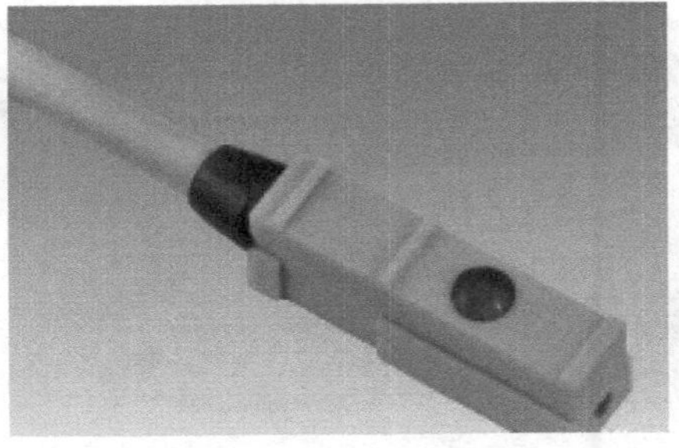

图 1-14　手动（半自动）合模时机械保险异常报警的故障实例

案例 12 手动（半自动）合模时没有锁模终止信号反馈或高压时间过长

本案例按如下步骤进行检修（见图 1-15）：

1）检查 I/O 计算机界面的锁模终止限位开关输入信号是否正常。

2）检查开合模电子尺是否在正常位置上，设定数据是否正确。

3）检查 I/O 计算机界面上合模输入输出条件是否正常。

4）检查大泵和小泵是否正常工作。

5）检查开合模液压缸密封件是否存在泄漏。

6）检查合模油路阀件是否存在内泄漏现象而造成液压油回流油箱。

7）检查比例流量设置是否太小而引起速度上升过慢。

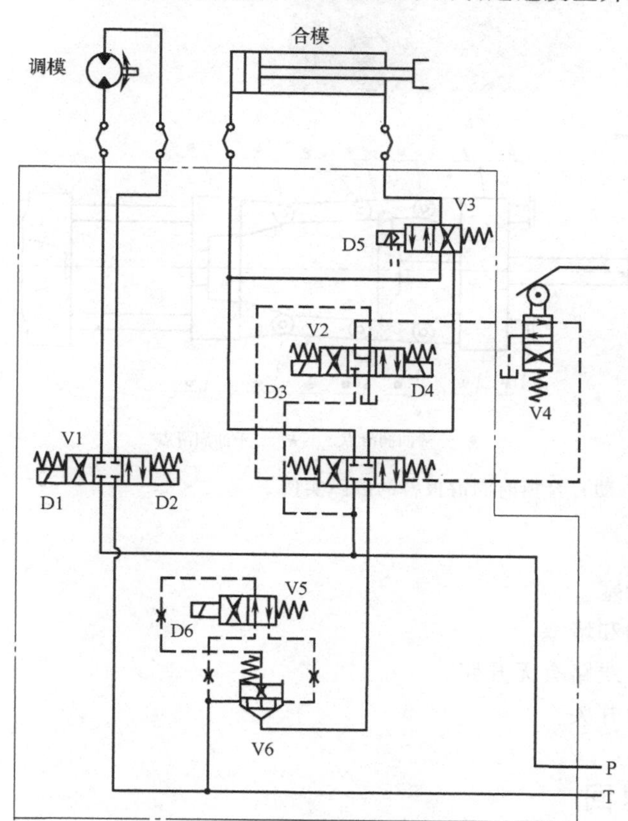

图 1-15 合模滑阀控制回路图及手动（半自动）合模时没有锁模终止信号反馈或高压时间过长的故障实例

案例 13 手动（半自动）合模时润滑报警

本案例按如下步骤进行检修（见图 1-16）：

1）检查确认 I/O 计算机界面上的条件是否正常。

2007.06.20		5.输出－3	15:28:01
33 电热一	0	41 马达停MOT OFF	0
34 电热二	0	42 马达开MOT ON	0
35 电热三	0	43 Y转△	0
36 电热四	0	44 机械手	0
37 电热五	0	45	0
38 电热六	0	46 润滑	0
39	0	47	0
40	0	48	0
K:18			C:00

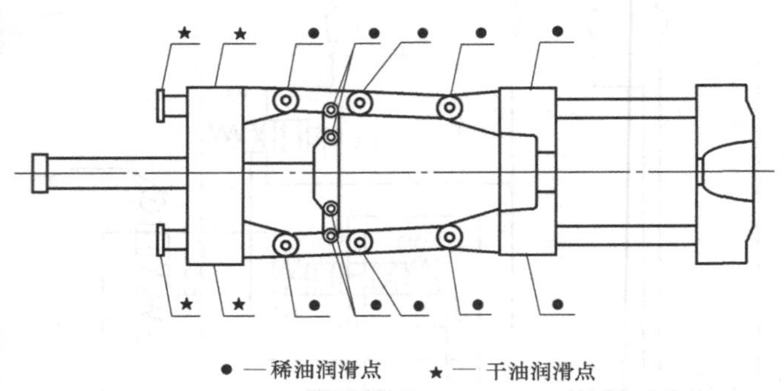

图 1-16　手动（半自动）合模时润滑报警的故障实例

2）检查润滑油位是否正常。

3）检查润滑器出油口是否有杂物堵塞。

4）检查润滑分配器和管路是否漏油和堵塞。

5）检查润滑器压力开关是否良好、线路有无开路。

6）更换润滑器或润滑分配器及压力开关。

案例 14　锁模到位后模板会退回

本案例按如下步骤进行检修（见图 1-17）：

1）检查合模结束行程开关压上位置是否提前。

2）检查设定的锁模位置及对应的压力流量数据是否合理。

3）检查机械保险挡块是否仍处于下档位。

4）关机后，去掉合模液压缸的（在十字架前）螺钉螺母，执行开模动作，退出二分之一左右螺钉，加工一片与活塞杆直径一样的（内径稍微大 0.5mm，外径和十字架孔一样）金属垫片，垫在螺钉上，再进入十字架后，把螺母拧紧即可。

图 1-17 锁模到位后模板会退回的故障实例

5）根据4），如果确定设备（开合模）销轴钢套磨损已经比较严重，那么应尽快安排时间进行设备大修。

案例 15 模具合模后锁模不严使得产品产生飞边

本案例按如下步骤进行检修（见图 1-18）：

1）检查小泵压力是否正常，发现无泄漏。

2）检查确认 I/O 计算机界面上的大小两个泵都是否工作，压力是否正常。

3）合模机构磨损，造成间隙太大，检查曲肘和大销轴及钢套是否磨损。

4）检查哥林柱固定大螺钉是否松动。

模板平行度公差值　（单位：mm）

拉杆有效距离	合模力为0时	合模力为最大时	拉杆有效距离	合模力为0时	合模力为最大时
200～250	0.2	0.1	631～1000	0.4	0.2
251～400	0.24	0.12	1001～1600	0.48	0.24
401～630	0.32	0.16	1601～2500	0.64	0.32

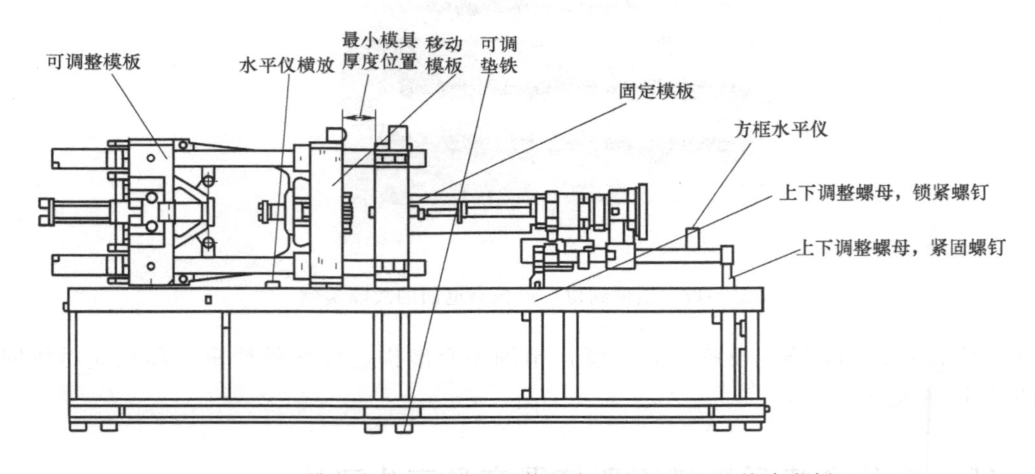

图1-18　模具合模后锁模不严使得产品产生飞边的故障实例

5）计算锁模力是否设定正确，模具产品与设备大小是否匹配。

6）注射压力设置是否太大。

7）检查电热温度设定是否太高。

8）检查合模活塞油封是否损坏引起内泄漏。

9）检查测量注塑机水平位置及模板变形情况。

案例 16　半自动状态下锁模到位后仍处于高压锁模状态

本案例在注塑机处于高压锁模状态时，按如下步骤进行检修（见图 1-19）：

1）检查 I/O 控制界面上的合模行程开关是否正常。

2）检查顶出后退行程开关（或电子尺）接近开关及线路是否正常。

3）检查储料结束行程开关（或电子尺）位置是否正常。

4）检查螺杆后退参数是否设定，显示设定位置是否正常。

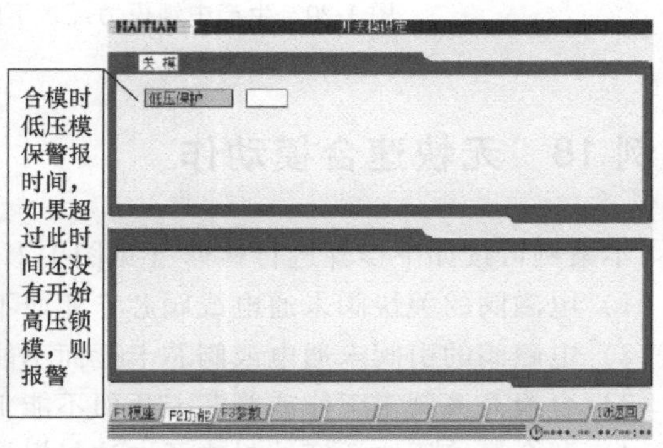

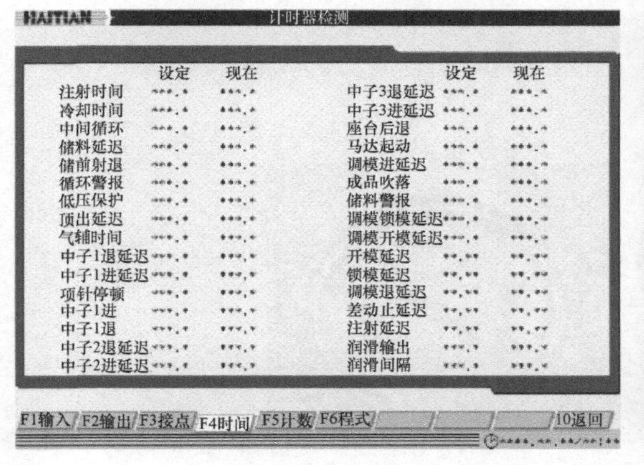

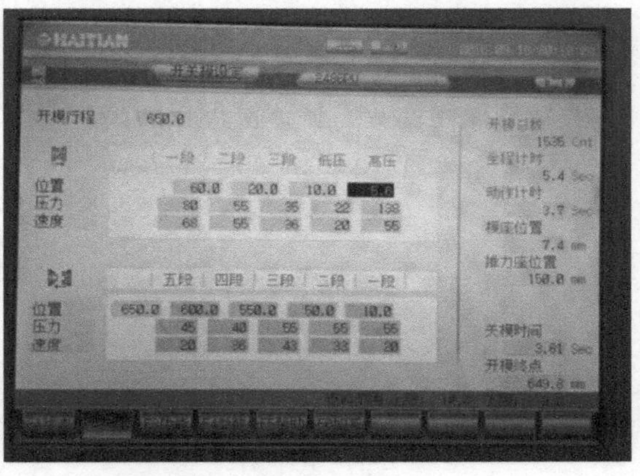

图 1-19　半自动状态下锁模到位后仍处于高压锁模状态的故障实例

案例 17　生产中锁模力经常下降，需要重新调模

本案例可按如下步骤进行检修（见图 1-20）：

1）观察在设备运行时，检查计算机输出有无调模信号显示。

2）检查设备运行时，调模阀是否存在内泄漏及调模齿轮有无回转的现象。

3）哥林柱拉力不平衡或曲肘机构磨损。调哥林柱拉力或整修曲肘机构。

4）密封件老化，在运行一段时间后，随着油温的升高产生内泄漏，压力速度下降。

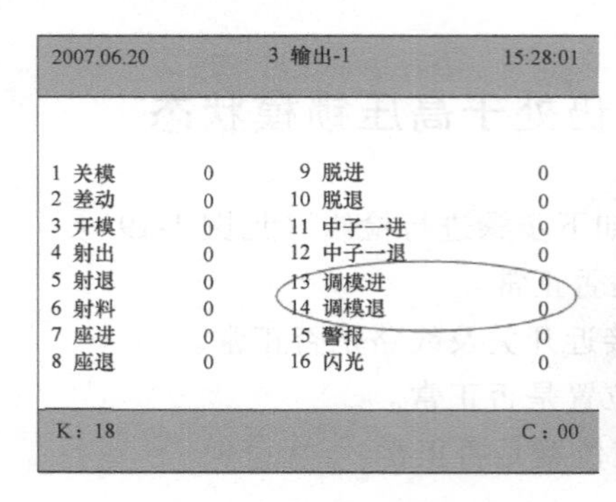

图 1-20　生产中锁模力经常下降，需要重新调模的故障实例

案例 18　无快速合模动作

本案例可按如下步骤进行检修（见图 1-21）：

1）电磁阀的关快阀未通电或阀芯卡死而不能动作。

2）电磁阀的引阀未通电或阀芯卡死而不能工作。

3）合模充液阀未工作或阀芯卡死而不能工作。

4）开合模液压缸活塞油封或子缸油封损坏，导致内泄漏严重。

5）开合模液压缸活塞卡死。

6）合模时，观察建立起压力是否正常。

7）顺序阀调节太紧或阀芯卡死。

图 1-21　无快速合模动作的故障实例

案例 19　无慢速合模动作

本案例可按如下步骤进行检修（见图 1-22）：

1）检查开合模电子尺是否正常（模速行程开关是否损坏）。

2）观察 I/O 输入输出条件是否正常。

3）检查充液阀内弹簧是否断裂，阀芯是否归位，是否切断回油。

4）方向电磁阀的引阀未停止工作或阀芯卡死（弹簧变形、杂物堵塞、阀芯锈蚀）导致不能复位。

5）顺序阀调节太紧或阀芯卡死，应重新调整或修理。

6）单向阀故障，导致油路不能锁定。

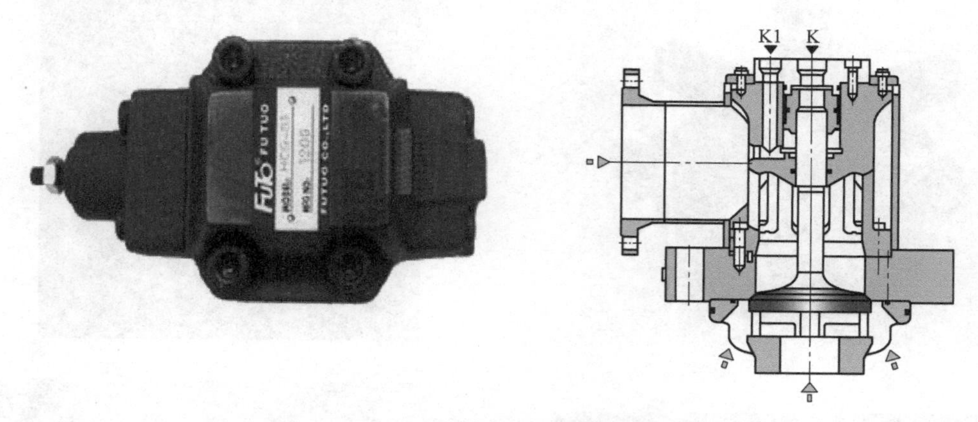

图 1-22　无慢速合模动作的故障实例

案例 20　注射过程产生曲肘机构松动，行程开关未压住导致产品出现飞边现象

某注塑机，在装上一个较大的模具进行生产后（此模具以前并未出现过问题），发现在半自动生产时高压锁模已锁上，在关模终止行程开关压上后，进行注射时曲肘机构松动，并且到关模终行程开关未压住的情况下仍在继续动作，导致做出的产品存在飞边现象。本案例可按如下步骤进行检修（见图 1-23）：

1）在合模油封并未损坏的情况下，将合模停止延时，调大或重新调整终止开关位置。

2）检查锁模高压设置是否合理，压力显示是否正常。

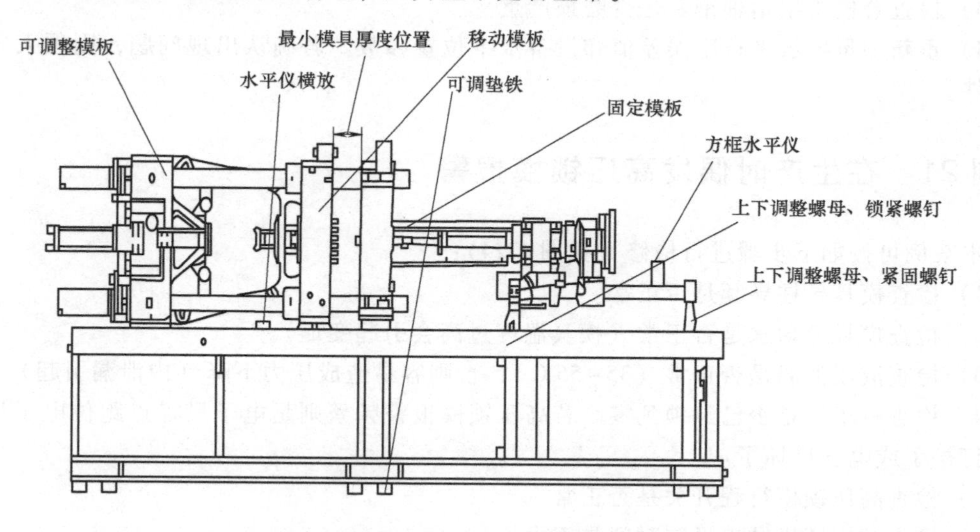

图 1-23　注射过程曲肘机构松动及产品出现飞边现象的故障实例

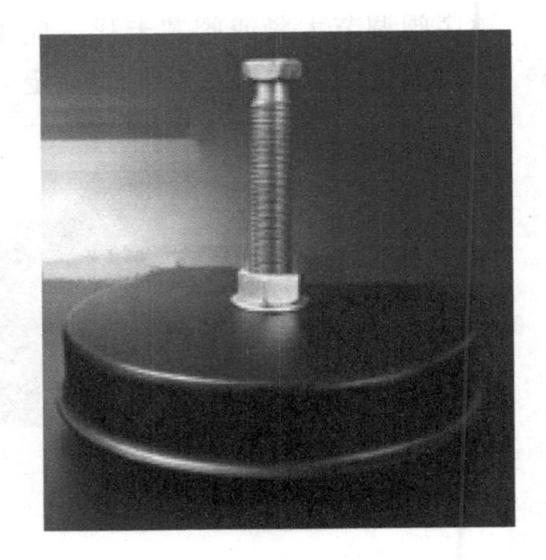

图 1-23　注射过程曲肘机构松动及产品出现飞边现象的故障实例（续）

3）检查合模机架销轴钢套是否磨损严重。

4）重新测量模板平行度误差值和设备水平位置参数。若确认出现问题，则须大修或更换配件。

案例 21　在生产时偶发高压锁模报警

本案例可按如下步骤进行检修（见图 1-24）：

1）检查模具导柱导套是否正常。

2）检查模具冷却水是否正常（模具温度过高会引起变形）。

3）检查液压油温是否正常（35～55℃），否则容易造成压力下降（内泄漏引起）。

4）检查电子尺是否已经锁到零。若高压锁模报警频繁则是电子尺零点跑位电子尺的紧固螺钉松了或电子尺坏了。

5）检查高压锁模行程开关是否正常。

6）检查高压锁模结束设定时间是否太长。

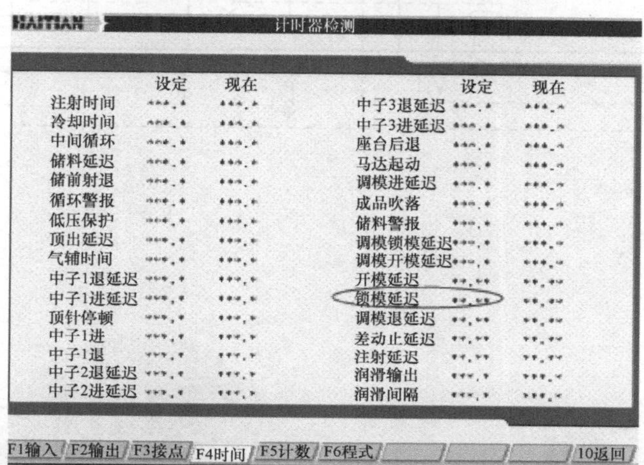

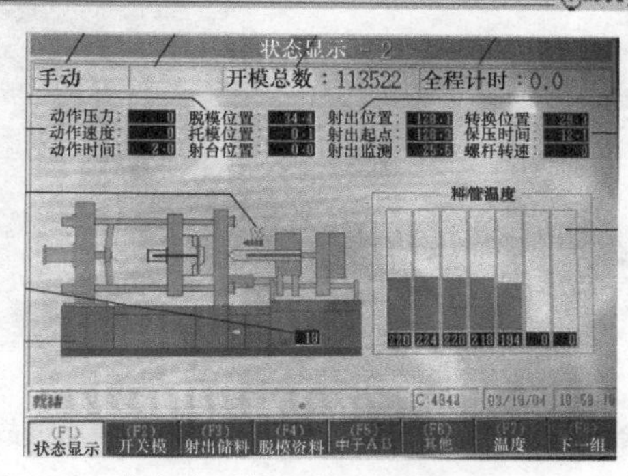

图 1-24　在生产时偶发高压锁模报警的故障实例

案例 22　锁模高压无法建立（有压力回落现象）

本案例可按如下步骤进行检修（见图 1-25）：

1）检查开合模电子尺零位是否锁死（或锁模高压行程开关检查是否正常）。

2）检查大小泵压力是否正常，是否正常工作。

3）充液阀故障，导致油路不能锁定。

4）单向阀故障，导致油路不能锁定。

5）模缸油塞油封和子缸油封损坏，导致模缸内部产生串缸现象而失压。

6）检查各参加工作阀是否存在内泄漏而失压。

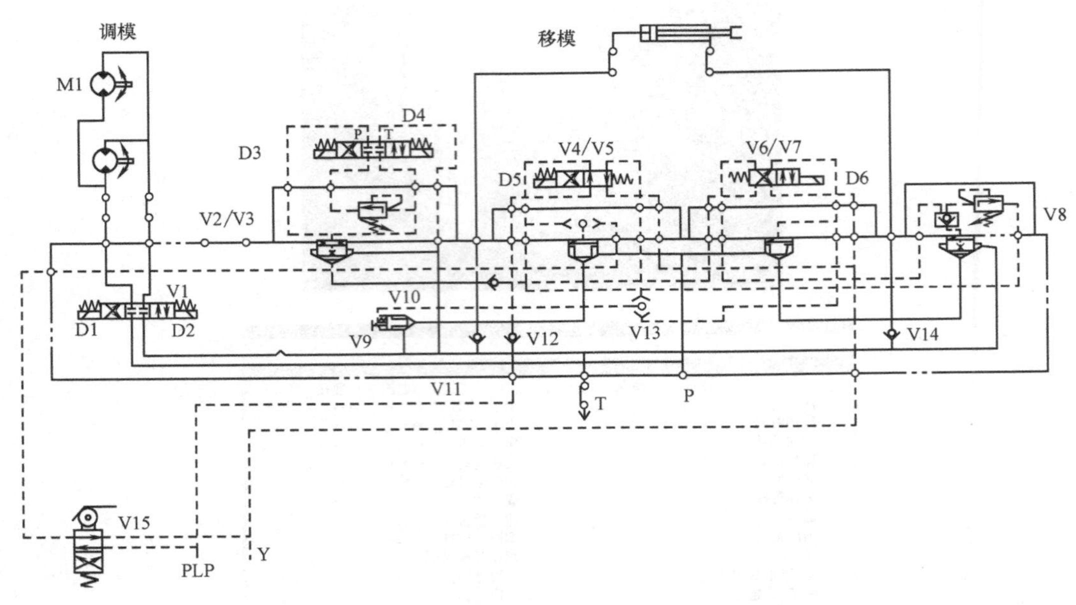

图 1-25 合模插装控制回路图及锁模高压无法建立的故障实例

案例 23 模具空置情况下合模后出现模具保护报警

本案例可按如下步骤进行检修（见图 1-26）：

1）低压压力、速度、时间和位置设定不合理。

2）在生产过程中模具温度比刚开始生产时模具温度高（热胀冷缩）。

3）模具润滑度不够或模具导柱导套摩擦（变形）引起故障。

4）合模机架销轴钢套缺少润滑油产生磨损。

5）模具滑块机构出现问题。

6）设备合模机架销轴钢套磨损严重。

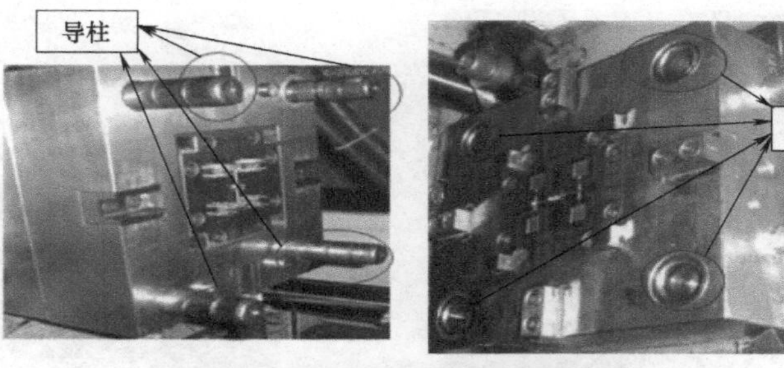

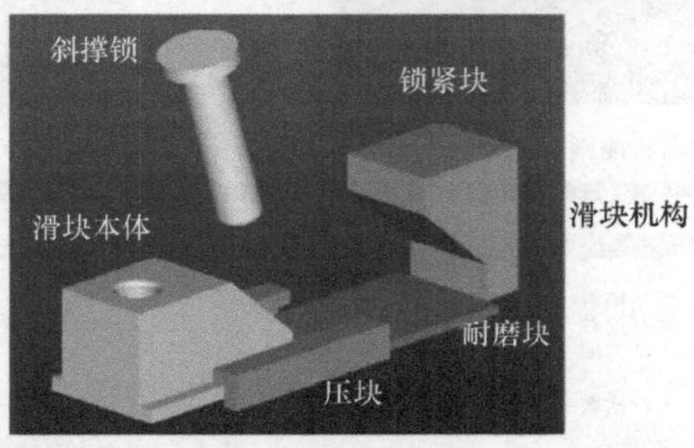

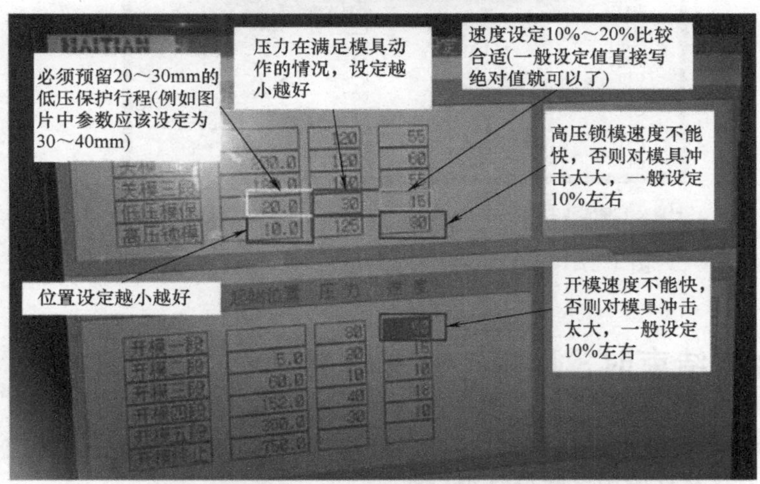

图 1-26 模具空置情况下合模后出现模具保护报警的故障实例

注：低压保护设定没有固定的参数，根据不同模具结构会有不同的设定。但是设定原则与图中的一样，最终参数需要工艺员小心尝试。

案例 24 半自动模式下关门一次不合模

本案例可按如下步骤进行检修（见图 1-27）：

1）在动作还处于未合模的同时（顶出动作设定在自动退回状态）观察 I/O 界面，看顶出完成后有无输入信号，有则正常，没有则可能是顶出行程开关、电子尺故障或线路开路。

2）合模安全门下面的保护行程安全阀没有弹起，再次开合时却弹起。

3）注塑机设定的生产数量已到，需要重新设定。

4）检查顶出电子尺的零位，在模具退回弹簧出现故障时（张力减小）可能就会发生以上问题。

计数器检测画面

HAITIAN 计数器检测

	设定	现在		设定	现在
成型模数	*****	*****	进2	*****	*****
次品模数	*****	*****	退2	*****	*****
生产时间	****.*	****.*	C18	*****	*****
C03	*****	*****	C19	*****	*****
顶针次数	*****	*****	进3	*****	*****
C05	*****	*****	退3	*****	*****
进1	*****	*****	滑料次数	*****	*****
退1	*****	*****	C23	*****	*****
润滑1	*****	*****	C24	*****	*****
润滑2	*****	*****	C25	*****	*****
C10	*****	*****	C26	*****	*****
C11	*****	*****	C27	*****	*****
C12	*****	*****	C28	*****	*****
C13	*****	*****	C29	*****	*****
C14	*****	*****	C30	*****	*****
C15	*****	*****	C31	*****	*****

F1输入 F2输出 F3接点 F4时间 F5计数 F6程式 10返回

图 1-27　半自动模式下关门一次不合模的故障实例

案例 25　合模结束时，尾板产生左右晃动

本案例可按如下步骤进行检修（见图 1-28）：

1）检查四根哥林柱的固定螺母是否松动。

2）检查尾板机构的调整螺钉等是否松动。

3）检查设备合模机架的销轴钢套磨损是否严重。

4）检查固定十字架的导向杆及铜套是否磨损。

图 1-28　合模结束时，尾板产生左右晃动的故障实例

图 1-28 合模结束时，尾板产生左右晃动的故障实例（续）

第 2 章 注塑机开模故障诊断与维修

案例 26　工作数小时后，注塑机无法开模

某注塑机有压力、有运行速度、有油运送到液压缸，但工作数小时后无法开模。本案例可按如下步骤进行检修（见图 2-1）：

1）检查观察 I/O 界面的各项开模条件是否满足。

2）检查电子尺目前的位置，确认电子尺位置是否正确。

3）检查比例压力、流量显示是否正常，油温是否正常（35～55℃）。

4）检查大小泵及开模方向阀工作正常。

5）检查开模设定的压力、流量、时间等参数设置是否合理。

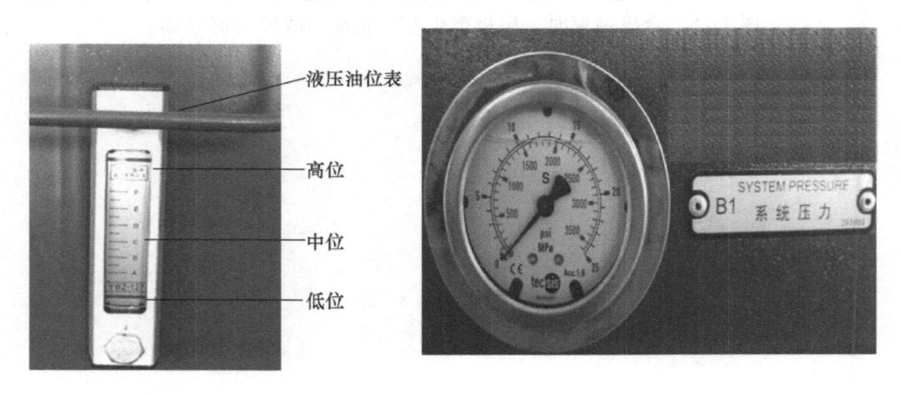

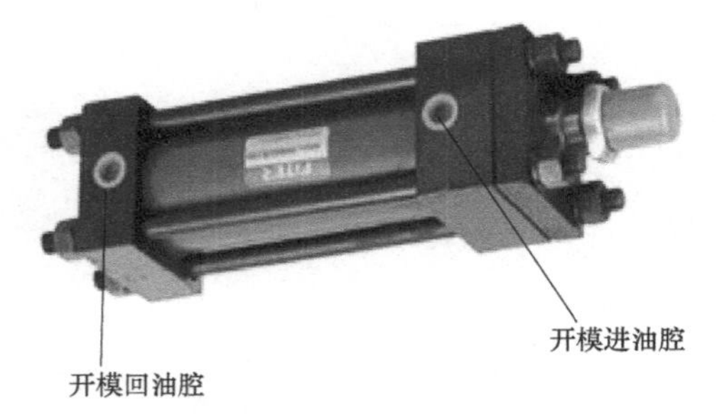

图 2-1　工作数小时后，注塑机无法开模的故障实例

6）检查开锁模液压缸油封是否损坏（把开模出油管拆下，执行开模动作，看液压缸是否大量出油。如果是，说明密封圈损坏）。

7）检查设备合模机架销轴钢套磨损是否严重，造成锁模机构机械部分卡住。

案例27 手动开模没有动作输出

本案例可按如下步骤进行检修（见图2-2）：

1）检查I/O界面，观察各项开模条件是否满足。

2）测量计算机输出端是否有输出信号（低电位）。

3）在确定计算机板输出端坏的情况下，尝试更改开模端输出位置。

4）更换I/O计算机板。

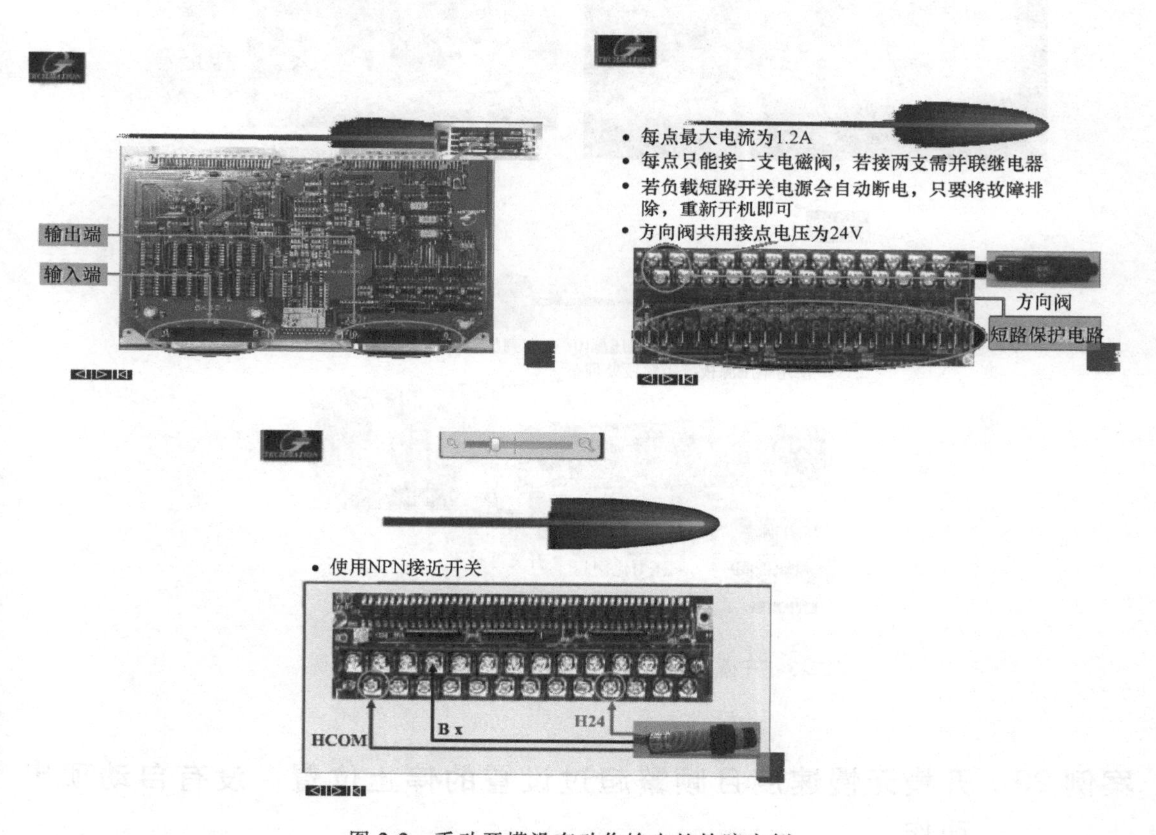

图2-2 手动开模没有动作输出的故障实例

案例28 开模全程无快速度且开模不到位

本案例可按如下步骤进行检修（见图2-3）：

1）检查相应设置（压力、流量、位置）对应参数是否正确。

2）观察比例压力、流量电流是否有变化。

3）检查行程开关（或电子尺）是否工作正常。

4）检查I/O界面，观察各项开模条件是否满足。

5）检查开合模阀板各液压阀工作是否正常。

6）检查开合模液压缸密封圈是否完好。

7）检查开闭模机构是否磨损。

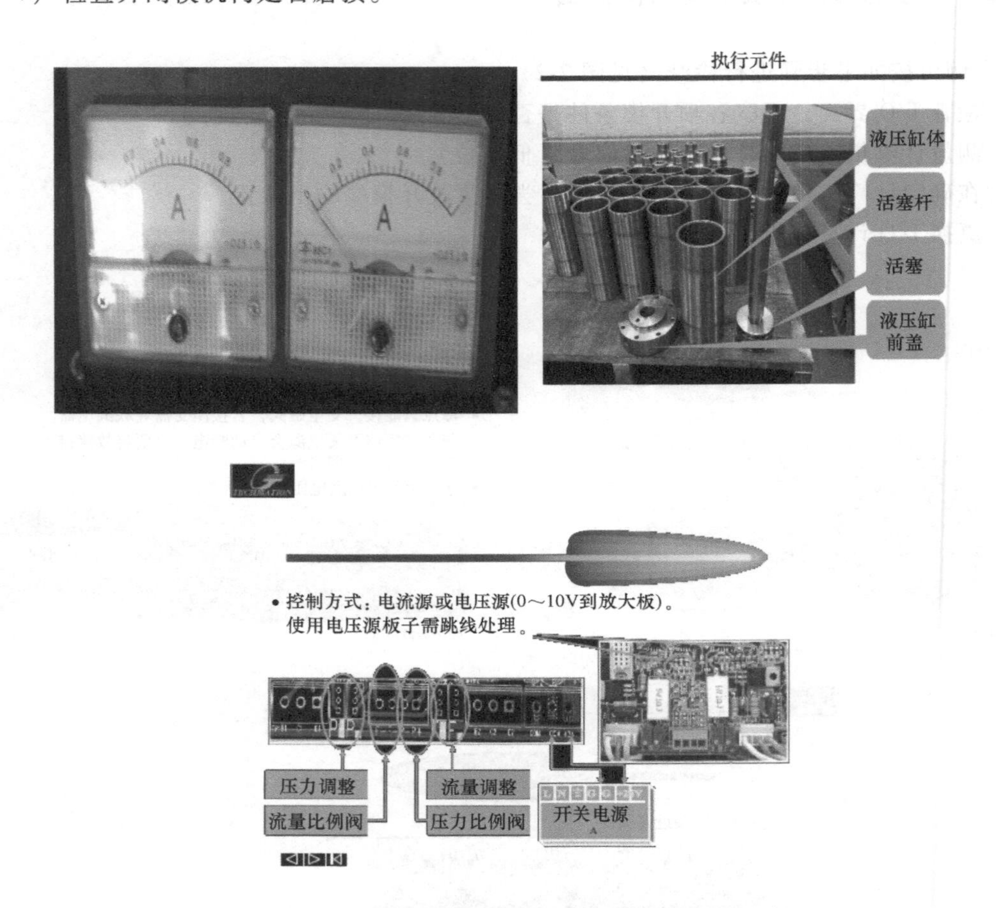

图2-3　开模全程无快速度且开模不到位的故障实例

案例29　开模无慢速度且频繁超过设置的停止位置，没有自动顶出动作

本案例可按如下步骤进行检修（见图2-4）：

1）观察相应设置（压力、流量、位置）对应参数是否正确。

2）观察比例压力、流量、电流是否有变化。

3）检查行程开关（或电子尺是否工作正常）线路是否完好。

4）检查I/O界面，各项开模条件是否满足。

5）检查开合模阀板各液压阀是否有“咬死”现象（阀芯不复位）。

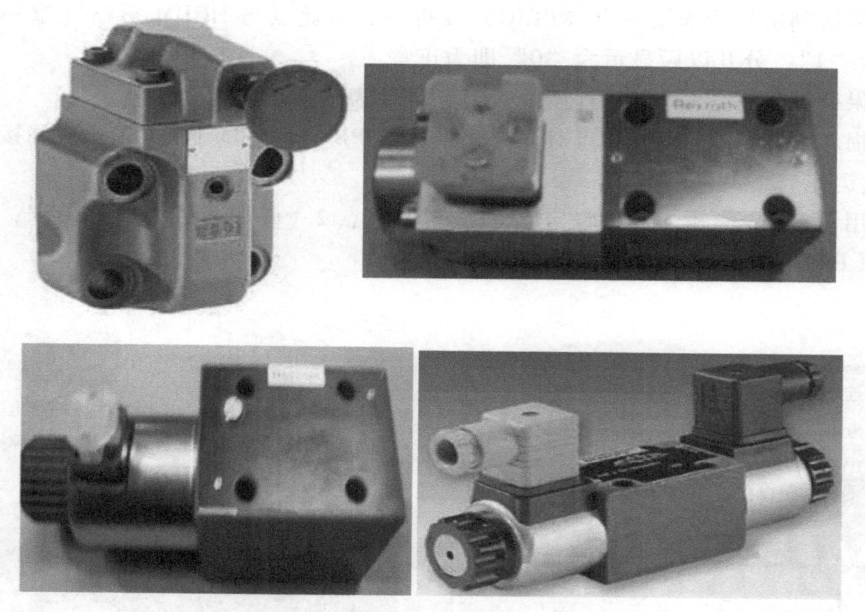

图 2-4 开模无慢速度且频繁超过设置的停止位置，没有自动顶出动作的故障实例

案例 30 半/全自动生产时，出现开模超程故障

该注塑机在手动开模时停止位置正常，但设定为半/全自动生产时，当开模到达所设定位置时，会稍有停顿但不终止。随即计算机显示界面会再显示慢速和快速所设定的 P 和 F 值，致使开模超程，无法继续生产。

本案例可按如下步骤进行检修（见图 2-5）：

1）检查当开模没有停止而出现压力流量显示时，有无动作显示（观察 I/O 界面）。若有开模输出信号，则说明计算机输出有延时，进入计算机内部界面，修改延时时间或更改输出方向阀的输出点；若没有开模输出信号，则检查比例压力流量有无输出信号。

2）在没有开模输出信号输出时，检查方向阀是否有问题（内泄漏）。

3）在没有开模输出信号输出时，检查油路快慢速转换阀是否正常（没有延时状况发生）。

4）检查开模快慢速度转换的压力、流量及位置设置是否合理。

（1）确认输出点是否故障的步骤

1）先将所判定故障的输入点（PCIO）线拆下。

2）将此点与 HCDM 短路，此时计算机应该会显示“1”，分开后则显示“0”。假如输出板 PCIO 灯仍不亮，表示 PCIO 损坏。

3）若 PCIO 损坏，则可以利用 PC 点对调方式，将坏的 PC 点与良好的 PC 点（空）对调接线，就能够使机器继续运作。

4）利用设 PC 界面，假如输入“原设定点为 10，新设定点为 20（假如要更换到 PC20）”，再确认即可（原 PC10 的接线点，也要换到 PC20）。

（2）确认输入点是否故障的步骤

1）先将所判定故障的输入点（PCIO）线拆下，将此点与 HCDM 短路（拿一根导线即可）会显示“1”，分开以后显示为“0”即为正常。

2）如果一直显示“1”或一直显示“0”，即代表这一点损坏。

3）若损坏，则可以利用 PB 点对调方式将坏的 PB 与良好的 PB（空）对调接线就能够使机器继续运作。

4）利用设 PB 界面输入“原设定点 07，新设定点 2（假如要更换到 PB0）”，再输入确认即可（原 PB7 的接线点，也要换到 PC20）。

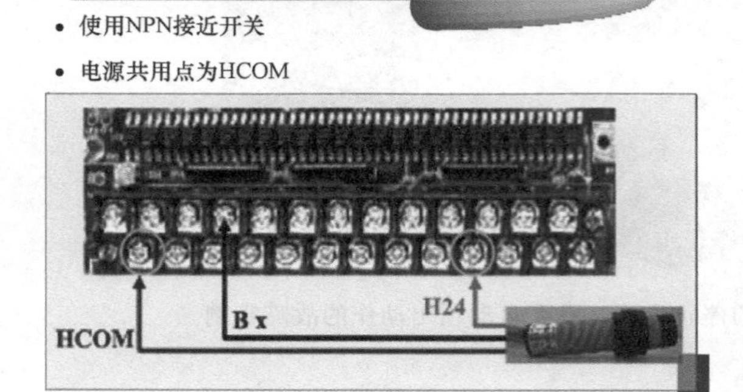

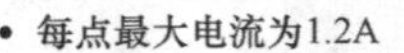
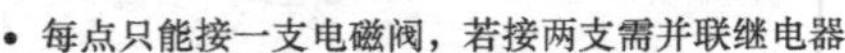
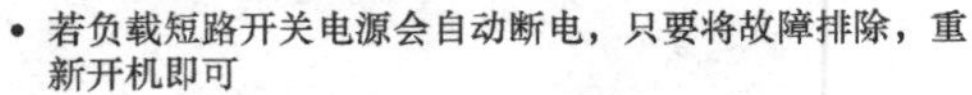
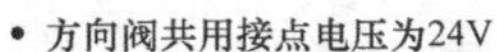
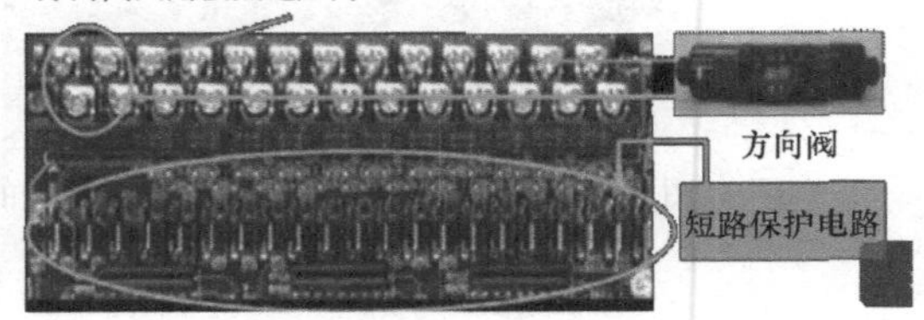

图 2-5　半/全自动生产时，出现开模超程的故障实例

案例 31　在按下开模开关后开模存在延迟

本案例可按如下步骤进行检修（见图 2-6）：

1）检查计算机设置的开模初始的压力、流量、位置等参数设置是否合理。

2）观察电箱内的比例压力、流量、电流表，是否存在参数逐渐增加的情况。

3）观察 I/O 界面输出时的条件是否正确，大小泵是否工作。

4）判断油路中是否存在气体，有则需要排出。

5）检查开合模液压缸是否密封圈损坏造成内泄漏。

6）检查油阀螺钉阻尼是否过大（造成泄压速度上不去），调小螺钉阻尼孔。

图 2-6　在按下开模开关后开模存在延迟的故障实例

案例 32 开模速度过快且无法通过压力速度调节

本案例可按如下步骤进行检修（见图 2-7）：

1）检查比例线性输出是否正常。在调低压力流量参数时，要对应检查输出电流是否随之而减小。如果没有减小，说明计算机板发生问题；如果减小，说明比例阀需要修理或更换。

比例阀分为两种，一种是压力比例阀，一种是流量比例阀。其流量或压力放大板上一般有最大调整电位器和最小调整电位器，两者要相结合调整。一般来说压力比例阀最大调整电流为 0. 6A，最小调整电流为 0A；流量比例阀最大调整电流为 0. 8A，最小调整电流为 0. 1A（初始）。

2）检查开模阀板组件是否工作正常。

3）检查电子尺或快慢速切换行程开关是否良好。

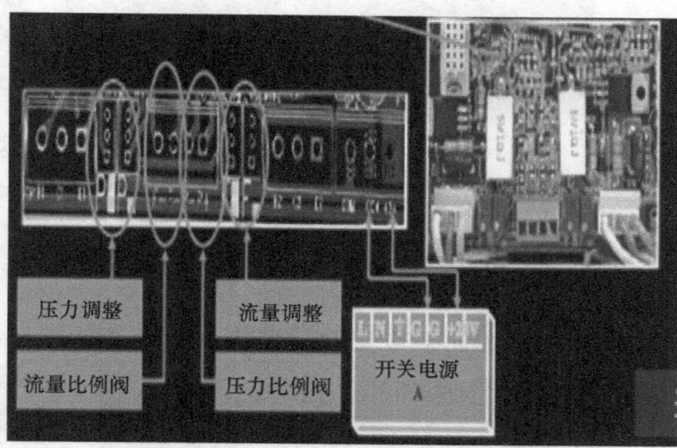

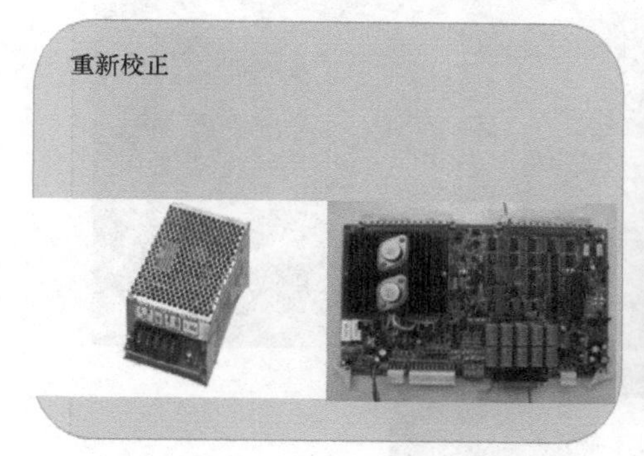

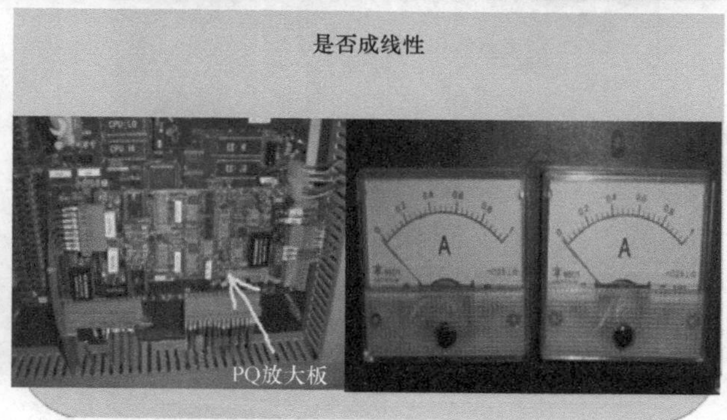

图 2-7 开模速度过快且无法通过压力速度调节的故障实例

案例 33 注塑机开模不到位且速度慢

本案例可按如下步骤进行检修（见图 2-8）：

1）观察比例线性输出大小是否正常。在调低（调高）压力流量参数时，要对应检查输出电流值是否随之而减小（增大）。

2）检查液压泵压力速度输出是否正常。

3）检查所设置的开模全程压力、流量、位置参数是否合理。

4）检查开闭模活塞液压缸油封是否损坏而造成内泄漏。

5）检查开合模阀板上的阀件是否有轧死现象，造成压力泄漏回流油箱。

6）检查开合模销轴套（及台面）是否磨损严重，造成没有快速运转。

7）检查液压油（抗磨）是否因工作时间长而造成稀薄，引起泵压力无法提升。

图 2-8　注塑机开模不到位且速度慢的故障实例

案例 34　开模初始有“咔”的一声

本案例可按如下步骤进行检修（见图 2-9）：

图 2-9　开模初始有“咔”的一声的故障实例

1）故障基本确定是由十字架上的螺母松动引起的。当开模时活塞带动十字架向开模方向运动，如果这时候固定在十字架前面活塞杆上的螺母松动，就会造成十字架和螺母之间有间隙，引起十字架和螺母发生冲击，从而产生撞击发出声音。

2）检查开合模销轴（是否会转动）套（大小连杆）是否磨损严重（检查十字架是否过头）。

3）检查是否是模具（有的模具定板是靠拉动或弹簧作用）发出的声音。

4）检查十字架平衡杆与铜套之间是否磨损过大。

5）润滑系统需要修理维护。

案例 35　注塑机开模时产生异常声响且无法脱模

本案例可按如下步骤进行检修（见图 2-10）：

1）检查电子尺是否存在设定位置错误（没有到达设定的停止位置）。若在检查工作电压和电子尺没有故障情况下显示数字乱跳，则需更换电子尺。

2）检查开模快速阀是否存在故障。

3）仔细检查发出声音的位置，声音和显示开模未到定位故障不是因果关系，因此考虑开/合模轴销、十字架铜套、二板滑脚等磨损。正常开模液压缸活塞杆不会在一条直线上运动（而是上下或左右）而发出声音，因此造成开模没有到达设定的位置，导致没有脱模动作。

4）检查头板与二板的平行度。调整头板与二板的平行误差。

5）由于开/合模机构磨损比较大，再加上模具锁模时锁模力设置过大，所以开模时会引起机械摩擦产生声响。

6）检查时间位置设置是否合适，发现慢速转快速开模设定位置过小，导致速度过快；检查慢速开模与快速开模的转换位置是否恰当以及慢速开模速度是否过快，延后慢速开模的位置，降低慢速开模的速度。

7）比例线性不佳。开/合模时间、位置、压力、流量调节不良，需要检查参数中的斜升斜降，调整参数中的斜升斜降。把开模压力及流量调小，开模速度慢下来后声音就相应减小。

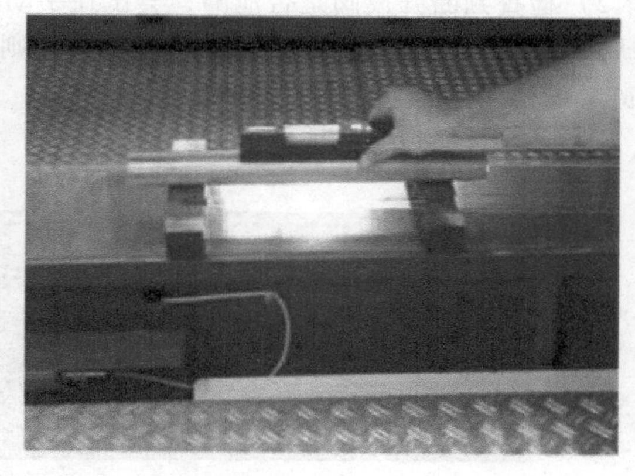

图 2-10　注塑机开模时产生异常声响且无法脱模的故障实例

案例 36　注塑机工作一段时间后频繁出现开模困难

本案例可按如下步骤进行检修（见图 2-11）：

1）基本可以确定是由于设备缺润滑油造成模销轴、十字架铜套、二板滑脚等处磨损所导致。设备工作了一段时间以后，模具尺寸随温度逐渐发生变化引起机械咬死。一般在加大开模压力和速度后，就可以重新开模，随后再重新润滑一下开模机构就可以了。

2）锁模电子尺零位变化，检查锁模伸直曲肘机构后是否终止在零位，重新调整电子尺零位。

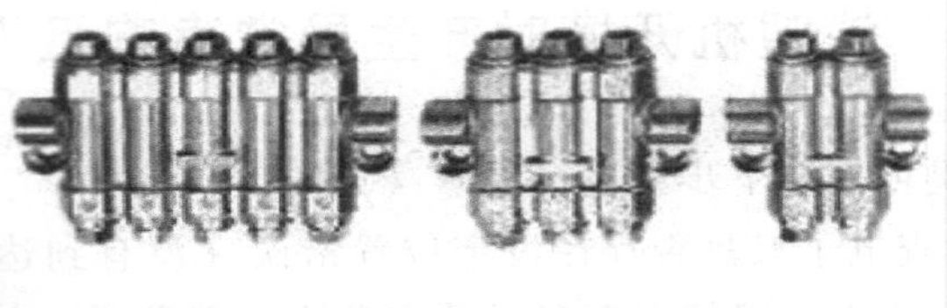

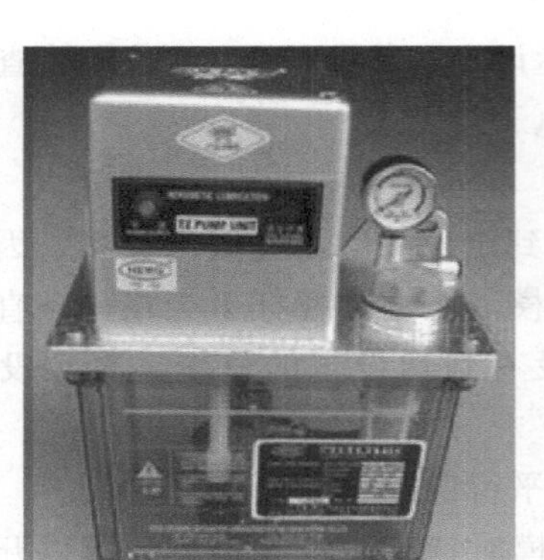

图 2-11　注塑机工作一段时间后频繁出现开模困难的故障实例

案例 37　锁模后在进行其他动作时，模具会慢慢打开

本案例可按如下步骤进行检修（见图 2-12）：

1）打开 I/O 界面，检查是否存在开模信号同时输出，看计算机板是否损坏。

2）检查判断开模阀是否泄漏，尝试在手动模式下开动液压泵并锁模终止，按射台或射胶动作按钮，观察二板是否后移。若正常，则开模动作不进行，否则需要修理或更换开模阀。

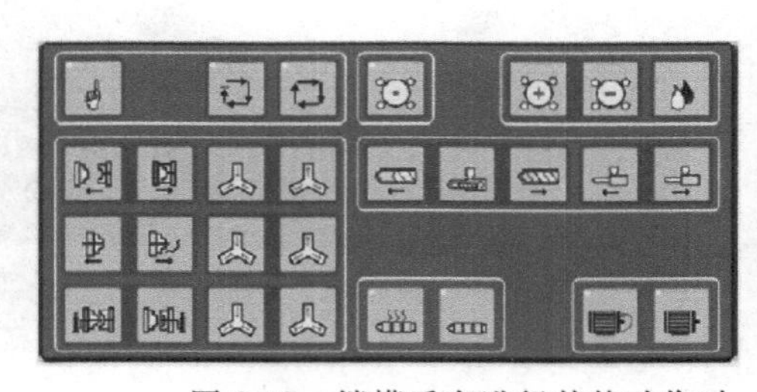

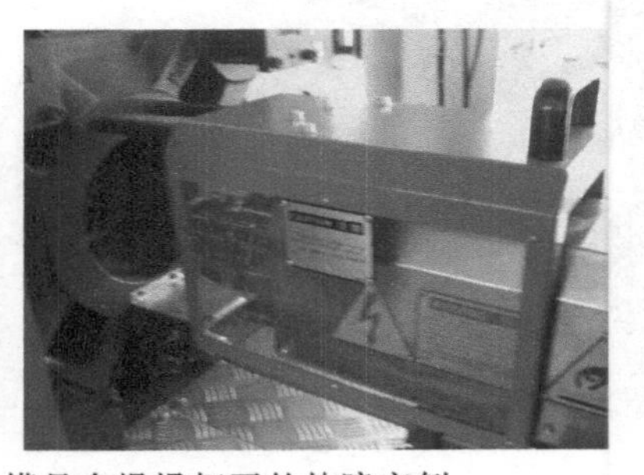

图 2-12　锁模后在进行其他动作时，模具会慢慢打开的故障实例

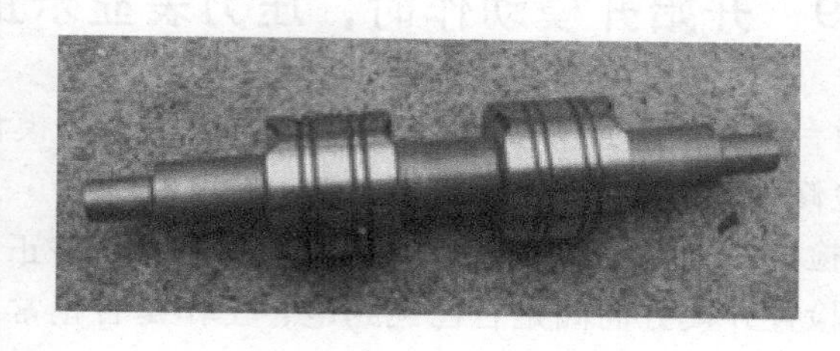

图 2-12 锁模后在进行其他动作时，模具会慢慢打开的故障实例（续）

案例 38 手动按合模按键时，只有开模动作输出

本案例可按如下步骤进行检修（见图 2-13）：

1）在确认 I/O 界面正常时，检查计算机输出板的合模输出电线是否和开模接线柱有轻微短路现象。

2）检查液压阀是否卡死或装错阀芯，重装阀芯或对其进行清洗。

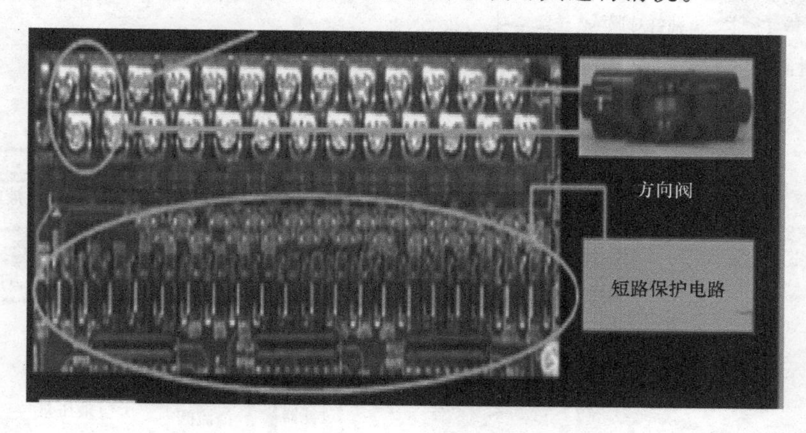

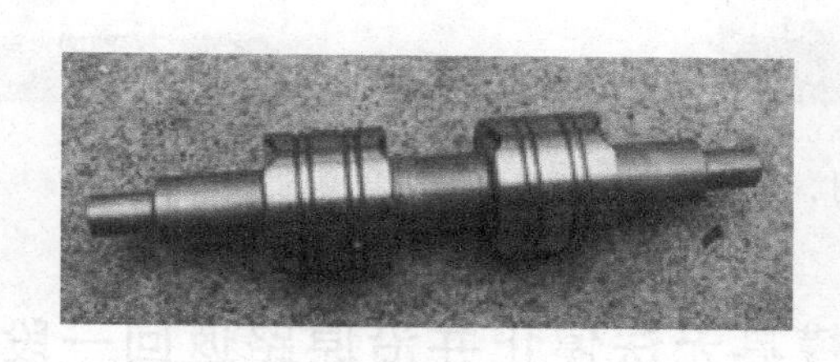

图 2-13 手动按合模按键时，只有开模动作输出的故障实例

3）放大板斜升斜降值调整不当，观察电流表电流值与升降变化或与转速是否成比例，调整放大板。

案例39　开始开模动作时，压力表显示正常但无法开模

开射台动作时，压力表数值显示为“140”，合模位置位于低压位。本案例可按如下步骤进行检修（见图2-14）：

1）检查一下I/O界面，开模的输入和输出条件正常。

2）检查开模方向阀是否已经到电，工作是否正常（阀芯没有卡死）。

3）检查锁模力是否没有泄掉。

4）可以尝试将两根油管对调，来判断确认开闭模液压缸内泄漏与否。

5）开合模电子尺现在显示在什么位置，电子尺螺钉是否脱落，电子尺插头是否松动（确定电子尺正常）。

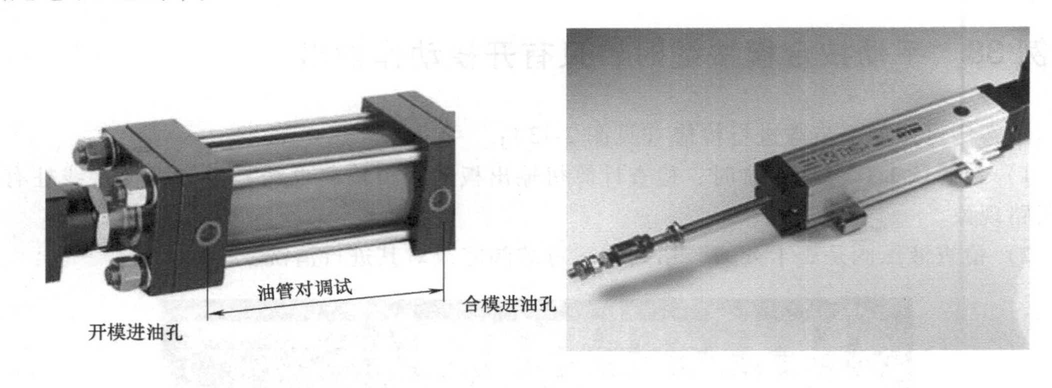

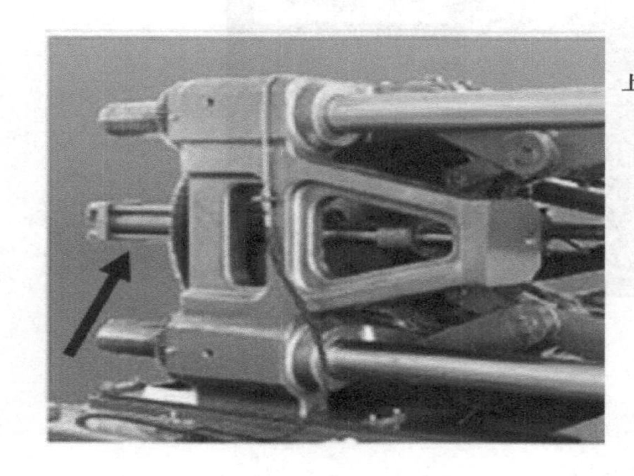

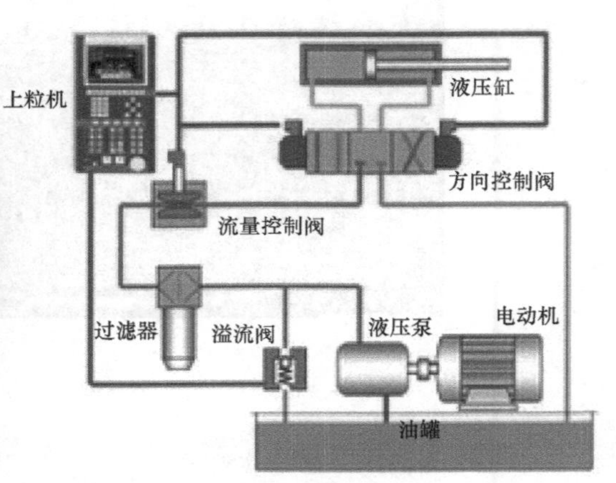

图2-14　开始开模动作时，压力表显示正常但无法开模的故障实例

案例40　注塑机重新开机后模具无法停止并沿原路返回一段

原本正常工作的注塑机，在经历一次重新开机之后出现异常惯性。在手动模式下进行开

模，然后马上松开，模具无法停止并沿原路返回一段距离，按关模及射座按钮也存在这种现象。本案例可按如下步骤进行检修（见图 2-15）：

1）此现象为正常的反应，当设备经过一段时间不工作以后，油管道中会存有很多空气。在重新开机后，一般动作比较迟缓，但是一小段时间后，会产生运动冲击动作（同时液压油存在沉淀物，当停用一段时间后这些沉淀物在油制内渍聚，令阀芯活动受阻导致恢复缓慢，电阀线圈产生剩磁也会有此现象）。只要放一下油管中的空气，再清洗一下阀件即可。

2）如果这个问题是检查时发生的，说明液压油已经很脏，应该更换新的液压油。

图 2-15　注塑机重新开机后模具无法停止并沿原路返回一段的故障实例

案例 41　开射台动作或射胶动作，模具打开较慢

某 150t 注塑机，更换开闭模的换向阀也无法解决问题。本案例可按如下步骤进行检修（见图 2-16）：

1）检查开关模阀下方的液控阀。若液控阀两侧的弹簧其中坏了一个，使两侧推力造成不平衡，则会导致阀芯原始停止位置的变更。

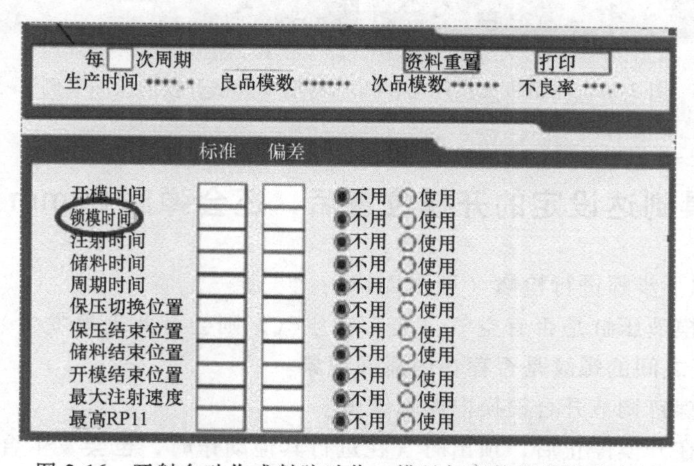

图 2-16　开射台动作或射胶动作，模具打开较慢的故障实例

2）如果模具锁得太紧，也会出现这种情况，可尝试调整模具。

3）检查锁模液压缸油封是否内泄漏。

4）试着将锁模结束延时时间再延长0.5s。

5）检查锁模终行程开关是否压得太靠前（没有完全进入高压时压上）。

案例42　注塑机突然停电，4h后再起动无法开模

本案例可按如下步骤进行检修（见图2-17）：

1）检查I/O界面输入输出条件是否正常。

2）检查测量开关电源的几个电压是否正常。

3）检查锁模压力（在调模时用得太高），在解决问题后不要忘了适当调低一些。

4）在解决问题后，请检查一下开合模的连杆、销轴、钢套等是否已经磨损严重。若已磨损严重则需要更换。

5）检查是否缺润滑油，如果缺润滑油，检查修理润滑器和润滑管路。

6）把十字架上固定开合模活塞螺母松开几圈，重新设定加大开模压力和速度（注意：开模以后必须马上回复），使用点动的方法（开—合—开—合—开）一般只需几次就可实现开模动作。

图2-17　注塑机突然停电，4h后再起动无法开模的故障实例

案例43　模具到达设定的开模位置后，还会弹回20mm左右

本案例可按如下步骤进行检修（见图2-18）：

1）检查开合模液压缸是否有空气（若存在空气，则会有此现象发生）。检查活塞密封圈和活塞与活塞杆之间的螺纹是否存在内泄漏现象。

2）通过沉头螺钉调节开合模换向阀可缓解。

3）确定是否在开模停止后，顶出时（在进行其他动作时，也会发生合模情况）缓慢行进20mm。若是，则检查合模阀是否泄漏（中位情形及密封件）。

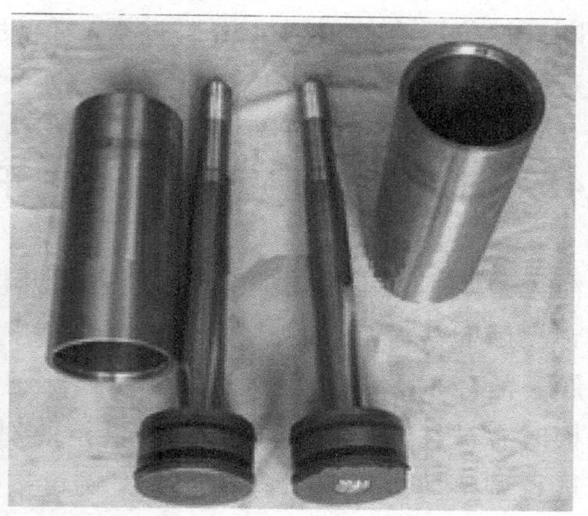

图 2-18　模具到达设定的开模位置后，还会弹回 20mm 左右的故障实例

案例 44　注塑机生产时开模不到位且频繁报警

某海天注塑机，在生产的过程出现开模未到达指定位置的现象，并且频繁出现报警，开模速度即使调慢也无法改善，检查电子尺也未出现松动。本案例的检修方式如下（见图 2-19）：

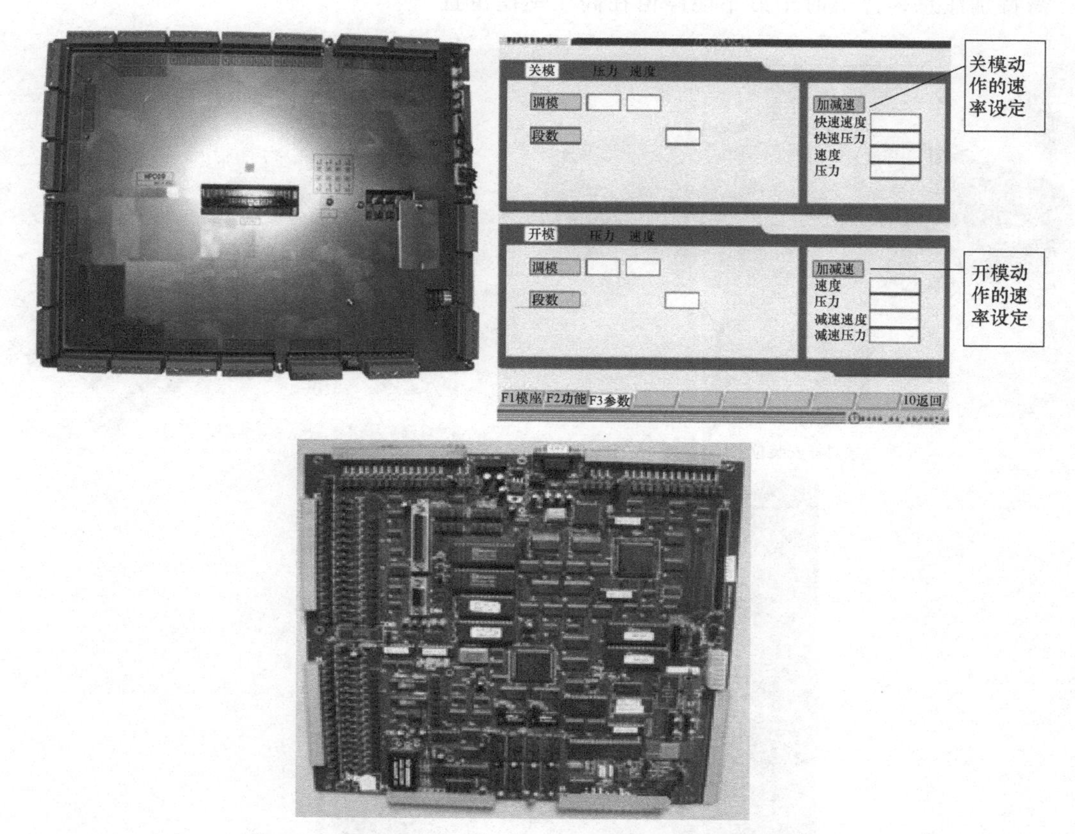

图 2-19　注塑机生产时开模不到位且频繁报警的故障实例

判断开模位置有效范围（密码进入）值设置是否过小，将有效位置误差增大（可以先尝试设定为一个很大的数值）进行调整，直至设置合适。

案例 45　注塑机出现锁模后无法开启，更换机套未能改善

某海天 240t 机，已服役近 10 年，曾因开模故障而更换过全套曲肘机构。近期此机又开始出现锁模后无法开启问题，需以人力进行开启操作，再次更换整套曲肘机构钢套并没彻底解决问题，故障仍频繁复发。此外锁模到低压保护位置时，两根十字架导杆有被往上抬的迹象，开模时有被往下压的迹象。除了更换曲肘机构钢套及十字架铜套外，怀疑哥林柱不平衡，但进行调整后故障依旧存在。本案例可按如下步骤进行检修（见图 2-20）：

1）首先，怀疑十字俩侧面的两根导杆已经变形，测量以后考虑是否更换。

2）可能是由于机器使用过久、磨损等原因导致移动板下沉。可以调节移动板的垫脚，将移动板调高。

3）确认是否由于首次拆换曲肘机构钢套时各道工序没有按原位恢复，使注塑机出现装配误差，导致上下曲臂不一致而引起该故障（装配累积误差）。

4）重新安装一下开合模机构，按照要求进行水平、平行度调整（需要说明的是，只有一般技术的师傅无法胜任这项工作）。

需特别注意，停机时千万不能停留在高压锁模位置。

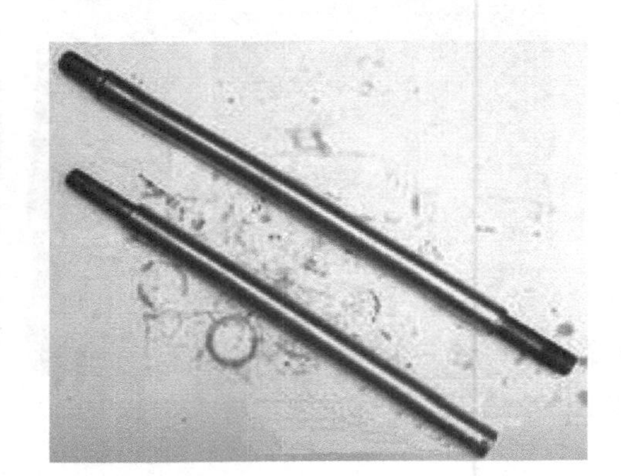

图 2-20　注塑机出现锁模后无法开启，更换机套未能改善的故障实例

案例 46　注塑机在生产完后关机，第二天无法开模

本案例可按如下步骤进行检修（见图 2-21）：

1）这种现象在比较老旧（或缺乏保养）的注塑机上容易出现，注塑机在停止生产关机状态有个规定，即不能在高压锁模结束位置停机（此时由于液压油充填存在很高的压力，导致缸阀体压力的释放比较困难），容易造成开模困难，因此应首先确认是否在高压锁模位置停机。

2）在进行开模动作前，释放一下液压油路内的空气，这样开模较为容易。

3）检查是否可能存在开/闭模机构件的磨损及润滑不良等问题，进行相应的修理并添加润滑油。

图 2-21　注塑机在生产完后关机，第二天无法开模的故障实例

案例 47　注塑机合模后无法开启，手动模式下也无开模反应

某注塑机合上模具后就无法开模，开模压力显示为“0”，按合模键压力显示为正常设定数值“35”。本案例可按如下步骤进行检修（见图 2-22）：

1）分析。按照现有说法，在模具已经合上时有两种情况存在：一是合模高压结束，锁模结束行程开关已经压上；二是模具合上，但是还没有起高压，锁模结束行程开关没有压上。无论哪种情况，开模信号应该存在（请同时观察一下 I/O 界面是否正常）。

2）观察一下其他参数，如动压力、流量电流、电压等是否正常。

3）在合模高压结束，锁模结束行程开关已经合上的情况下，按合模按钮应该不会有合模信号（也就是不会有压力指示的），但是现在压力显示为“35”，这说明合模状态还没有结束。

图 2-22　注塑机合模后无法开启，手动模式下也无开模反应

4）观察开合/模电子尺的实际位置与计算机显示位置是否存在误差，怀疑电子尺（检查修理电子尺及电子尺线路）位置数字还停留在合模低压力位置（或合模初始位置状态），再加上设备润滑较差，开/合模机构机件磨损，因此出现故障。

5）重新设定比较大的压力和速度，再尝试开模（开模以后必须找到并解决存在问题）。

案例 48　注射成型后，模具在半自动状态下无法开启

本案例可按如下步骤进行检修（见图 2-23）：

1）首先要确认在半自动的状态下 I/O 界面显示参数是否正常，手动开模和半自动条件下开模不同。手动开模满足的条件是在开合模位置所满足的位置、压力、速度及阀缸的条件；而半自动开模的条件除需要手动开模条件以外，还需要满足生产总数的设定，冷却计时的设定，螺杆后退位置、加料位置或时间的确定等。

2）一般设备在遇到以上故障时都有报警信号显示，可进行参照。

3）将开模初始压力、速度重新调整（可以提高一些试试）。

4）检查开/合模机构，如果存在机构件磨损情况也会造成此类故障。

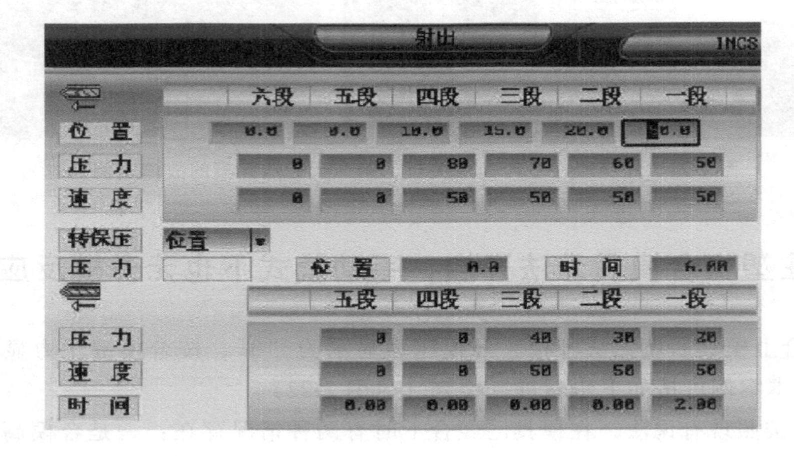

图 2-23　注射成型后，模具在半自动状态下无法开启的故障实例

案例 49　注塑机模具无法打开

本案例具体情况如下：现有某注塑机累计出现了 4 次模具无法打开的情况，以前可用增大系统压力和流量或用锤子敲曲臂的方法进行修复，而此次尝试后均无法打开（见图2-24）。

分析：首先肯定这台设备肯定已经使用了很久（但压力、流量基本无异常），开/合模机构件的连杆、钢套、铜套、销轴等已经磨损严重；同时，润滑装置损坏，机件长期缺少润滑。可尝试使用以下方法进行改善（但是日后需要大修或进行设备更换，此项工作存在一定的危险性，维修人员必须具备一定的工作时间和修理经验，才可以操作）：

1）首先把锁模液压缸活塞杆与十字连接螺母松掉到原来的 2/5 左右，再把设备开模的压力速度设定到最大（压力 14MPa，速度设定为最大运行速度的 99%）。使用点动（防止模具快速度开到底）方法进行开模，一般都能够打开。这是由于螺母和锁模液压缸活塞杆存在了一定的距离，开模动作是以冲击进行的，所以增加了开模的压力。

2）如果 1）的方法行不通，就把锁模十字架两边的导向杆松掉，看是否可以正常运行。

3）如果 2）的方法也不行，用千斤顶放在曲臂十字架和顶出液压缸之间，使其顶紧后，使用机器开模力即可（这个动作可以反复一点一点进行）。

4）如果以上方法都无效，那么在它们的基础上，将设备停止，再把锁模液压缸的回油管拆掉（减小空气压力）即可。

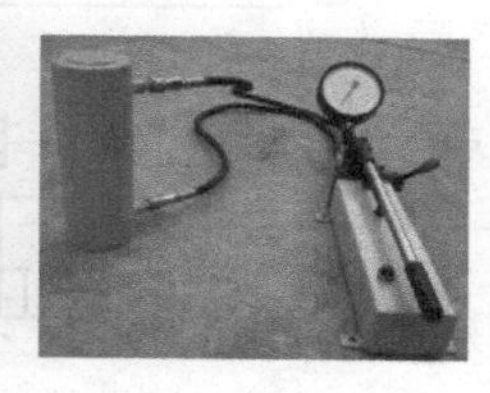

图 2-24　注塑机模具无法打开的故障实例

第3章 注塑机调模故障诊断与维修

本章必备知识（见图 3-1）

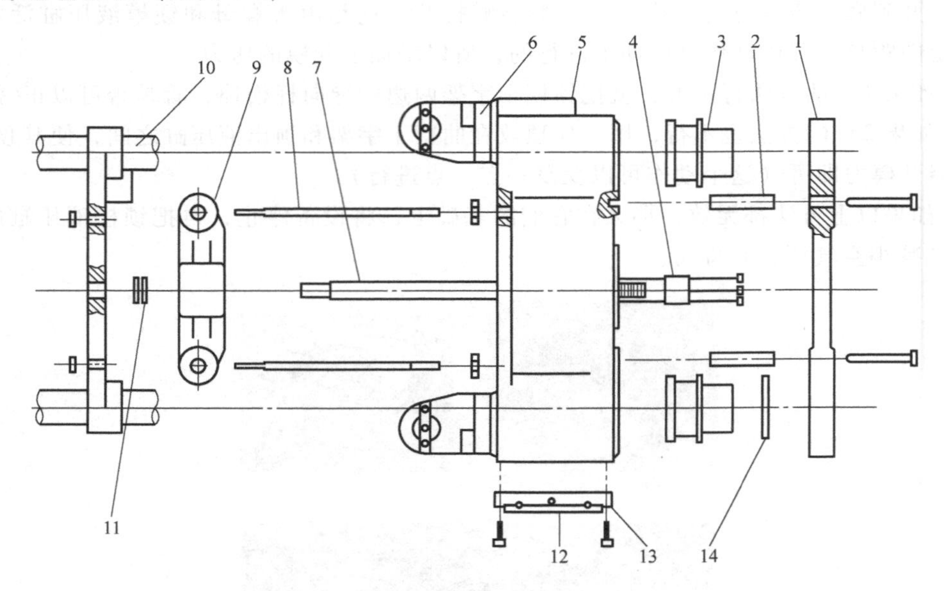

图 3-1 调模装置

1—哥丝压板 2—哥丝压板垫管 3—调模螺母 4—十字头导杆螺母 5—尾板 6—钩铰耳 7—十字头导杆 8、9—十字头 10—上下支板 11—螺母 12—尾板滑脚铜板 13—尾板滑脚 14—调模计量齿轮

案例 50 调模时采用手动调模，调节压力正常但调模动作消失

本案例可按如下步骤进行检修（见图 3-2）：

1）观察 I/O 界面的输入输出条件是否正常。

2）检查调模极限行程开关工作是否正常。

3）检查调模液压马达是否工作。

4）观察是否由于调模极限行程开关不起作用，而引起调模超过正常行程造成机械卡死（可以通过拆掉机械挡块来确认）。

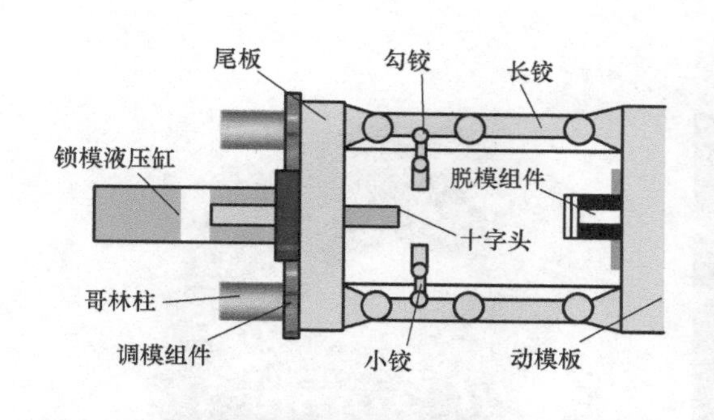

图 3-2　调模时采用手动调模，调节压力正常但调模动作消失的故障实例

案例 51　注塑机调模过程中存在杂音

具体情况：在调模时听到后面有声音，除去外面罩壳，发现大盘移动卡顿（大齿轮转一下就停住），但未形成转动。

1）检查支撑大盘作用的 4 个偏心定位轴承工作是否异常，中间的内六角螺钉是否已经松动。这些问题都容易造成调模盘在转动的时候不平衡而无法转动（带动不了拉杆上的调模齿轮）。

2）尝试重新拆下来再安装一下。

本案例可按如下步骤进行检修（见图 3-3）：

1）调整机械水平及平行度。用水平仪角尺检查，调整平行度及水平。

2）调整压板与调模螺母间隙。用塞尺测量，调整 4 个压板与螺母间隙，调模螺母与压板间隙（间隙≤0. 05mm）。经验调整方法是用手拧紧以后，再把螺母松动 30°即可。

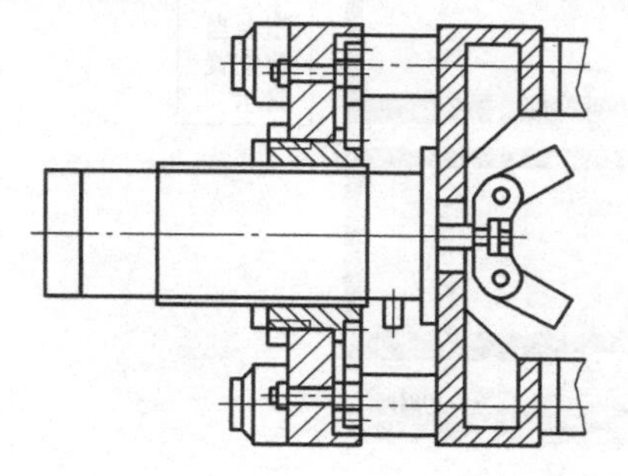

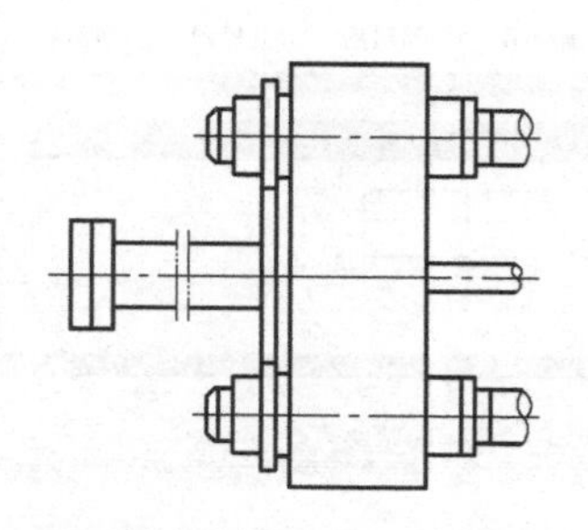

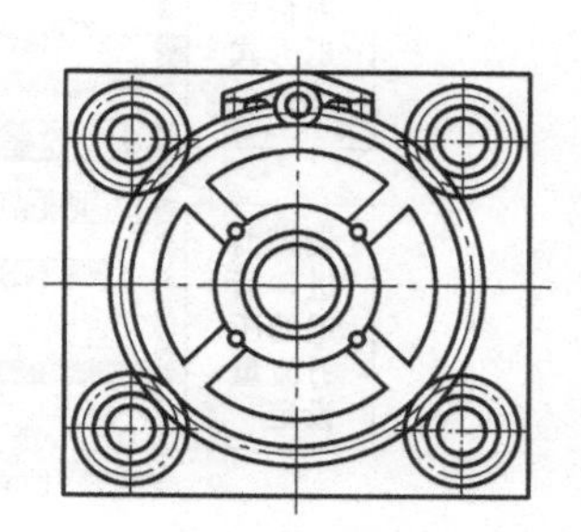

图 3-3　注塑机调模过程中存在杂音的故障实例

图 3-3　注塑机调模过程中存在杂音的故障实例（续）

3）检查螺母能否转动发热、有无泄漏铁粉，考虑更换螺母。

4）上下支板调整。拆开支板锁紧螺母检查，调整 4 个调节螺母。

案例 52　设备没有调模动作且液压马达不工作

本案例可按如下步骤进行检修（见图 3-4）：

1）检查设定的调模参数是否正确。

2）检查调模输出画面条件是否确立。

3）在确定没有调模输出的情况下，若输入条件没有满足，就是调模进退行程开关已经接通（或短路）造成没有调模信号的输出（方向阀未通电）。

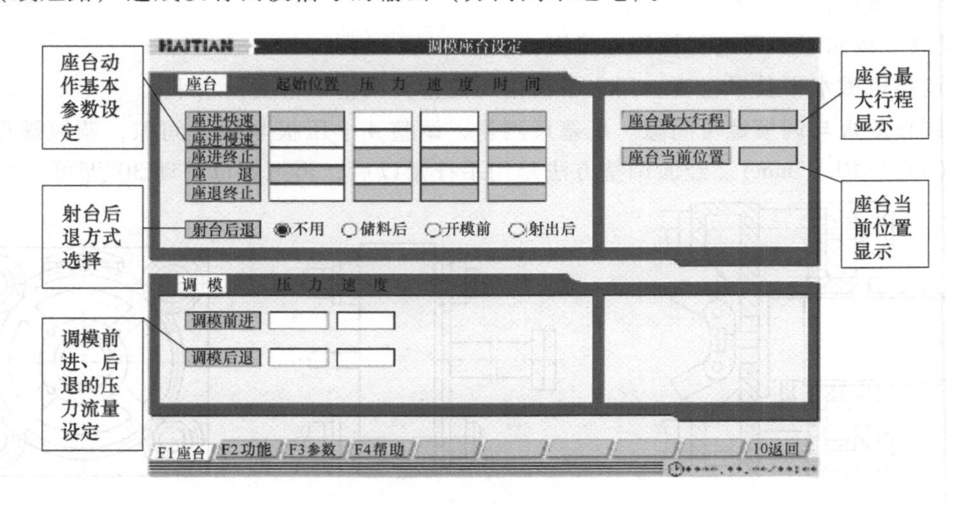

图 3-4　设备没有调模动作且液压马达不工作的故障实例

输出检测画面

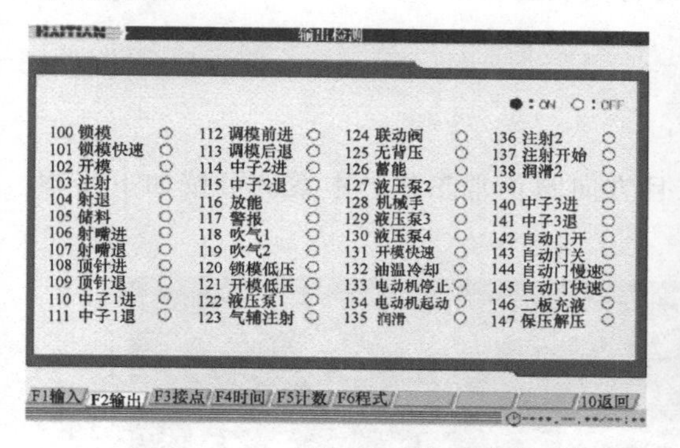

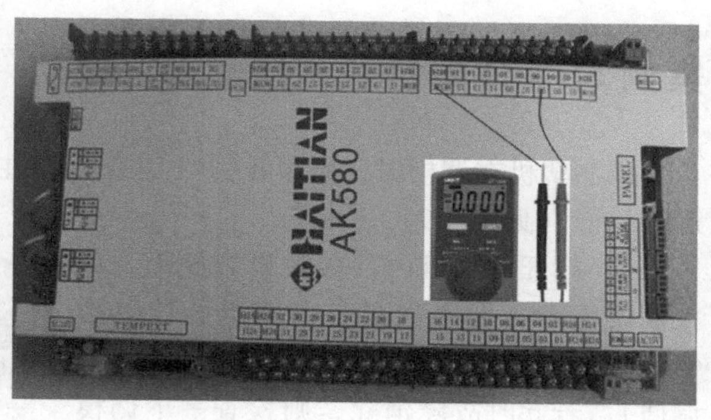

图 3-4 设备没有调模动作且液压马达不工作的故障实例（续）

案例 53 注塑机没有调模动作但调模压力及输出信号正常

本案例可按如下步骤进行检修（见图 3-5）：

1）把调模设备上面和侧面的防护罩拆掉，让一个人在操作位置进行调模，另一个人负责检查调模方向阀是否工作、阀芯是否卡住以及用六角匙压顶针阀芯是否可来回移动，清洗压力阀。

2）在确定调模方向阀工作正常后，检查调模液压泵是否工作（进油回油是否正常）。

3）若不存在以上问题，则是由于调模液压泵齿轮与调模转盘齿轮没有啮合（齿轮损坏引起），不能带动调模机构工作。

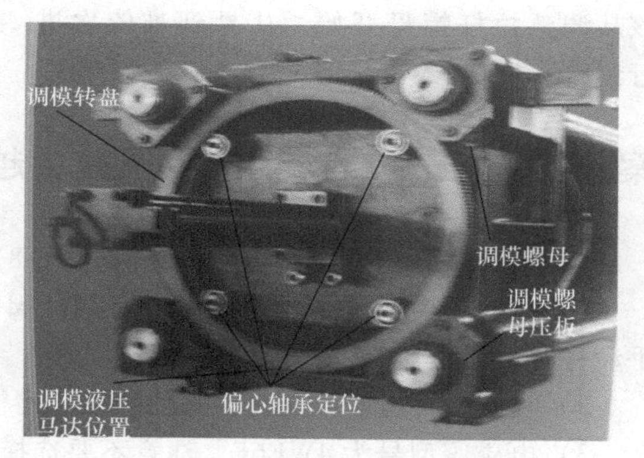

图 3-5 注塑机没有调模动作但调模压力及输出信号正常的故障实例

案例 54 按调模进退按钮均向调模退方向移动

某注塑机停用几天没有工作，在准备换模具生产时，发现按调模进和调模退按钮，均向调模退方向运动。本案例可按如下步骤进行检修（见图 3-6）：

1）打开 I/O 界面，确定输出信号正常与否。如果不管按哪个动作，都是只输出退动作，那么说明操作系统存在问题，可以请专业技术人员进行修理或进行更换输出点的尝试。

2）检查液压马达的进油和出油是否正常。

3）检查调模用的三位四通电磁阀是否阀芯卡

图 3-6 按调模进退按钮均向调模退方向移动的故障实例

死。拆下电磁阀进行检查和清洗（或更换新的）后再安装上去使用。

案例 55　注塑机在调模时无法调动

该注塑机在调模时，调模压力（声音）存在且方向阀正常工作。本案例可按如下步骤进行检修（见图 3-7）：

1）打开计算机内部参数设置界面，增大调模压力（此参数最好不要动，仅仅在修理时修改参考时使用，结束后再将参数调回）。若此时故障消除，则检查一下调模机构是否需要加油。

2）若以上方法不能解决问题，则说明注塑机的机器、拉杆水平、调模机构件的拉杆调整螺母等或许存在问题。此时，应该从调整拉杆螺母开始，从易到难依次进行调整。

图 3-7　注塑机在调模时无法调动的故障实例

案例 56　正常自动生产中调模会越来越紧或越来越松

本案例可按如下步骤进行检修（见图 3-8）：

1）检查在生产时（排除）是否有调模阀信号的输出（如果有说明计算机输出板坏了），手动打开其他动作时进行同样的检查。

2）检查调模电磁阀是否存在内泄漏，清洗或更换电磁阀。

3）电磁阀型号为 4WE6E，注意不要选择错误型号的电磁阀。

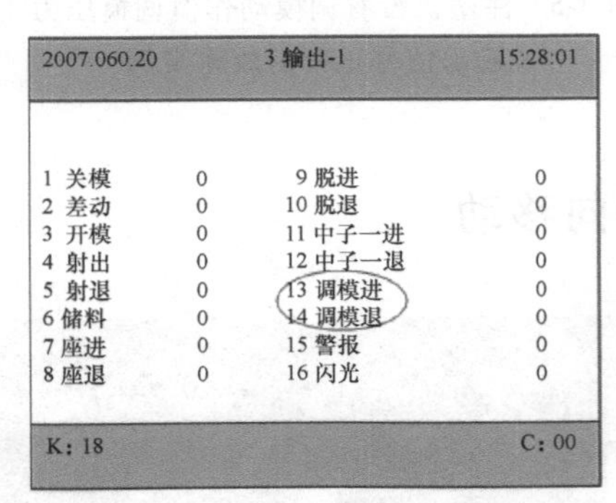

图 3-8　正常自动生产中调模会越来越紧或越来越松的故障实例

案例 57　注塑机调模时存在较大的振动和噪声

某海天 1000t 的注塑机将模具移出后，再更换别的模具，重新调模时机器就会产生很大的振动和噪声。本案例可按如下步骤进行检修（见图 3-9）：

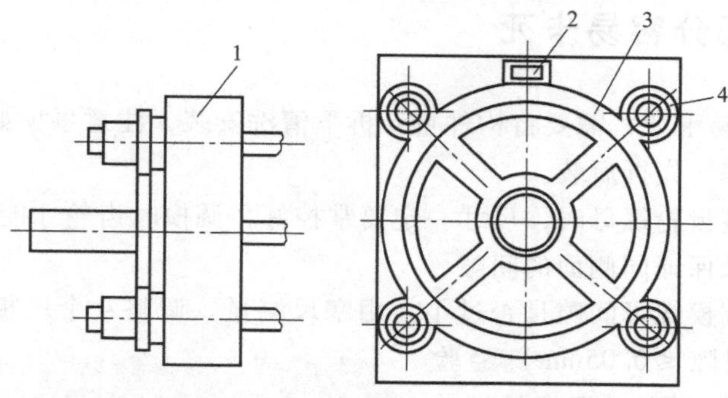

图 3-9 注塑机调模时存在较大的振动和噪声的故障实例

1—后模板 2—液压马达 3—大齿圈 4—后螺母

1）仔细检查声音发出的位置。

2）如果声音来自于调模大转盘齿轮，可能因素有：①缺少润滑油；②尾板（动板）与台面平面位置设置不当。

3）检查机器水平尺寸变化（包括4根拉杆的对角尺寸发生问题）。

4）拆除模具并以原来设定调模的压力和流量调整模具位置，清洗哥林柱螺纹上的污物，同时加入润滑油，重复以上动作直至正常工作为止。

5）调整动模板与台面的调整垫片的螺钉，来调整模板与台面的间隙。

6）调整4根拉杆的大螺母，减小对角尺寸误差。

案例58 注塑机无调模动作，拆卸安装恢复后，换模后故障复发

某注塑机在使用两个月后，无调模动作，初始认为是油阀问题，拆卸检查并再次安装后调模动作恢复，但下一次换模后故障复发。本案例可按如下步骤进行检修（见图3-10）：

1）按照现有描述，应该是液压油需要更换。尝试拆卸，并将卡住阀芯的杂物清洗干净。由于调模阀不经常工作，所以过一段时间又会出现卡死现象，建议更换液压油（过滤器）并清洗油箱。

2）由于注塑机的工作会造成液压油的温度不断上升，随之蒸发出来的水分子也同时混入油里，容易造成阀件的锈蚀，造成卡死。

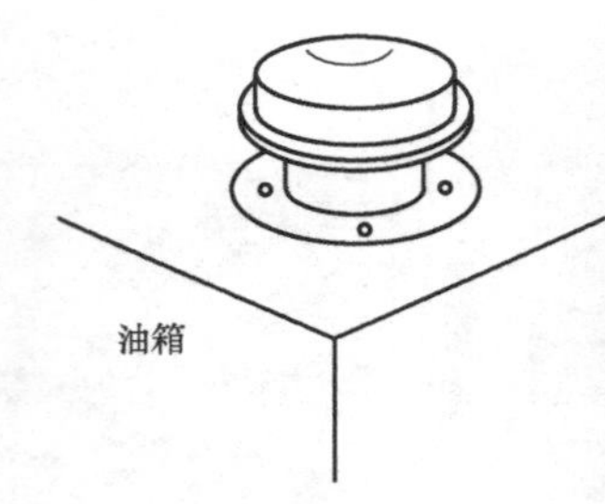

图 3-10　注塑机无调模动作，拆卸安装恢复后，换模后故障复发的故障实例

案例 59　调模部分容易卡死

因为调模部分容易卡死，需要将构件重新拆下清洗安装，注意事项如下：

1）注意拆装顺序，先拆后装。

2）安装四个调整齿轮螺母时，尺寸一定要掌控好，调模时齿轮才能同步进行。

3）可以用塞规来保证同侧面的间隙。

4）检查压板与调模螺母间隙是否过小，用塞尺测量。调整 4 个压板与螺母间隙，调模螺母与压板间隙（间隙≤0.05mm）经验调整方法是用手拧紧以后，再把螺母松动 30°即可。

5）调模部分容易卡住，清洗哥林柱（拉杆）及螺牙内异物。

图 3-11　调模机构拆装步骤

调模机构拆装步骤如下（见图 3-11）：

1）拆调模液压马达（上面两根油管尽量不要拆）。主要作用是分离液压马达上的齿轮与及大转盘的啮合。

2）拆掉调整螺母盖板上的螺钉，去除盖板。

3）按顺序拆掉转盘中间的 4 个偏心支撑轴承。注意 4 个偏心支撑轴承都有编号，先松动螺钉后再转动一定角度可以分离出大转盘。

4）拆掉大转盘齿轮（有些重，注意安全）。

5）拆拉杆上的 4 个调模螺母。

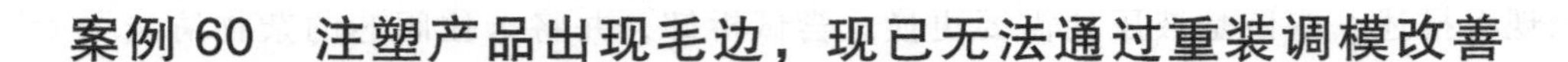

案例 60　注塑产品出现毛边，现已无法通过重装调模改善

某 120t 注塑机在生产几个小时后产品出现毛边，把模具调紧又可工作几个小时。上述情况之前可通过重装调模改善，现已无法实现。本案例可按如下步骤进行检修（见图 3-12）：

图 3-12　注塑产品出现毛边，现已无法通过重装调模改善的故障实例

1）检查调模方向阀发现阀芯卡住了一点，原因可能是液压油不干净或阀内弹簧出现问题造成阀芯定位不准。

2）检查调模输出信号。

3）检查调模螺母（4个）与压板、尾板间隙是否不均，在高压开模时逐渐使螺母转动，引起调模动作进行。

案例 61　在调到慢速调模位置时无法移动

本案例可按如下步骤进行检修（见图 3-13）：

1）检查是否到达调模极限位置。

2）检查 4 个调模螺母与压板、尾板间隙是否一致（尾板在运行时必须是平行推动的）。

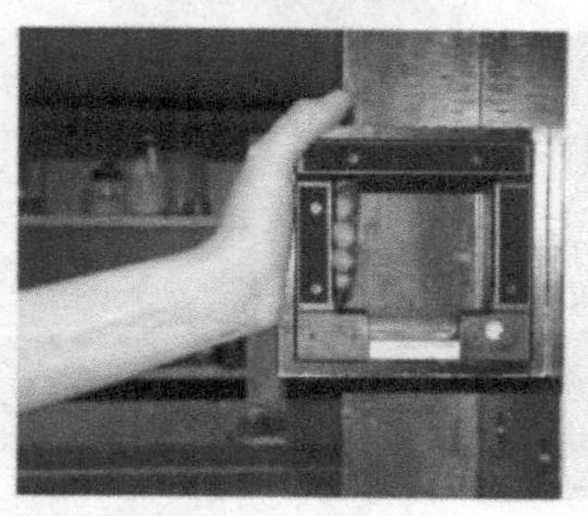

图 3-13　在调到慢速调模位置时无法移动的故障实例

若不一致则需要重新调整。

3）检查机器平行度是否调好。

4）在调模时，有哥林柱跟着一起转动也会引起该现象（4根柱之间的受力不平衡）。

5）检查大转盘齿轮偏度是否过大。

6）检查调模螺母螺纹与拉杆螺纹磨损和润滑情况。

案例62　注塑机无法实现自动调模，显示自动调模电眼失败

本案例可按如下步骤进行检修（见图3-14）：

1）检查电眼与调模齿轮感应盘的距离，一般电眼感应距离是0.5~5mm，感应盘上存在油污会影响感应。调试好感应距离并清理污垢再进行尝试，在机器的后面调模电动机附近应存在一盏小灯，调模时转一圈便闪一下。

2）检查计算机内部计时参数，电眼感应间断时间一般为1~4s。间断时间是计算机用来检测感应盘是否旋转的。若感应盘在规定时间内不动，电眼则不会检测到金属件，也就不会将信号转输给计算机。

3）检查调模电眼是否损坏或相关线路断路。用金属器件接近电眼，查看电眼旁的那盏

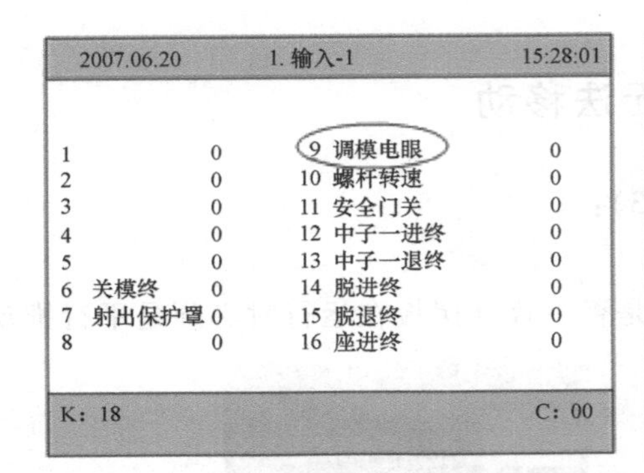

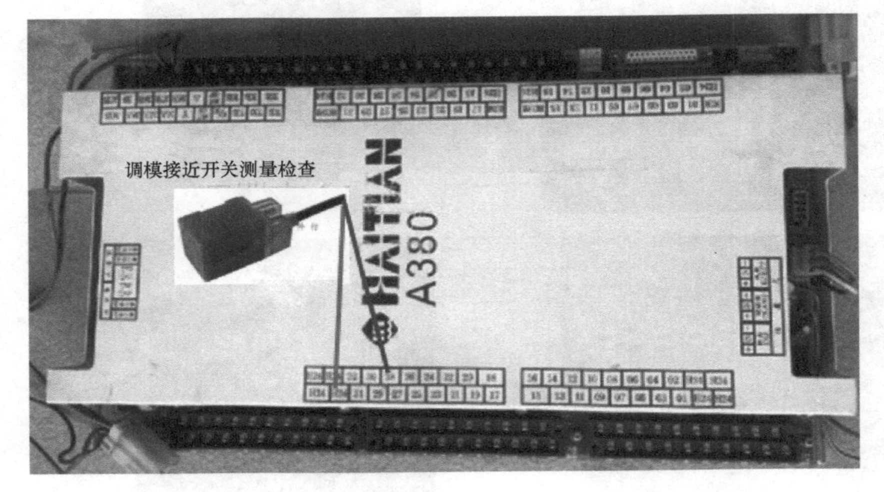

图3-14　注塑机无法实现自动调模，显示自动调模电眼失败的故障实例

灯是否亮（黄色），若不亮可断定电眼损坏或线路断路（同时观察 I/O 界面确定）。此外，可以直接把调模电眼拆下在计算机板的输入处接上，来诊断电眼是否损坏，若输入正常，则说明调模电眼完好，是线路断路引起的；若输入不正常，则说明调模电眼损坏，需要更换。

4）如果输入条件满足，请检查输出是否正常（低电位输出）。

案例 63　调模频繁卡住

某注塑机使用链条调模，该机器仅当压力表的调模压力值显示超过“100”时才可正常使用。本案例可按如下步骤进行检修（见图 3-15）：

图 3-15　调模频繁卡住的故障实例

1）检查螺母的磨损情况，螺母与尾板的间隙是否存在偏差。

2）机械件老化，上点润滑油并尝试多调几次。

3）检查哥林柱是否磨损严重，导致四支哥林柱拉力不平衡。

4）把机架调整好，否则调模螺母仍会存在卡死现象。用百分表调整机架水平及平行度。

第 4 章 顶针部分故障诊断与维修

本章必备知识

1. 顶出装置（见图 4-1）

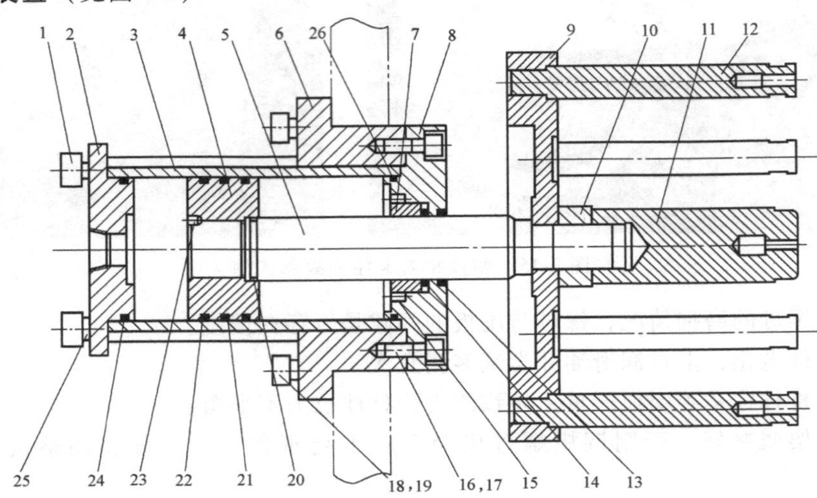

序号	名称	规格	数量
1	顶出缸拉杆		4
2	顶出缸后盖		1
3	顶出油缸筒		1
4	顶出活塞		1
5	顶出活塞杆		1
6	顶出缸固定塞		1
7	顶出缸前盖钢套		1
8	顶出缸前盖		1
9	顶出导板		1
10	顶出杆螺母		1
11	主顶出杆		1
12	副顶出杆		8
13	防尘圈	LBH40×48×5×6.5	1
14	Y形密封圈	UHS40	1
15	内六角锥端紧定螺钉	M6×12	2
16	内六角螺钉	M12×45	6
17	弹簧垫圈	12	6
18	内六角螺钉	M16×50	4
19	弹簧垫圈	16	4
20	O形密封圈	32.92×3.53	1
21	活塞杆	75×2.85×4	2
22	Y形密封圈	UHS65	1
23	内六角锥端紧定螺钉	M6×12	1
24	O形密封圈	69.44×3.53	1
25	弹簧垫圈	16	4
26	O形密封圈	69.44×3.53	1

图 4-1 顶出装置

2. 脱模方式选择

最初的脱模可分为二段压力速度和个别的动作位置。假设在开模完成后等待机械手下降时可设定脱模前延迟计时来配合机械手使用，脱模退延迟是指到达脱模进终止位置后，应在延迟设定时间结束后再进行脱模退动作。

脱模种类共有 3 种：

1）停留脱模。使用此功能一律限定为半自动模式下才能使用。此情况下按全自动按钮无效，顶针会在顶出后立即停止，等待成品取出且关上安全门才做顶退动作，顶退动作结束后才能关模。

2）定次脱模，即一般的计数脱模。定次表示脱模进退所需的次数。

3）振动脱模。顶针会依所设定的次数，在脱模终止位置做反复快速脱模造成振动现象，使成品脱落。振动时间请参考脱模栏参数。脱模次数为脱模进退所需的次数。

卧式顶出装置如图 4-2 所示。

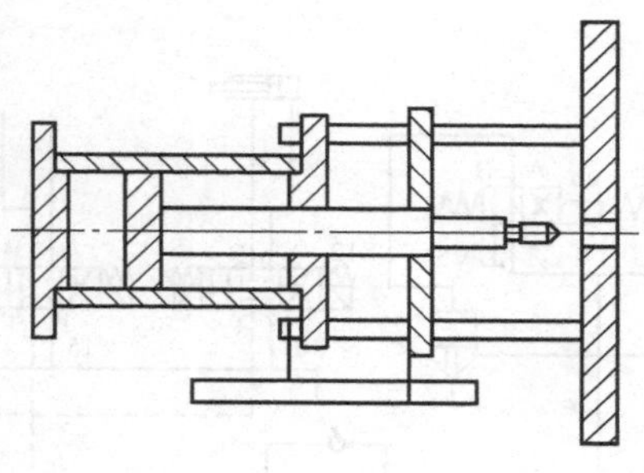

图 4-2　卧式顶出装置

案例 64　开模前开门无法顶出

某注塑机手动顶针动作正常，半自动时要等开模终止再次开门，顶针才可以顶出。本案例可按如下步骤进行检修（见图 4-3）：

2007.06.20　脱模/座台/调模/吹气设定 15:28:01

脱模方式：1　0＝停留　1＝定次　2＝振动

脱模次数：2

	压力	速度	延迟	终止位置
脱模进：	50	50	0.5	100.0
脱模退：	50	50	0.5	0.0
座台进：	50	30		
座台退：	50	30	时间：	0.0
调　模：	50	50		
	延迟	计时		
阳模吹气：	0.0	0.0		
阴模吹气：	0.0	0.0	脱模位置：	0.0

下限：0　上限：999.9

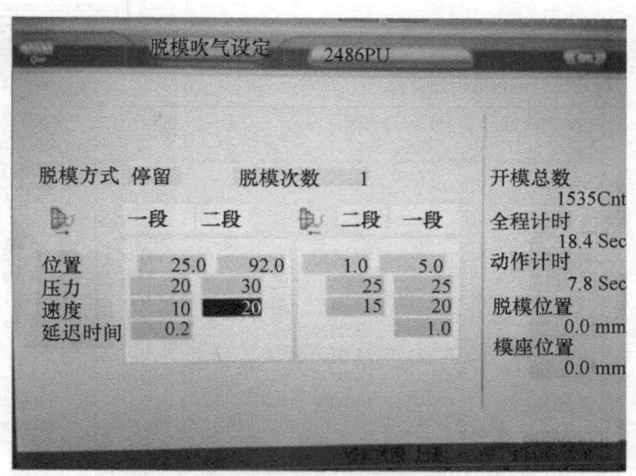

注塑机顶针动作设定界面

图 4-3　开模前开门无法顶出的故障实例

1）检查此台注塑机的出厂设定。出于安全和快速考虑，部分注塑机出场设定程序就是如此。

2）如果是使用了一段时间以后再出现的以上动作，说明计算机程序出现错误，需要注塑机生产公司相关程序工作人员前来帮助修改。

案例65 顶针在有信号且有压力显示的情况下无法实现顶出操作

该注塑机更换顶针阀后也没有改善该现象。本案例可按如下步骤进行检修（见图4-4）：

1）检查顶出方向阀是否有输出信号，如果有输出但计算机输出端无法测量，说明计算机输出板损坏，需更换输出板；如果有输出但在顶出方向阀处无法测量到电压，说明线路开路，需要更换线路或检查出断路原因并排除。

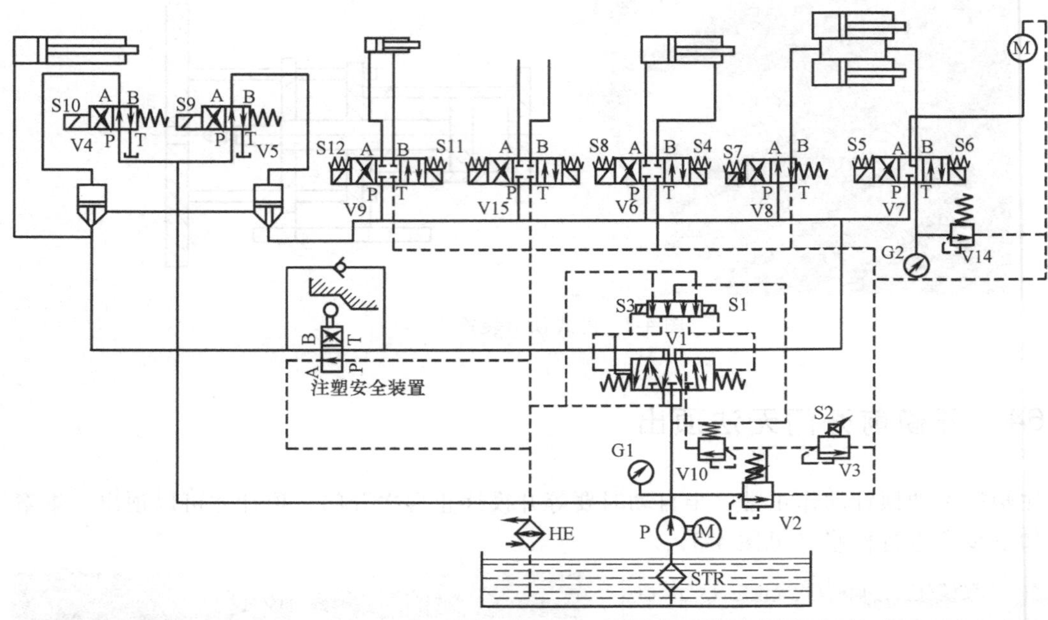

标准模型不包括附加装置

2007.06.20	3 输出-1		15:28:01
1 关模	0	9 脱进	0
2 差动	0	10 脱退	0
3 开模	0	11 中子一进	0
4 射出	0	12 中子一退	0
5 射退	0	13 调模进	0
6 储料	0	14 调模退	0
7 座进	0	15 警报	0
8 座退	0	16 闪光	0
K：18			C：00

2007.06.20	脱模/座台/调模/吹气设定			15:28:01
脱模方式：	1	0=停留	1=定次	2=振动
脱模次数：	2			
	压力	速度	延迟	终止位置
脱 模 进：	50	50	0.5	100.0
脱 模 退：	50	50	0.5	0.0
座 台 进：	50	30		
座 台 退：	50	30	时间：	0.0
调　　模：	50	50		
	延迟	计时		
阳模吹气：	0.0	0.0		
阴模吹气：	0.0	0.0	脱模位置：	0.0
下限：0 上限：999.9				

图4-4 顶针在有信号且有压力显示的情况下无法实现顶出操作的故障实例

2）检查顶出液压缸，可将进油管拆卸（注意套住油管，不让液压油溅出）进行顶出动作，如果有大量的油溢出，说明电磁阀及之前的油路都是好的；如果没有油溢出，请检查是否是电磁阀故障。

3）确定是顶出液压缸的问题后，就需要拆卸顶出液压缸，并检查以下问题：①密封圈是否损坏；②活塞与活塞杆是否分离；③顶出液压缸是否存在回油堵塞。

案例 66 抽插芯模具实际生产时出现异常

现有一副抽插芯模具，合模前顶针全部退到位。模具在模具厂试模时无异常，但到实际生产时出现异常（顶针不回位）。本案例可按如下步骤进行检修（见图 4-5）：

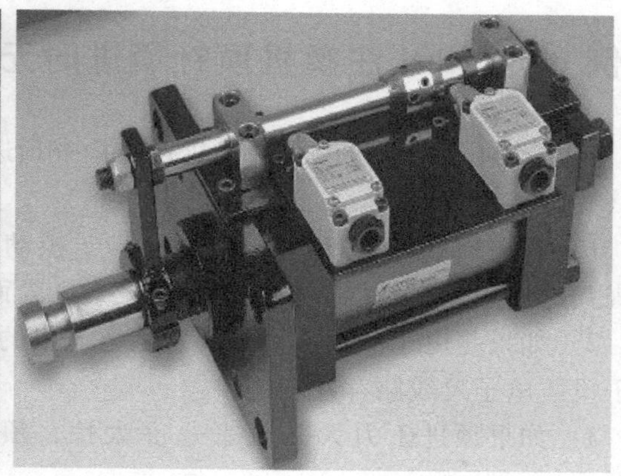

2007.06.20 3 输出-1 15:28:01

1 关模	0	9 脱进	0
2 差动	0	10 脱退	0
3 开模	0	11 中子一进	0
4 射出	0	12 中子一退	0
5 射退	0	13 调模进	0
6 储料	0	14 调模退	0
7 座进	0	15 警报	0
8 座退	0	16 闪光	0

K: 18 C: 00

2007.06.20 第#1 组中子设定(A) 15:28:01

中子/绞牙： 0 0=不用 1=中子 2=绞牙
控制方式： 0=行程 1=时间

	压力	速度	时间	计数	动作位置
中子进：	50	50	3.0	0	0.0
中子退：	45	45	3.0	0	0.0
绞牙退：				0	
开模终位置					400.0

模座位置： 0.0

下限：0 上限：2 设定在开模停位置

K: 24 C: 00

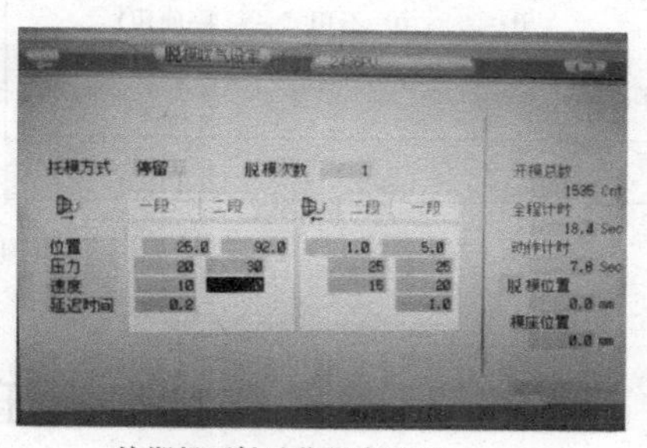

注塑机顶针动作设定界面

图 4-5 抽插芯模具实际生产时出现异常

1）目前可能是对于模具和注塑机的设置还存在一些问题。根据现有描述，这副模具的生产动作如下：

合模前模具液压缸退回→顶退→合模→开模停止→模具液压缸退出→顶出。

把注塑机上的中子（抽插芯）设定为合模前退回、开模停前进模式（有的注塑机是以位置来设定的，那么就设定在模具开模停止的位置）。

2）如果还需要顶针动作，就正常设定顶针的动作（顶针顶保持、顶针顶退回、多次顶针、延时顶针）。

3）有的模具则使用中子动作来代替顶针，那么就不需要再设定设备顶针动作了。

4）模具上的中子如果是采用的行程开关或接近开关，请检查一下相应开关是否工作正常（观察计算机屏 I/O 界面）。

案例 67　120t 注塑机顶针顶进时无法停机

某注塑机顶针顶进时无法停机，经检查顶进停止开关正常。本案例可按如下步骤进行检修（见图 4-6）：

1）首先检查行程开关（接近开关）。扳动一下听听声音以及是否使用金属感应开关的检查判定方法都不科学。必须通过检查 I/O 界面信号来判断行程开关正常与否。

2）如果是电子尺顶出，还要观察电子尺的顶出位置的变化。如果位置没有变化，说明电子尺或电子尺线路存在问题。

3）如果顶进压力太高或者速度太快，顶进也极不易停下，可以尝试把压力和速度调低。

4）检查顶出电磁阀阀芯是否卡住，修理或更换电磁阀。

2007.06.20　储料/射退/冷却设定　15:28:01

冷却计时：5.0
储前冷却：0.0
射退模式：0　(0=储后　1=冷后)

	压力	速度	终止位置
储料 #1：	80	60	100.0
储料 #2：	80	50	120.0
射退：	50	50	150.0

自动清料计数：5
自动清料计时：3.0
储料背压：0　(0=不用　1=使用)
射出位置：0.0
下限：0　上限：999.9
K：23　C：00

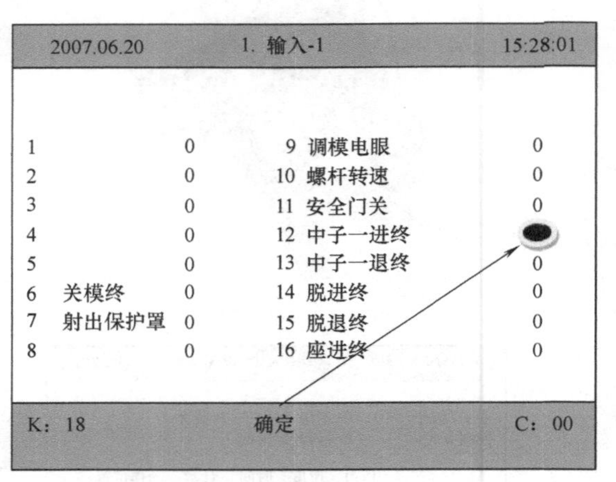

图 4-6　120t 注塑机顶针顶进时无法停机的故障实例

案例 68　顶针退后动作存在很大压力且十分缓慢

本案例可按如下步骤进行检修（见图 4-7）：

1）首先检查设定的压力、流量是否正常（观察一下比例输出电流表数字的大小和变化），若正常则继续检查在开始其他动作时是否正常。

2）若进行其他动作也比较缓慢，则说明问题不在顶针动作上。检查溢流阀是否泄漏，大小泵是否都参加工作以及大小泵的输出是否正常。

3）若进行其他动作时快慢正常，则说明顶针控制出现问题。检查顶出液压缸密封圈是否完好，顶出液压缸回油是否正常。

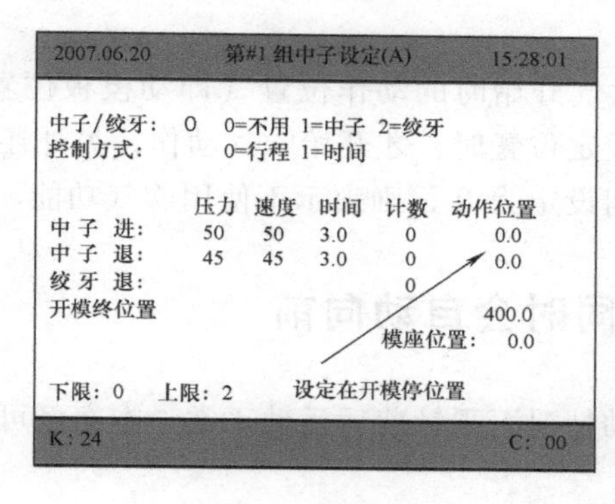

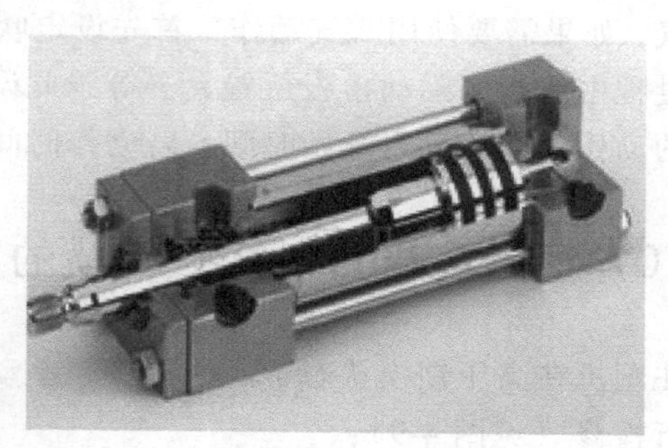

图 4-7　顶针退后动作存在很大压力且十分缓慢的故障实例

案例 69　半自动顶针顶出后无法退回

某 1300t 注塑机最近在时间模式下半自动顶针顶出后无法退回，需要关门后才能退回。本案例可按如下步骤进行检修（见图 4-8）：

1）首先检查系统设定，在输入输出都没有问题的前提下顶出后退设定在退回模式，再检查设定时间是否太长（顶出延时时间）。若该情况下注塑机看起来与没有退回一样，则重新设定时间。

2）如果设定在位置模式时也没有顶出（或后退），那么就是注塑机本身的问题，需要进一步判断和修理。

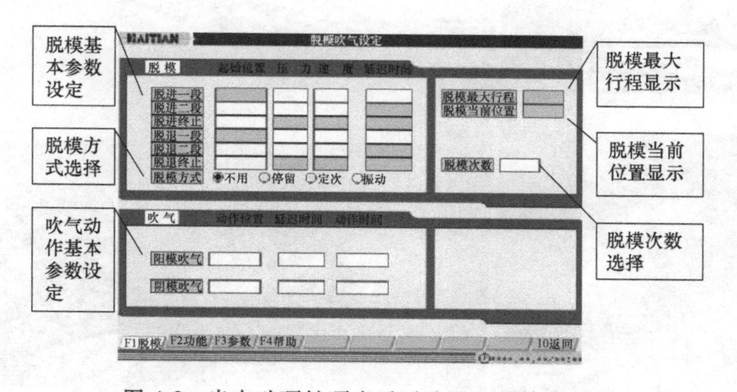

图 4-8　半自动顶针顶出后无法退回的故障实例

参考富士计算机脱模基本参数设定界面（第一页）有 5 种顶针动作方式可选，分别为：不用、停留、定次、振动及吹气。

不用：即不使用脱模功能。

停留：表示脱模使用停留方式，使用此功能必须设定为半自动或手动。若此时设定为全自动方式，则顶针停顿功能不起作用。顶针会在顶出后即停止，等待成品取出并关上安全门后才做顶退。

定次：计数脱模，顶针会按设定的脱模次数做顶出、顶退动作。

振动：即振动顶针，顶针会依所设定的次数在脱进终止处和顶针后退终止处做短时间的多次快速脱模，造成振动，使成品脱落。

吹气：如果需要使用吹气动作，首先设定吹气开始时的动作位置（即动模板位置）。即在开模过程中，当实际动模板位置大于等于此设定位置时，才开始吹气动作，另外还需要设定吹气的动作时间和延迟开始时间。若动作时间设定为 0 ，则表示不使用吹气功能。

案例 70　顶针在半自动生产锁模的同时会自动向前

该注塑机在高压锁模状态下压回顶针，手动情况下顶针前后运动正常。本案例可按如下步骤进行检修（见图 4-9）：

1）首先打开计算机输入输出界面，确认是否同时有顶针输入输出信号，同时测量是否有低电位输出（使用万用表直接在顶出阀处测量）。如果有低电位信号输出，说明计算机存在问题。

2）检查在手动模式下进行其他动作时，是否一样有顶针向前的动作趋势。若有，则说明是由于顶针换向阀及顶针液压缸密封圈损坏，需要修理或更换换向阀及顶针液压缸密封圈。

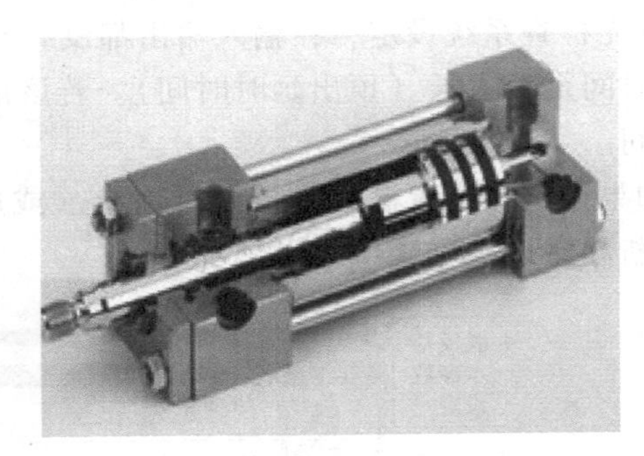

图 4-9　顶针在半自动生产锁模的同时会自动向前的故障实例

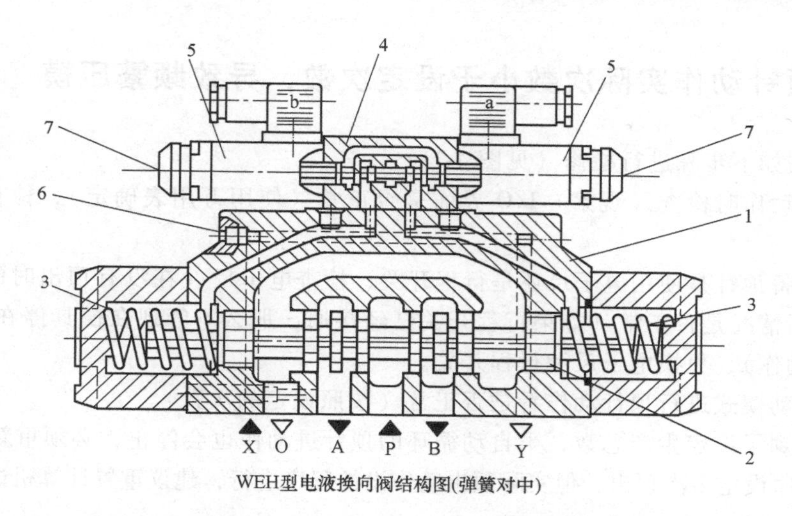

图 4-9 顶针在半自动生产锁模的同时会自动向前的故障实例（续）

1—主阀体 2—主阀芯 3—复位弹簧 4—先导阀 5—电磁铁 6—控制油进油道 7—故障检查按钮

案例 71 顶针退后动作存在很大的声音且退后动作十分缓慢

本案例可按如下步骤进行检修（见图 4-10）：

1）该故障一般由阀体堵塞引起，先将阀清洗一下。

2）将顶出液压缸活塞环拆下来检查（也可以把无杆腔的油管拆下来，观察在开顶针退动作时，油孔是否出油严重），检查上面的油封是否损坏（造成内泄漏）。

3）工艺参数设定是否正确，检查比例输出线性。

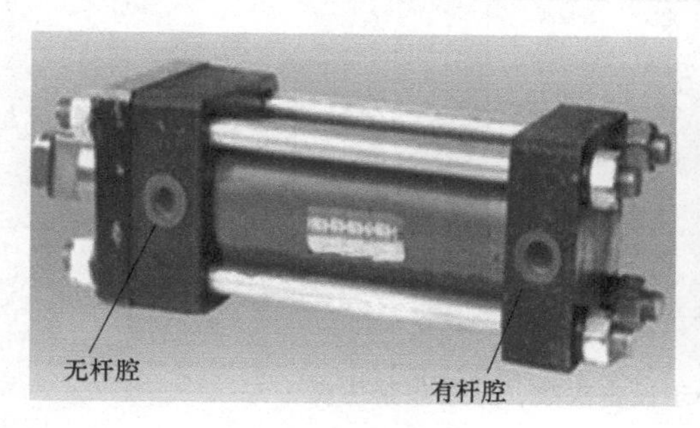

图 4-10 顶针退后动作存在很大的声音且退后动作十分缓慢的故障实例

案例 72　顶针动作实际次数小于设定次数，导致频繁压模

本案例可按如下步骤进行检修（见图 4-11）：

1）在顶针动作时检查（观察）I/O 界面是否正常（使用万用表确定），检查延时时间是否设置太长。

2）检查设备顶针是使用电子尺还是行程开关，检查电子尺（在没有顶出时的位置）及行程开关的通断情况是否正常（如果行程开关已经接通，那么不管现在模具停在什么地方，都会没有顶出动作），更换电子尺和行程开关。

3）使用手动模式进行顶针动作看是否正常（按照设定的次数）。

4）如果达到了设定生产总数，半自动循环的顶针进动作也会停止，必须重新设定。

5）如果程序设定多次顶出，但实际顶出动作没按程序进行，建议重置计算机试试。

2007.06.20	脱模/座台/调模/吹气设定		15:28:01	
脱模方式：	1	0=停留	1=定次	2=振动
脱模次数：	2			
	压力	速度	延迟	终止位置
脱 模 进：	50	50	0.5	100.0
脱 模 退：	50	50	0.5	0.0
座 台 进：	50	30		
座 台 退：	50	30	时间：	0.0
调　　模：	50	50		
	延迟	计时		
阳模吹气：	0.0	0.0		
阴模吹气：	0.0	0.0	脱模位置：	0.0
下限：0　上限：999.9				

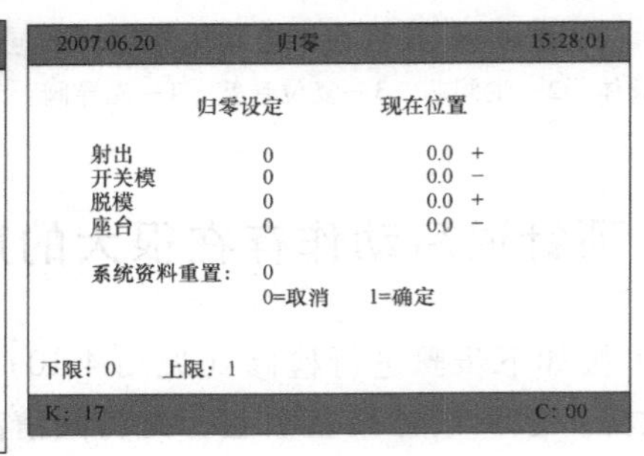

2007.06.20	脱模/座台/调模/吹气设定		15:28:01	
脱模方式：	1	0=停留	1=定次	2=振动
脱模次数：	2			
	压力	速度	延迟	终止位置
脱 模 进：	50	50	0.5	100.0
脱 模 退：	50	50	0.5	0.0
座 台 进：	50	30		
座 台 退：	50	30	时间：	0.0
调　　模：	50	50		
	延迟	计时		
阳模吹气：	0.0	0.0		
阴模吹气：	0.0	0.0	托模位置：	0.0
下限：0　上限：999.9				

图 4-11　顶针动作实际次数小于设定次数，导致频繁压模

案例 73　加大（减小）顶针动作时开模和合模也会随之变化

本案例可按如下步骤进行检修（见图 4-12）：

1）观察 I/O 界面输入输出条件是否正常。如果不正常，说明计算机程序错误，需要更换输入输出点，防止内部电路短路。

2）检查在进行顶针动作时是否存在其他动作。如果没有，说明开/合模电磁阀阀芯卡死，需要拆下来清洗或更换。

2007.06.20　　3 输出-1　　15:28:01

1 关模	0	9 脱进	0
2 差动	0	10 脱退	0
3 开模	0	11 中子一进	0
4 射出	0	12 中子一退	0
5 射退	0	13 调模进	0
6 储料	0	14 调模退	0
7 座进	0	15 警报	0
8 座退	0	16 闪光	0

K：18　　C：00

图 4-12　加大（减小）顶针动作时开模和合模也会随之变化

案例 74　某 1250t 注塑机在模具顶针退回时产生异响

该注塑机在用手触摸顶出机构时有明显的抖动感，且存在异响。本案例可按如下步骤进行检修（见图 4-13）：

1）首先要判断声音到底出自哪里。

2）确定是由设备发出来的声音，则故障可能出在油路系统。顶针油路中存有空气，造成注塑机抖动，阀件阀芯移动困难。需要清洗阀件、更换密封件。

3）若模具顶针退回时存在其他动作，则是液压泵及过滤器出现问题了。清洗或者更换

图 4-13　某 1250t 注塑机在模具顶针退回时产生异响

过滤器并更换液压油。

4）拆下模具顶针机构（弹簧压缩），进行清洗并加油润滑。

案例 75　注塑机无开模动作且顶针不到位

某海天 90t 注塑机出现开/合模无动作且显示顶针不到位的故障。检查发现电子尺无问题，感应器无异常，压力表正常显示，后面的电磁阀也确认无问题。本案例可按如下步骤进行检修（见图 4-14）：

1）首先确认是否是在合模的时候，机器报警“顶针不到位”。

2）通过计算机的 I/O 界面来检查顶针电子尺是否处在零位（否则调零位）或顶针退终止行程开关是否已经接通。

3）有些注塑机为了确保顶针退回，在顶针退回位置加装了一个感应式行程开关。

4）调整顶针退回终止位置（可以调到 2~3mm）。

5）测量顶针电子尺的金属接地电阻值（不超过 1Ω，否则容易干扰信号）。

2007. 06.20		3 输出-1	15:28:01
1 关模	0	9 脱进	0
2 差动	0	10 脱退	0
3 开模	0	11 中子-进	0
4 射出	0	12 中子-退	0
5 射进	0	13 调模进	0
6 储料	0	14 调模退	0
7 座进	0	15 警报	0
8 座退	0	16 闪光	0
K:18			C:00

图 4-14　注塑机无开模动作且顶针不到位的故障实例

案例 76　某海天 85t 注塑机处于开模状态且无合模动作，顶针后退感应灯不亮

本案例可按如下步骤进行检修（见图 4-15）：

1）检查更换的接近开关型号是否正确，应该选用 NPN 型。

2）检查计算机是否工作正常，用一根塑料导线连接输入后退点和输入低电位。若计算机输入点指示灯亮，则确定计算机工作正常。这说明是顶针后退接近开关线断路，更换线路即可。

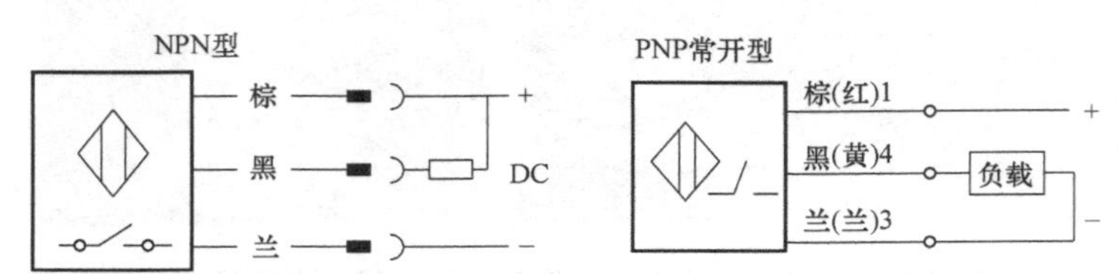

图 4-15　某海天 85t 注塑机处于开模状态且无合模动作，顶针后退感应灯不亮的故障实例

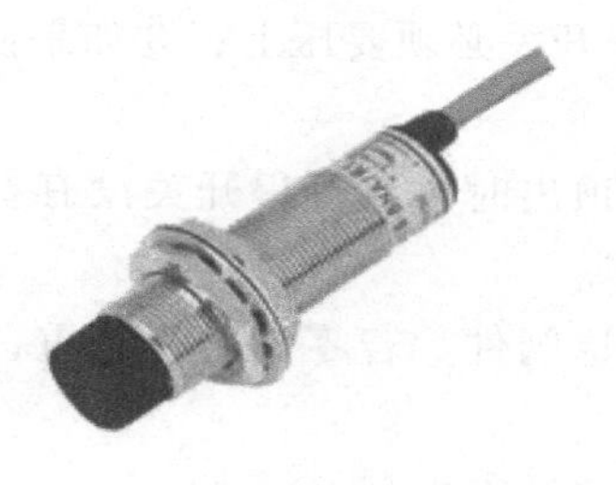

图 4-15 某海天 85t 注塑机处于开模状态且无合模动作，顶针后退感应灯不亮的故障实例（续）

案例 77 顶针无法退回，再次关闭安全门则恢复正常

本案例可按如下步骤进行检修（见图 4-16）：

1）确认注塑机是否处于手动状态，计算机是否显示顶针退回动作。

2）假如显示顶针退回动作，而且正常显示压力、流量的数值，但注塑机不进行退回，此时检查顶针方向阀是否卡死。

3）检查顶针退回油管到顶针有杆腔是否进油以及顶针液压缸无杆腔孔是否大量出油。

4）检查模具（模具顶针咬死等状况）有无异物进入。

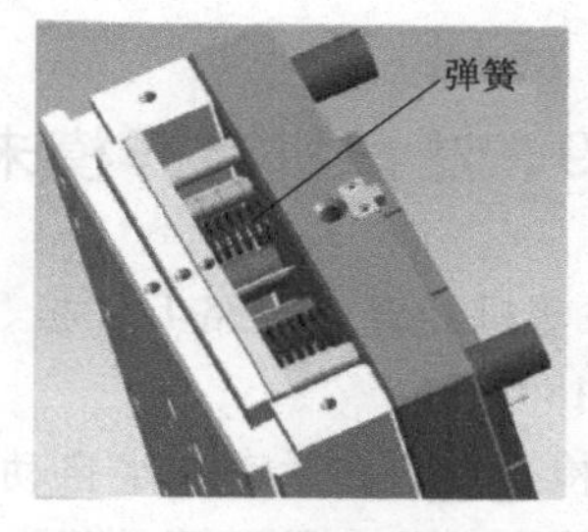

检查顶针、司筒针、斜顶有无松动，顶针板回程是否顺畅。

图 4-16 顶针无法退回，再次关闭安全门则恢复正常的故障实例

案例 78 注塑机在半自动模式下模具打开后顶杆无法顶出，只能手动顶出

某配有老式继电器的 130t 注塑机，其故障可按如下步骤进行检修（见图 4-17）：

1）线路检查。经检查发现手动线路，包括液压控制油路一切正常。

2）动作检查。注塑机的半自动生产程序设计，除了要满足顶出动作，还要确保以下动

作的完成：①开模位置设定到达；②储料结束行程开关必须要压上；③如果使用螺杆后退动作，那么螺杆后退动作的行程开关也要压上。

3）行程开关检查。如果在半自动模式下需要顶出时导致行程开关没有参与工作，那么半自动顶出条件就不能满足，所以就没有顶出动作。

4）阀件检查。检查油路注射、储料、螺杆后退阀件。若零件磨损严重，易造成内泄漏并引起动作漂移。

5）继电器检查。继电器使用时间过久，触点接触不良。

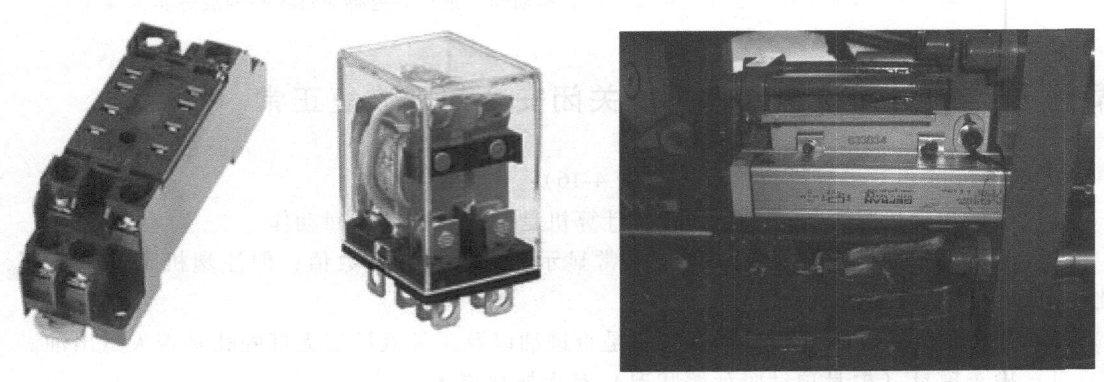

图 4-17　注塑机在半自动模式下模具打开后顶杆无法顶出，只能手动顶出的故障实例

案例 79　注塑机在开模未到位时，就有顶出动作

该注塑机经查，电路 I/O 板、油路和方向阀均无问题，其故障可按如下步骤进行检修（见图 4-18）：

1）检查是否在手动和半自动模式下均存在该问题，确认油路和方向阀是否工作正常。

2）检查工艺参数界面是否设置了开模过程中顶出功能，如有请关闭。

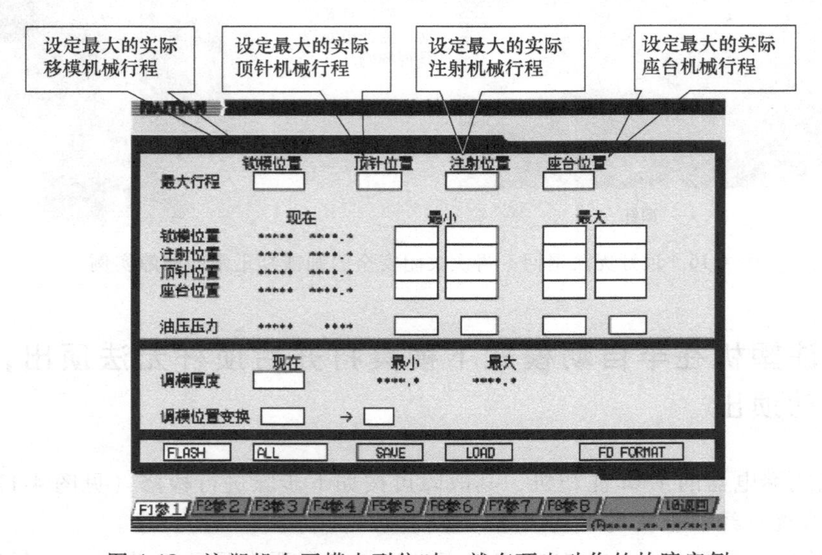

图 4-18　注塑机在开模未到位时，就有顶出动作的故障实例

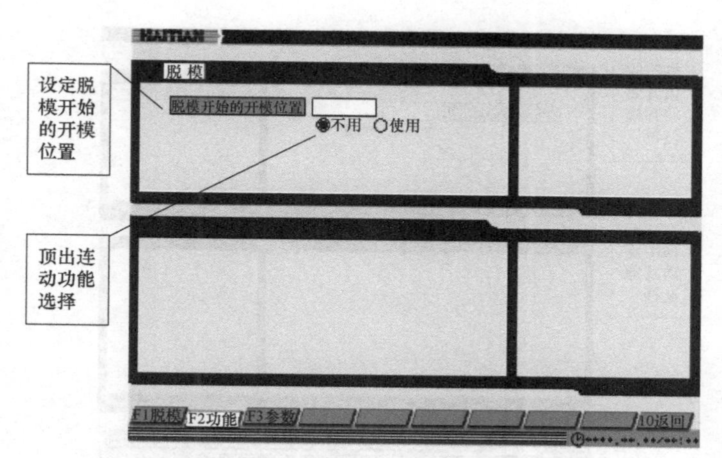

图 4-18 注塑机在开模未到位时，就有顶出动作的故障实例（续）

3）重新设置开模停止的有效区距离。

4）检查在开模途中顶针动作速度是否正常。若顶出较慢，则怀疑顶针液压缸的密封存在问题或者其电磁阀内泄漏。检查顶针液压缸和液压油路阀件。

案例 80 在半自动和全自动模式下顶针都能进行顶进/顶退动作，但无法通过手动实现

某 220t 注塑机经检查无输入信号显示且面板按键未坏。本案例可按如下步骤进行检修（见图 4-19）：

1）在计算机输入端的顶出点加一个低电位，看有无信号进入。如果输入灯亮，那么计算机输出信号正常；否则就是计算输入点损坏，建议更换输入点或相应线路。

2）检查测量面板输出到计算机输入之间的连接是否存在开路。

3）确定在手动顶出时的开模停止位置正确。

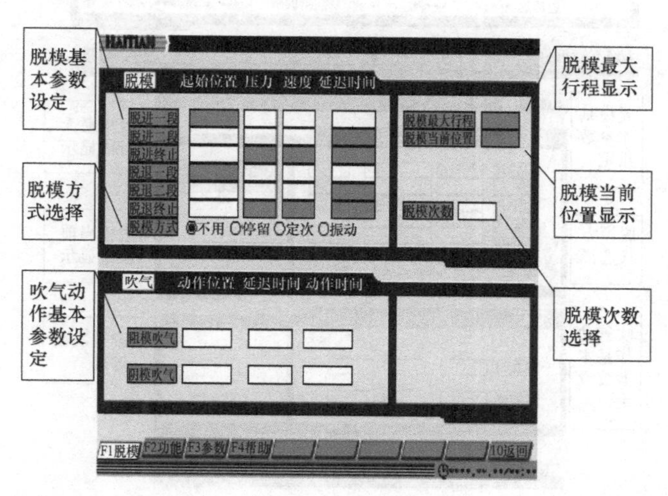

图 4-19 在半自动和全自动模式下顶针都能进行顶进/顶退动作，但无法通过手动实现

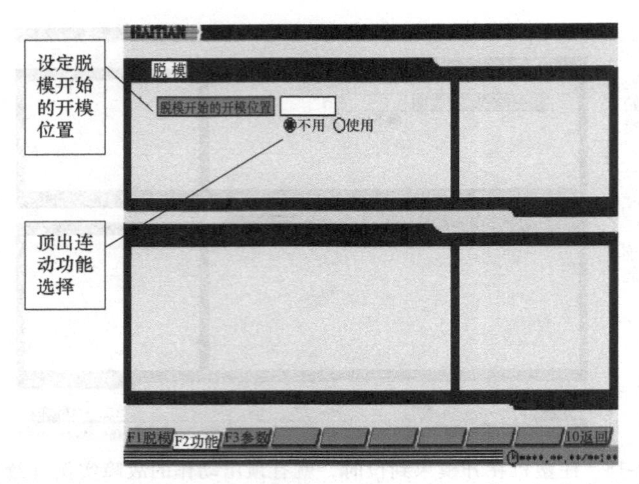

图 4-19　在半自动和全自动模式下顶针都能进行顶进/顶退动作，但无法通过手动实现（续）

案例 81　较大公差范围的注塑机顶针退回时超行程报警

对该注塑机更换电子尺和电路板均没有解决问题，此时可按如下步骤进行检修（见图 4-20）：

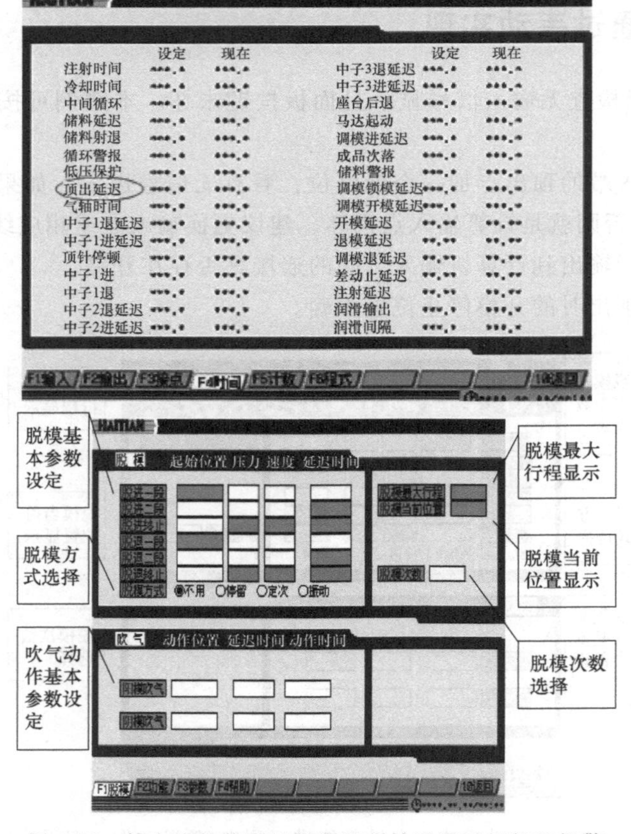

图 4-20　较大公差范围的注塑机顶针退回时超行程报警

1）若手动退回和半自动退回均存在问题，建议修改顶针退回压力和速度。

2）观察输入输出界面，若顶针退回动作停止有延时情况发生，建议调整或关闭这个功能；观察顶针停顿参数设置，判断设定的距离是否有问题。

案例 82　注塑机出现来回多次顶出现象

某 400t 注塑机顶出设定为顶出 1 次，生产时经常出现来回多次顶出现象。本案例可按如下步骤进行检修（见图 4-21）：

1）首先参考顶针设定的说明，请把脱模设定为振动脱模。

2）若生产的模具是弹簧模具，则可能是设置的参数或模具本身存在问题。

3）检查发现 CPU 计算机板坏，请修理或者更换。

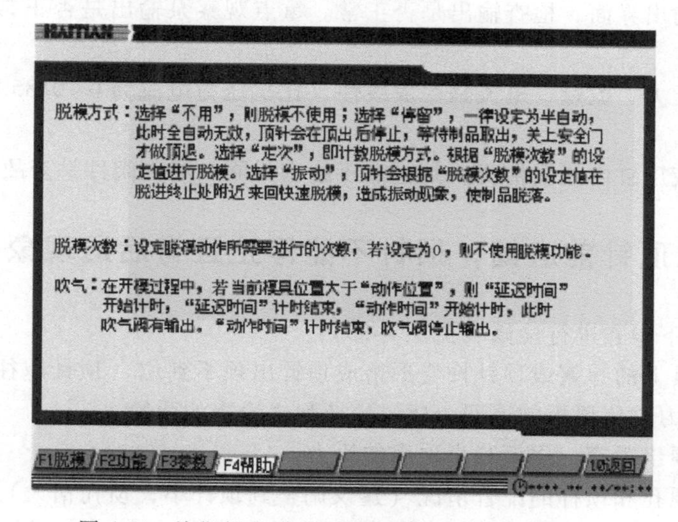

图 4-21　注塑机出现来回多次顶出现象的故障实例

案例 83　顶针顶不动产品，调大压力后依旧没变化

本案例可按如下步骤进行检修（见图 4-22）：

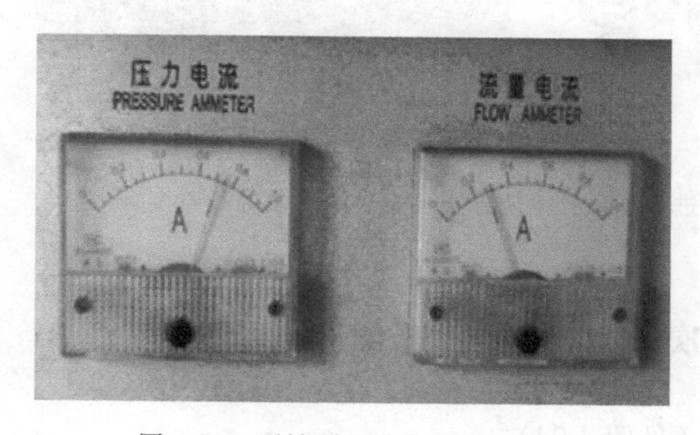

图 4-22　顶针顶不动产品，调大压力后依旧没变化的故障实例

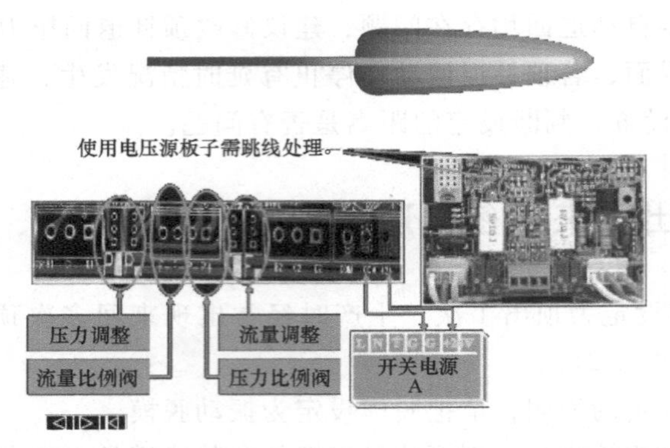

图 4-22 顶针顶不动产品，调大压力后依旧没变化的故障实例（续）

1）打开输入输出界面，检查输出是否正常。重点观察泵输出是否正常，确定系统压力和流量工作正常。

2）观察比例压力、流量、电流是否成线性（比例压力电流为0~0.85A。比例流量电流为0.1~0.6A）。

3）检查顶针液压缸内泄漏情况。判定液压缸密封圈和液压阀件是否故障。

案例 84 按住顶针前进键，顶针不能停止且有后退现象

本案例可按如下步骤进行检修（见图 4-23）：

1）可能是模具上的弹簧或顶针杆变形造成顶针出顶不到位（顶针越往前，压力越大），然后由于弹簧的弹力迫使顶板的退回，建议更换弹力恰当的弹簧。

2）重新调整顶出距离，逐渐减小顶出的压力。

3）检查模具顶孔和顶杆的配合情况（建议调整到顶杆小，顶孔稍大）。

图 4-23 按住顶针前进键，顶针不能停止且有后退现象的故障实例

案例 85 顶出次数调到两次，出现顶针连续顶出问题

本案例可按如下步骤进行检修（见图 4-24）：

1）如果生产的模具需要多次顶出，请选择多次顶出功能，再设置顶出次数。若问题没有解决，则说明计算机其他控制部分出现问题。

2）如果是老式注塑机，那么可能是数字拨码器有问题，建议修理或更换。

3）若情况还是没有解决，则考虑模具上使用的模具顶针弹簧弹性系数过大，顶不到设定的位置，就有可能把顶针压回去。

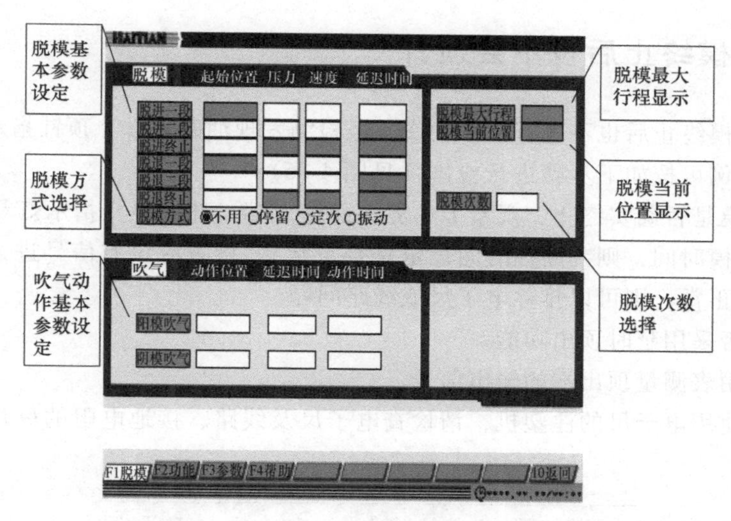

图 4-24　顶出次数调到两次，出现顶针连续顶出问题的故障实例

案例 86　顶进停止开关闭合后仍有顶进动作

对该注塑机进行相关检测后发现：短接后控制板顶进停止灯亮；顶进时将电磁阀线圈拔掉，动作停止；相应开关也是好的。本案例可按如下步骤进行检修（见图 4-25）：

1）在停机手动状态下进行顶出动作时，多次压住放开顶进停止开关，看计算机 I/O 界面有无输入信号进入，同时测量计算机输出端是否有信号。

2）如果没有动作进信号输入的情况下，仍然有输出（顶出）信号出现，说明输出三极管击穿。更换输出点或I/O 板。

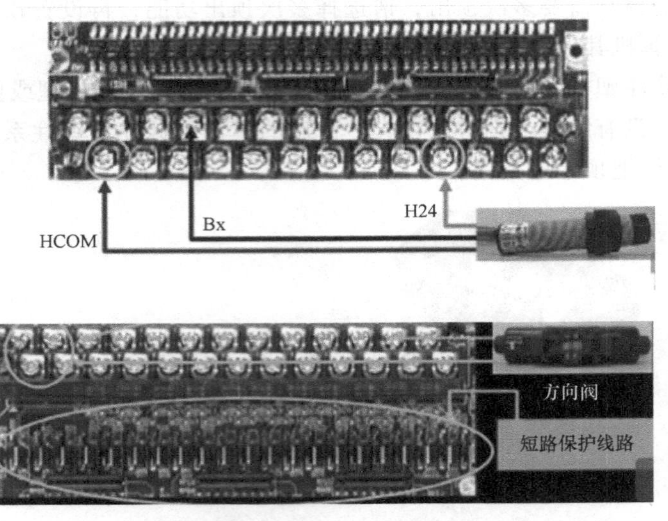

图 4-25　顶进停止开关闭合后仍有顶进动作的故障实例

案例 87　开模终止后也不会顶针

某注塑机开模终止后也不进行顶针动作，经检测发现油路正常，顶针指示灯不会亮，没信号输出。本案例可按如下步骤进行检修（见图 4-26）：

1）检查开模是否确实终止，观察 I/O 界面的输入端，开模终止指示灯是否显示（若计算机可以设定开模时间，则判断该时间设定是否正常），检查有没有信号进入输入端。若确认计算机输入端正常，则可以排除电子尺或线路问题。

2）确认是否采用延时顶出功能。

3）使用万用表测量顶出端的输出信号。

4）如果是使用电子尺的注塑机，请检查电子尺及线路，接地电阻的好坏和拉动电子尺电压的线性。

2007.06.20　　1. 输入-1　　15:28:01

1		0	9	调模电眼	0
2		0	10	螺杆转速	0
3		0	11	安全门关	0
4		0	12	中子一进终	0
5		0	13	中子一退终	0
6	关模终	0	14	脱进终	0
7	射出保护罩	0	15	脱退终	0
8		0	16	座进终	0

K：18　　C：00

图 4-26　开模终止后也不会顶针的故障实例

案例 88 未压下行程开关顶针就开始回位，导致顶针顶出太短，产品取不出来

本案例可按如下步骤进行检修（见图 4-27）：

1）检查先前修理或者装配是否存在错误。

2）一般情况下，顶出行程开关没有接通，动作是应该停留在顶出的某一个位置保持不动的，因为顶出信号结束没有被确认。

3）是否设置顶出为振动模式，且模具是顶出弹簧复位装置。虽然未顶到开关，但弹簧力的作用造成被压回情况发生，可以在不影响模具情况下，适当增加压力。

4）检查模具是否存在问题。

图 4-27 未压下行程开关顶针就开始回位，导致顶针顶出太短，产品取不出来的故障实例

案例 89 某 1380t 注塑机，顶针经常出现设定 3 次只顶出 2 次的情况

本案例可按如下步骤进行检修（见图 4-28）：

1）判断是否是老型号的注塑机。若是老型号注塑机，则可能是数字拨码器有问题，建议修理或更换。可通过将顶出次数设定从 1 次到 5 次，来判定这个问题。

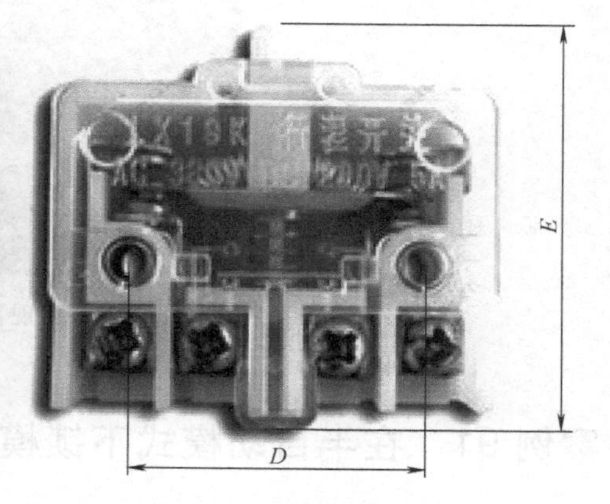

图 4-28 某 1380t 注塑机，顶针经常出现设定 3 次只顶出 2 次的情况的故障实例

2）判断是否使用行程开关设定距离。如果是，测量一下开关的好坏和线路的通断情况。

3）若问题依然存在，基本可以认定为计算机控制系统出现故障。

案例 90　总是出现顶针不能归位的情况

依据现场情况分析，判断故障不应该出在设备上。本案例可按如下步骤进行检修（见图 4-29）：

1）在自动模式顶针回不去的情况下，判断手动退回顶针是否可行。

2）模具要定期保养。检查顶杆润滑是否存在问题。

3）如果顶杆长短不一或拉回结构螺钉单边松脱没有锁紧，或机器上脱模板的螺钉松脱等都有可能造成回位不平衡，严重的可导致顶针卡住。

4）装模问题。可能装模时顶针杆装配存在问题。

5）判断顶针是否是在模具上。如果两侧液压缸不平衡也会导致顶针不能归位。

顶针复位导柱、中托司喷油

顶针定期喷油

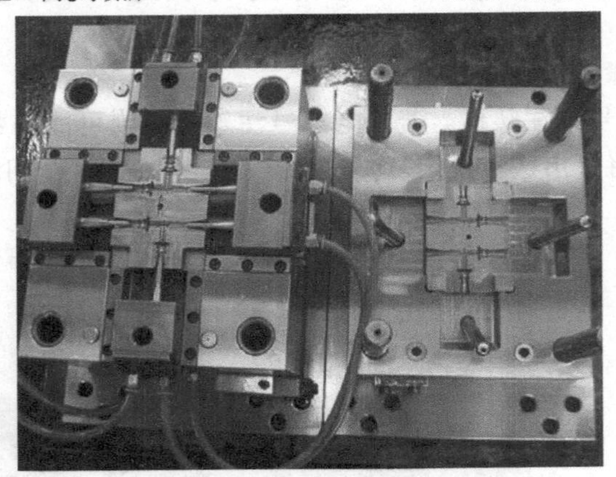

图 4-29　总是出现顶针不能归位的情况的故障实例

案例 91　在半自动模式下锁模动作完成后顶针依然移动

本案例可按如下步骤进行检修（见图 4-30）：

1）判断一下，在手动模式下进行其他动作时，顶针是否动作缓慢。如果有（在没有顶针信号输出的前提下），说明电磁阀泄漏，需要修理或更换。

2）若有其他动作的信号输出，则计算机输出板需要进行修理（更换输出点）或更换。

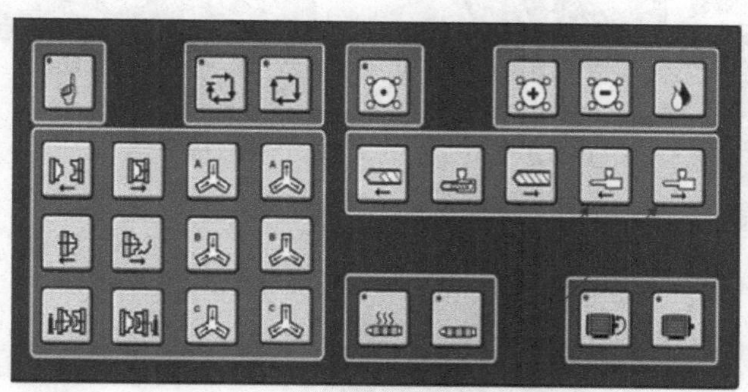

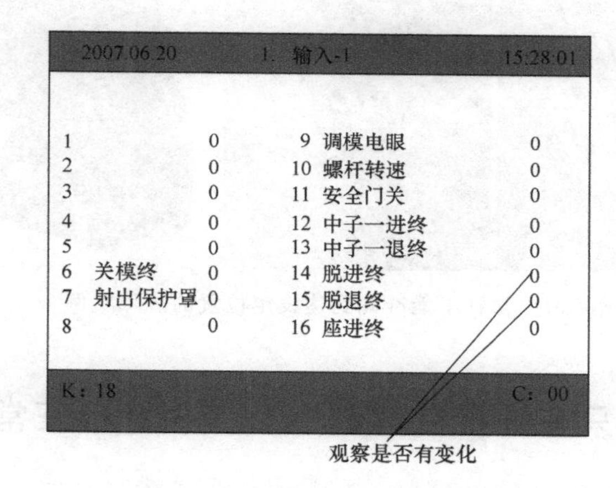

图 4-30 在半自动模式下锁模动作完成后顶针依然移动的故障实例

案例 92 顶针不能准确到达设定位置

本案例可按如下步骤进行检修（见图 4-31）：

1）检查一下模具顶针是否有强制退回弹簧。

2）要想保持顶针不退回，必须在液压油路上安装叠加阀。叠加阀最大的特点在于不必使用配管即可达到系统安装的目的，因此减少了系统发生泄漏、振动、噪声的可能性。相比传统的管路连接，叠加阀无须特殊安装并且便于更改液压系统的功能。由于无须配管，这样相当于增强了系统整体的可靠性，且便于日常检查与维修。

3）观察输入输出界面，看顶针前进信号是否有输出，同时确认是否存在设置问题需要重新设置。

4）如果不是弹簧模具且存在快速退回现象，多判断是设置的问题；如果缓慢退回，应该是方向阀存在内泄漏造成的。

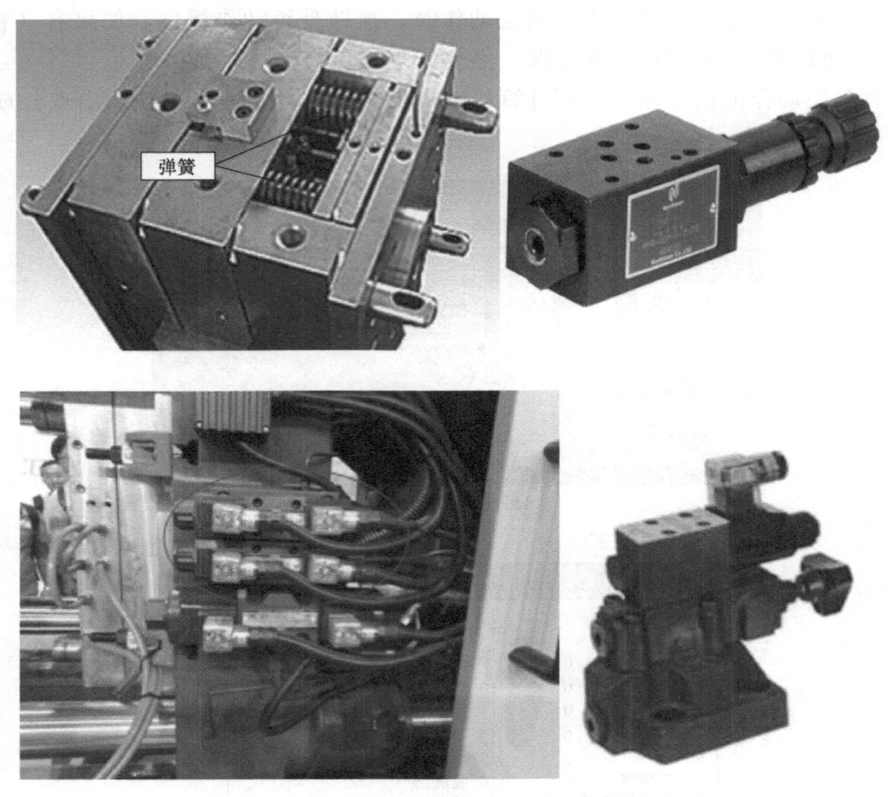

图 4-31　顶针不能准确到达设定位置的故障实例

案例 93　顶出速度只有设定在“61”以上时才能正常工作

本案例可按如下步骤进行检修（见图 4-32）：

1）建议把速度从零（起步数字为 0.1A）开始设置，每次往上增加 10%，直到 99%；同时，观察电流是否满足线性关系，如果不是请调整。

2）另外压力和流量的内部设定以 30%为一个的转换点，31%则是另一个新转换点的开始（增加一个泵）。

3）可以首先测试正在使用的泵的压力。推测是泵的压力和流量输出变小才产生的故障。

图 4-32　顶出速度只有设定在“61”以上时才能正常工作的故障实例

图 4-32　顶出速度只有设定在“61”以上时才能正常工作的故障实例（续）

案例 94　模具不用顶出时经常出现脱模未到定位的报警

本案例可按如下步骤进行检修（见图 4-33）：

1）因为在做开关模动作时，不可避免地有顶出阀泄漏并引起顶出液压缸动作。当超出顶针退回有效区域或顶针退回电眼检测不到时，系统就会报警。

2）拆下顶杆，使用顶出动作（位置尽量小），使顶出液压缸每次都可以复位。在计算机控制界面将脱模次数选择为“2”，脱模进终止位置选择为“100”。这样关模时计算机便会给顶针退回信号，使其复位。

2007.06.20	脱模/座台/调模/吹气设定			15:28:01
脱模方式:	1	0=停留	1=定次	2=振动
脱模次数:	2			
	压力	速度	延迟	终止位置
脱 模 进:	50	50	0.5	100.0
脱 模 退:	50	50	0.5	0.0
座 台 进:	50	30		
座 台 退:	50	30	时间:	0.0
调　　模:	50	50		
	延迟	计时		
阳模吹气:	0.0	0.0		
阴模吹气:	0.0	0.0	脱模位置:	0.0
下限: 0	上限: 999.9			

图 4-33　模具不用顶出时经常出现脱模未到定位的报警的故障实例

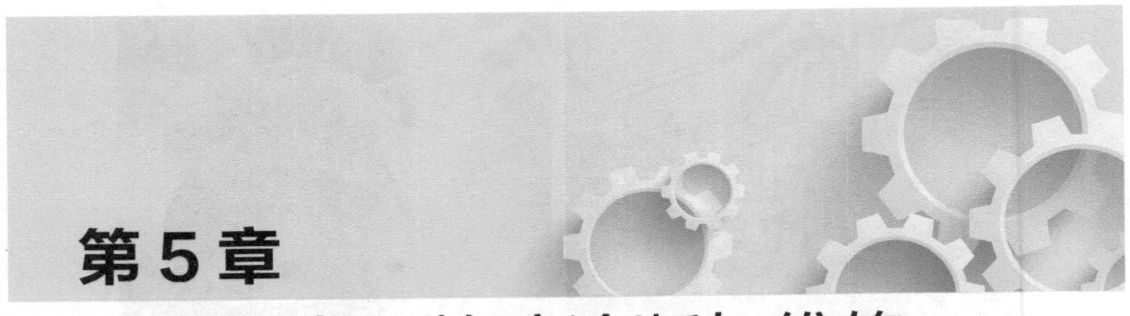

第5章 注塑机中子故障诊断与维修

本章必备知识

中子动作，即是抽插芯动作，也就是模具在开/合模行程中，用液压缸将型芯插入（抽出）模内以待射出，而在开模行程中将型芯抽出（插入）恢复原状，此功能多半使用于成品中空的模具。在自动状态中射出与中子是同时前进以防中子因射出而收缩，所以中子与绞牙不可混用。

选择绞牙为旋转动作时，多用于有螺纹的成品加工。绞牙是指成品需加工有牙纹时，配合液压马达做旋转的定位控制。但在选用以上功能时，请检查机器有无配备相应的油路开关，因为此功能非标准配备。

计算机可以提供多组中子控制，但必须依照注塑机油路配备而定，每组中子皆可根据要求分开设定压力、速度、动作位置、时间、计数。

若选用中子模式，可选用行程控制或时间控制；若选用绞牙模式，可选用时间控制或计数控制。

1. 行程控制

中子的移动利用行程开关来确认终点位置。在生产中到达指定位置，中子接触行程开关，若行程开关未接触到，则机器便会停止运行。

2. 时间控制

利用设定时间来控制中子进退。在生产周期中，若中子动作以时间设定，不会有行程开关的保护功能。

3. 计数控制

利用设定旋转齿数来控制绞牙动作。使用此功能必须在绞牙传动的齿轮上安装感应开关来计算所旋转的齿数，其控制准确度比时间控制高。

4. 中子对应动作介绍

1）选择中子在合模前进（退）动作，那么对应的动作就是在开模停退（进）。

2）选择中子在合模中途（任何位置）进（退），那么对应的动作就是在开模中途（任何位置）退（进）。

3）选择中子在合模后（锁模结束）进（退），那么对应的动作就是在开模前退（进）。

案例 95 运行中的设备出现“中子动作位置偏差”报警，造成没有中子动作

本案例可按如下步骤进行检修：

1）一般情况下中子需要进出动作的设置时，尽量放在模具不移动的位置进行。在模具的移动过程中，如果设定的速度太快，很容易超过所设定的位置，造成中子再不动作，出现警报。所以如果需要在中途位置进行中子动作，需要把速度设定慢一些，同时尽量使用位置控制模式的控制线路（行程开关或光电开关）。

2）也可以在计算机相关界面，把中子位置的数字比例调大一些。

图 5-1 所示为 3 线（NPN）光电开关接线图。

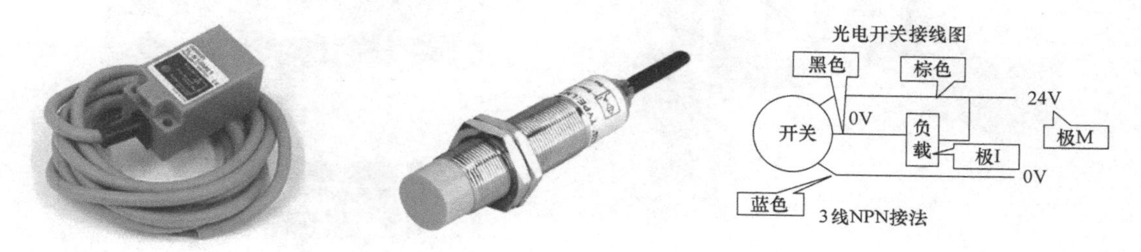

图 5-1 3 线（NPN）光电开关接线图

案例 96 某海天 HTF200 注塑机液压缸不能正常打开

本案例可按如下步骤进行检修（见图 5-2）：

1）该注塑机一副模具上的两侧面液压缸动作是用中子动作控制的，参数设置都正常。

2）部分模具（因为结构关系）采用在模具上两侧面使用液压缸动作来代替产品顶出动作的。由于油路设计问题，一般 2 个液压缸的进油不同步，当 2 个液压缸其中的一个密封圈损坏时，就会造成压力的不平衡，从而导致不能同步移动，因此就造成顶板推不出的情况。建议判断液压缸的出油情况后，更换密封圈后便能解决问题。

图 5-2 某海天 HTF200 注塑机液压缸不能正常打开的故障实例

案例 97 注塑机中子板无法打开

某 HTF268 注塑机，其中子压力速度已经设定为最大值，但中子板仍不能打开。检查其他有关部位工作正常，但是手触顶板很烫。本案例可按如下步骤进行检修（见图 5-3）：

1）检查产品的生产情况（是否存在变形）。在正常的注射生产中，必须时刻考虑冷却功能是否正常。如果由于模具上缺少润滑油，同时模具缺（或没有）冷却水，那么模具就要发烫，产生热胀冷缩现象，从而造成模具摩擦。

2）分别检查 2 个液压缸的进出油情况，判定液压缸及油路的工作状态是否正常。

图 5-3　注塑机中子板无法打开的故障实例

案例 98　注塑机中子板故障打不开且阀芯停止工作

某 BM200 注塑机中子板打不开。第一次检修时发现中子阀芯有阻力但还能活动，未拆开继续开机生产。第二次故障发生时阀芯已经不工作。本案例可按如下步骤进行检修（见图 5-4）：

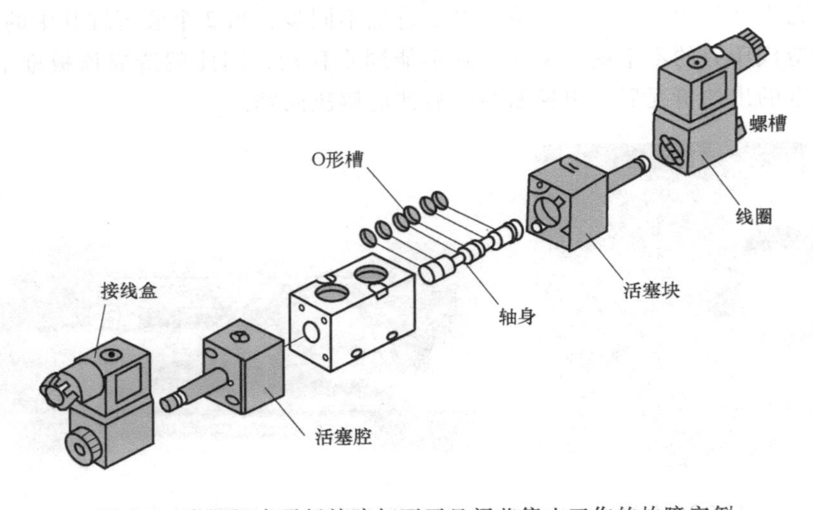

图 5-4　注塑机中子板故障打不开且阀芯停止工作的故障实例

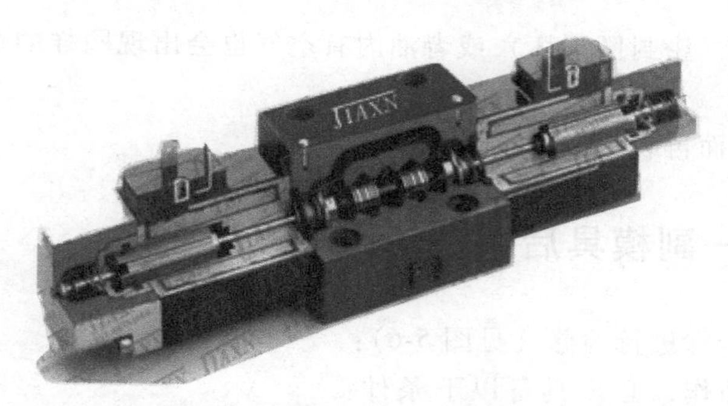

图 5-4 注塑机中子板故障打不开且阀芯停止工作的故障实例（续）

1）根据描述可知中子阀阀芯（两边）已经无法移动，应该是阀内存在杂物造成阀芯卡死，建议拆洗顶针方向阀。

2）根据客户的反映，只有尽快清洗油箱并更换液压油，才能够彻底解决问题。

案例 99 手动模式下中子退回完成后液压缸由退回状态转为前进状态

该注塑机使用 2 个液压缸中子模具。该机器采用锁模前进芯，开模后抽芯动作。在左右同时进芯时，手动模式下中子进芯正常。当中子退回完成后，几秒钟内后液压缸由退回状态转换成前进状态下，更换另外一套中子模具出现同样问题。本案例可按如下步骤进行检修（见图 5-5）：

1）检查一下设备使用的中子阀是不是 O 形阀。

2）检查一下中子阀两侧的弹簧是否平衡。

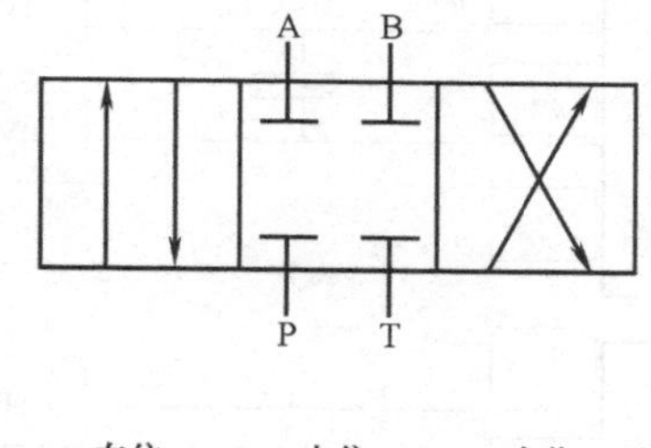

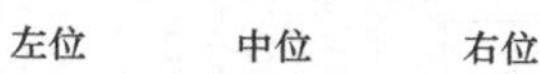

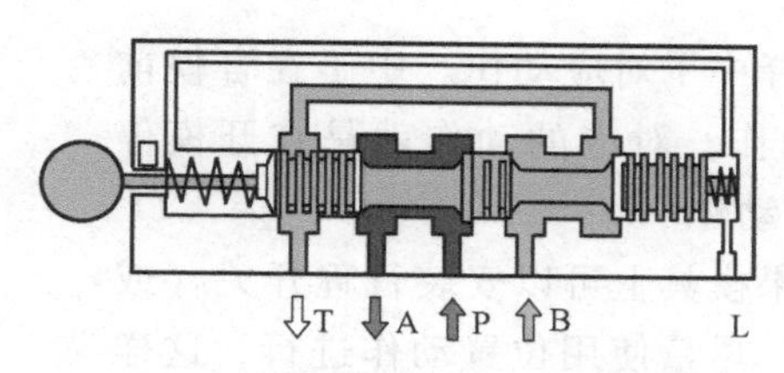

三位四通换向阀,中位机能O形

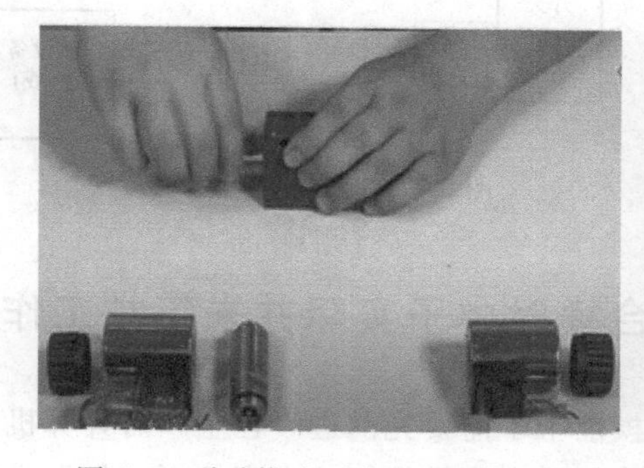

图 5-5 手动模式下中子退回完成后液压缸由退回状态转为前进状态的故障实例

3）中子缸内泄漏（密封圈损坏）或者油内有空气也会出现同样的情况，造成阀芯卡死影响复位。

4）建议中子阀上面再装一个叠加阀。

案例 100　安装一副模具后中子动作不正常

本案例可按如下步骤进行检修（见图 5-6）：

1）要进行中子动作，必须具备以下条件：①在计算机上（按照需要的动作）设定好中子位置（或时间）、适当的压力及速度；②判断使用中子动作形式，如果是使用位置中子，需要设置行程（接近）开关，同时保证线路及油路接好。

2）模具在还没有上设备之前先试试中子动作是否正常。

3）动作必须按设定位置要求进行。

4）确保模具中子结构进出滑动自如。

5）设计使用的中子液压缸的大小与模具上的作用力相匹配。

图 5-6　安装一副模具后中子动作不正常的故障实例

案例 101　要求中子液压缸退出后再进行脱模顶出时，中子如何设定

1）首先这是一个中子电路设定问题（见图 5-7）。

2）选择中子对应动作。中子在合模前使用前进动作，对应的动作就是在开模停后使用退回动作。

3）如果模具上可以安装行程开关（或接近开关），尽量使用位置动作进行，这样比较稳定和安全，一般模具不会损坏。

4）若模具中子不退回（或不前进）就开（合）模具，造成模具损坏，则建议采用单边 2 个（或以上）的行程开关（接近开关）串联，可以大大提高安全系数。

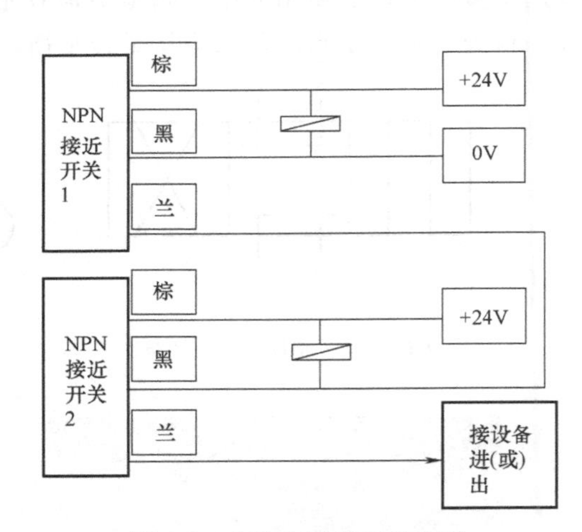

图 5-7　中子电路设定示意图

案例 102　在计算机显示中子前进合模时中子实际并未正常工作

该注塑机配套使用弘讯计算机，模具在合模前中子需要先前进。在生产时计算机显示中子前进后才进行合模，但实际上中子未正常运作，导致模具损坏。本案例可按如下步骤进行

检修（见图 5-8）：

1）首先确定目前使用的是时间控制模式。

2）检查后判定该注塑机是由于设备油路控制出现问题（系统泄漏、阀件堵塞、压力减小、速度减慢、工艺条件变化等原因）导致故障。

3）适当延长中子前进的时间。

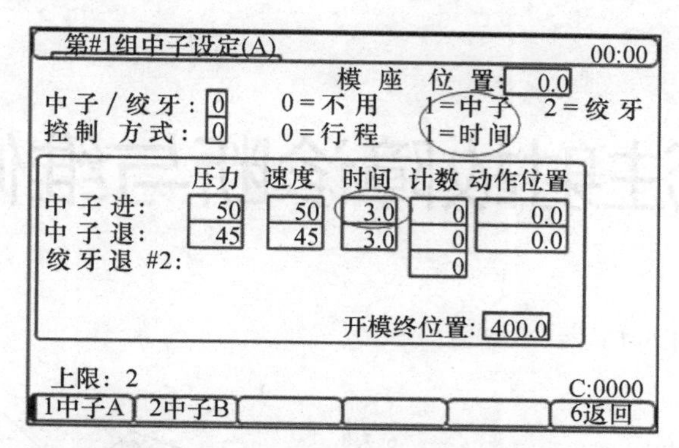

图 5-8　在计算机显示中子前进合模时中子实际并未正常工作的系统设置界面

第6章 注塑机注射故障诊断与维修

本章必备知识

1. 注射装置（见图6-1）

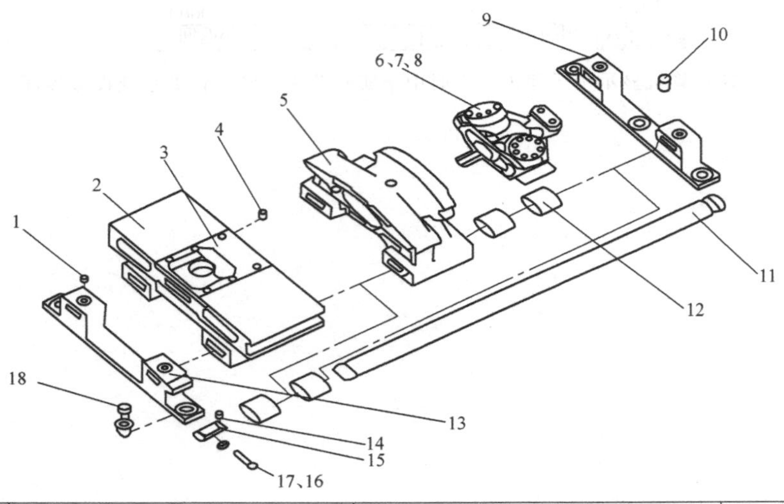

序号	名称	规格	数量
1	内六角平端紧定螺钉	M16×25	4
2	射台前板		1
3	前板盖		1
4	内六角螺钉	M12×40	6
5	射台后板		1
6	液压马达连接法兰		1
7	液压马达		1
8	内六角螺钉	M16×50	5
9	导杆支座		1
10	定位轴		1
11	射台导杆		2
12	铜套		4
13	导杆支座		1
14	内六角螺钉	M16×55	2
15	定位挡块		4
16	六角螺母	M20	2
17	六角头螺栓	M20×85(全螺纹)	2
18	六角头螺栓	M16×85	4

图6-1 注射装置结构图

2. 注射液压缸（见图 6-2）

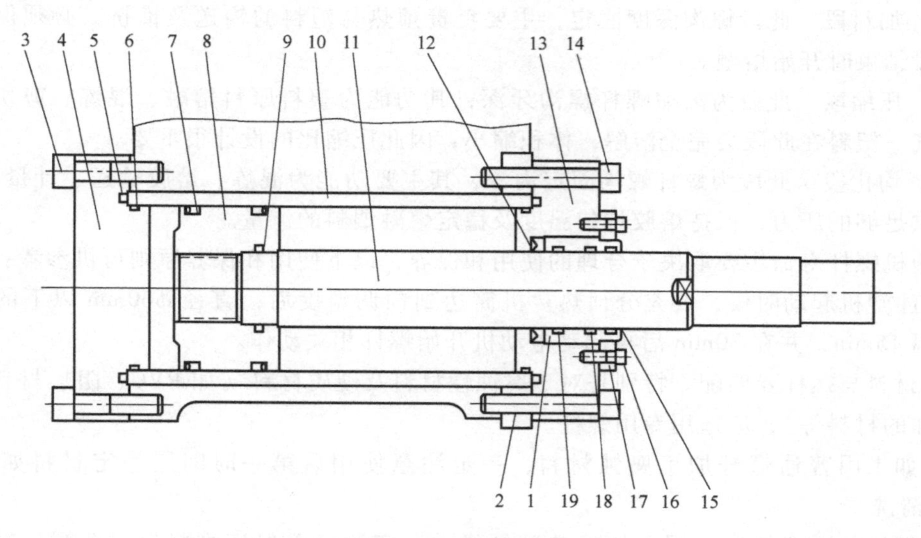

图 6-2 注射液压缸结构图

1—注射液压缸铜套 2—注射液压缸垫块 3、14、16—螺钉 4—注射液压缸后盖 5、6、9—O 形密封圈 7、12、15—轴封 8—活塞 10—液压缸缸体 11—活塞杆 13—注射液压缸前盖 17—铜套压板 18、19—耐磨环

螺杆是注塑机的重要部件，它的作用是对塑料进行输送、压实、熔化、搅拌和施压，所有这些都是通过螺杆在机筒内的旋转来完成的。螺杆的结构图如图 6-3 所示。在螺杆旋转时，塑料对于机筒内壁、螺杆螺槽底面、螺棱推进面以及塑料与塑料之间都会产生摩擦及相互运动。塑料的向前推进就是这种运动组合的结果，而摩擦产生的热量也被吸收用来提高塑料温度。螺杆的设计结构将直接影响到以上功能。

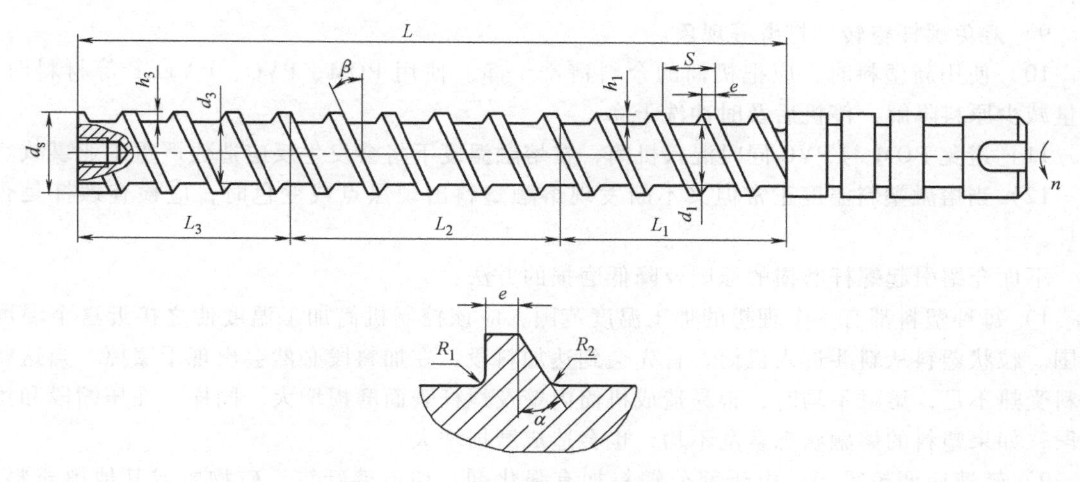

图 6-3 螺杆的结构图

注塑机螺杆是长时间在高温、高压、高转矩及高摩擦力的环境下工作，即便注塑机螺杆都进行过各种表面处理（如淬火、渗氮、渗硼等），磨损仍不可避免。

注塑机螺杆一般情况下可分为加料段、压缩段、均化段（也称为计量段）。不同的螺杆三段所占的比值不一样，螺杆槽深不一样，螺杆底径过渡形式也不一样。

（1）加料段　此段螺沟深度固定，主要负责预热与塑料的输送及推挤。必须保证塑料在加料段结束时开始熔融。

（2）压缩段　此段为渐缩螺杆螺沟牙深，其功能为塑料原料熔融、混炼、剪切压缩与加压排气。塑料在此段会完全溶解，体积缩小，因此压缩比的设计很重要。

（3）均化段　此段为螺杆螺沟固定沟深，其主要功能为混炼、熔胶输送、计量。此外，必须提供足够的压力，保持熔胶均匀温度及稳定熔融塑料的流量。

注塑机螺杆寿命主要取决于合理的使用和保养，以下使用和保养原则可供参考：

1）注塑机起动时候，要充分预热。机筒达到预调温度后，直径 ϕ60mm 以下的螺杆应持续保温 15min，并在 30min 后再起动电动机开始螺杆相关动作。

2）材料与螺杆要匹配。特别是对于腐蚀性材料及硬质材料（如 PVC、阻燃材料、玻璃纤维添加的材料等），应选用专用螺杆。

3）如果用普通螺杆加工腐蚀材料，一定注意使用后第一时间用稳定材料如 HDPE、HIPS 等清洗。

4）如果普通螺杆偶尔用于加工玻璃纤维，一定注意要保证高料温、低螺杆转速、低背压。

5）无论何种料，尽量不用温度下限生产。选择较低的温度对螺杆不好，因为此时需要较大的转矩，且磨损严重。若一定要用温度下限生产，则应选择低的螺杆转速。

6）每次停机超过 0.5h 以上的，要关闭落料口并清洗机筒内料，设置保温。

7）避免异物落入落料筒，来避免损坏螺杆及落料筒。防止金属碎片及杂物落入料斗，若加工回收料，便需加上磁性料斗以防止铁屑等进入机筒。

8）使用防延时功能时要确定机筒内塑料完全熔融，以免螺杆后退时损坏传动系统零件。

9）避免螺杆空转、打滑等现象。

10）使用新塑料时，应把机筒的余料清洗干净。使用 POM、PVC、PA+GF 等材料时，尽量减少原料降解，停机后及时冲洗干净。

11）避免 POM 与 PVC 同时混入机筒，在熔融温度下将会发生反应造成严重工业事故。

12）当熔融塑料温度正常但又不断发现熔融塑料出现黑点或变色时，应检查螺杆是否损坏。

下面介绍引起螺杆磨损的原因及降低磨损的方法：

1）每种塑料都有一个理想的加工温度范围，应该控制机筒加工温度使之接近这个温度范围。粒状塑料从料斗进入机筒，首先会到达加料段，在加料段必然会出现干摩擦。当这些塑料受热不足，熔融不均时，很易造成机筒内壁及螺杆表面磨损增大。同样，在压缩段和均化段，如果塑料的熔融状态紊乱不均，也会造成磨损增大。

2）转速应调校得当。由于部分塑料加有强化剂，如玻璃纤维、矿物质或其他填充料。这些物质对金属材质的摩擦力往往比熔融塑料大得多。在注射这些塑料时，若选用较高的转速，则在提高对塑料的剪切力的同时，也会产生更多被撕碎的纤维，这些纤维含有锋利末端，会大大增加摩擦力。无机矿物质在金属表面高速滑行时，其刮削作用也不小，所以转速不宜调得太高。

注塑机的塑化组件包括：螺杆、熔胶筒、过胶头、过胶圈和过胶垫圈。

在注塑机工作时，塑化组件就好像机动车的车轮，只要开始工作就要受到冲击、摩擦和挤压。就好像对于相同的轮胎，在平整的路面上行驶，往往可以延长轮胎的使用寿命；而经常在凹凸不平、砂石较多的道路上行驶，如果再加上经常性紧急制动动作，轮胎面的花纹很快就被磨平，轮胎就要报废。

因此，要保证注塑机能长时间处于完好状态，就必须明确所使用注塑机的性能，了解所使用塑料材料的性能和质量情况，加强注塑机使用管理工作，以达到降低故障率，减少维修费用，延长使用寿命的目的。

一般来说，影响注塑机使用寿命的有以下几个因素：

（1）机械磨损　一些改性塑料添加了矿物质、玻璃纤维、金属粉等，这些材料在塑化和注射加工过程中，将日积月累地对螺杆、三小件和熔胶筒产生机械磨损。磨损后的螺杆与熔胶筒的间隙增大，降低了塑化效果，增大了射胶漏流，使注射效率降低，降低了加工精度。

因此，为了尽可能减小磨损，延长塑化组件使用寿命，加工中应适当提高温度，减小螺杆转速，并选用镀铬或采用双金属方案。

（2）机械疲劳及超负荷作业　调机人员习惯性地设定低温、高速及高压的工作条件，这会使塑化组件性能逐渐劣化。例如加工 PC、PA 塑料时，在温度未达到要求时，塑料黏度很大，如果这时强行熔胶，必须加大熔胶压力，加大熔胶转矩，因而加重了螺杆的应力疲劳。同时，因为这时塑料熔体黏度很大，要进行注射加工就必须加大注射压力和注射速度，增加了相关零件的冲击和负荷，并加速其磨损和应力断裂。

（3）人为因素（包括操作失误或违章作业等）

1）有金属杂质混在塑料中一起进入熔胶筒中时，由于挤压作用，使螺杆的螺棱、螺槽、过胶圈、过胶垫圈产生不同程度的磨损，造成注射加工不稳定，容易产生黑点和黑纹现象。

进入熔胶筒的金属杂质，大部分是随破碎料一起带进去的。因此，应经常检查破碎机的刀片破损情况，发现刀片有磨损应立即更换。此外还应经常检查清理落料斗中的磁铁。当磁铁周边吸附的金属屑饱和时，对于外层的铁屑的吸附力将减弱，就算被吸住，也很容易被不断流动的塑料冲走，一起进入熔胶筒中。

2）人为加错塑料。将高温塑料加到设定为低温的熔胶筒中，造成熔胶时螺杆的转矩过大，使螺杆产生应力疲劳。

3）冷启动是很不负责任的工作方式。在熔胶筒温度未达到设定要求温度或刚刚达到时，料管中的残料，其外层吸收了来自发热圈的热量使温度较高，而里层温度还很低。因此，冷启动时螺杆转矩很大，易使螺杆产生应力疲劳，严重时会很快扭断螺杆，扭断过胶头和过胶圈。

（4）正确装配、调试和更换零件　假如装配熔胶筒时装得不够紧，熔胶或射胶动作时就会出现螺杆碰熔胶筒现象，造成螺杆或熔胶筒磨损。因此，应定期检查设备的技术状态，留意加工中零件所出现的异常现象。

（5）工艺不当造成的损坏

1）长期使用高背压熔胶会加剧相关零件的磨损。该情况一般出现在使用色粉的场合，由于色粉难以分散，所以就采用加大背压的办法。

2）对于黏度高的塑料，熔胶时采用快速熔胶会使螺杆产生应力疲劳。

3）对于高温塑料，特别是添加玻璃纤维的塑料，不得采用高速熔胶方法。

（6）化学腐蚀　常见的腐蚀性塑料有：阻燃塑料、酸性塑料、PVC 塑料等。螺杆、熔胶筒和法兰被腐蚀后，表面会产生一些凹坑，导致表面粗糙，使注塑机工作时熔料的流动阻力大。一些材料容易附着在表面，造成分解炭化。腐蚀严重者使螺杆与熔胶筒间隙变大，导致注射效率降低。

不论是阻燃塑料还是酸性胶，塑料在高温下加工时都会分解出酸性气体，塑料熔体都很容易炭化并粘在金属上。因此，一方面塑化组件应选用不锈钢或表面镀铬方案；另外一方面在生产加工中，应尽量使用低背压、低温和低剪切工艺，减少塑料的降解。

另外由于塑料的热敏感性，温度过高或受热时间过长都容易造成塑料的分解、降解和炭化，所以生产过程中应避免或减少人为无故停机。当必须停机时，应先降低温度，关好料闸，将熔胶筒中的熔料做完后，转用 PP 料或 PS 料清洗熔胶筒后才能停机。

案例 103　在相同的塑料、成型条件、机型条件下，射胶出的产品不稳定

本案例可按如下步骤进行检修（见图 6-4）：

1）这个问题的存在实际上是一种误区，表面上是选用同一型号设备和相同的成型条件来加工同一种塑料件产品，但是以下的情况需要重新分析：①温度的设置与实际设置存在差别，这是由干燥机设定的温度误差造成的；②模具的温度差异（冷却水的流量及模具堵塞）；③工艺设置的参数差异（背压、螺杆转速、液压油的温度和清洁度等）；④油温差别（油量多少有差别）及实际熔融温度不同。

2）注意观察比例电流输出及压力曲线，看压力是否稳定来判断油封的好坏。

3）塑化不好还涉及需要检查螺杆是否磨损及过胶圈是否损坏、注嘴内是否有异物等问题。

4）由于各注塑机平时使用的模具、设定的参数及工作开机的时间长短不同，导致注塑机之间零部件的磨损程度不同，造成压力、速度的不同。

图 6-4　在相同的塑料、成型条件、机型条件下，射胶出的产品不稳定的故障实例

案例 104 在射胶时噪声很大

某注塑机在清理螺杆后部并涂上润滑油后问题暂时解决，一段时间后则问题复现。本案例可按如下步骤进行检修（见图 6-5）：

1）听清楚声音发出的位置。观察在进行其他动作时有没有这个声音。若有，则说明是液压泵损坏或液压油不干净导致过滤器堵塞。

2）如果一段时间后出现同样问题，那么可能是注射螺杆与机筒发生摩擦造成的声音。这主要是由于使用时间较长，螺杆与机筒之间的间隙不平均程度逐渐增大。当注射时，前方的阻力逐渐加大，导致螺杆受力产生位移，从而与机筒发生摩擦发出声音，建议修理或者更换螺杆与机筒。

图 6-5 在射胶时噪声很大的故障实例

筒体与螺杆的径向间隙是指筒内壁直径与螺杆外径之差。若径向间隙太大，塑化能力降低，熔料回流量加大，会导致螺杆下料口的塑料架空，造成堵塞；若径向间隙太小，则容易使材料与螺杆筒体之间产生较大的摩擦，材料热稳定性差，能耗加大。不同直径螺杆的最大径向间隙见表 6-1。

表 6-1 不同直径螺杆的最大径向间隙 （单位：mm）

螺杆直径	>12~25	>25~50	>50~80	>80~110	>110~150	>150~200	>200~240	>240
最大径向间隙	≤0.12	≤0.20	≤0.30	≤0.35	≤0.45	≤0.50	≤0.60	≤0.70

在实际维修工作时，我们又称径向间隙为装配间隙。装配间隙的经验公式如下：装配间隙=(0.02~0.05)D（D 为螺杆直径）。可以根据装配间隙大小来判断螺杆与筒体之间的磨损状况。不同直径螺杆的装配间隙见表 6-2。

表 6-2 不同直径螺杆的装配间隙 （单位：mm）

螺杆直径	30~50	60~80	100~115	130~170	200~250	280~350
最大装配间隙	0.30	0.40	0.45	0.55	0.654	0.80
最小装配间隙	0.18	0.25	0.30	0.35	0.40	0.50

案例 105 重复出现漏胶问题

本案例可按如下步骤进行检修（见图 6-6）：

1）若安装每副模具生产都会出现同样的问题，则应该是射台中心未校准引起的漏胶。请重新使用游标卡尺校准。

2）检查注嘴和模具的结合面是否损坏。

图 6-6　重复出现漏胶问题的故障实例

3）检查是否因为操作不当引起漏胶。正确的生产程序是：手动合模→手动开启前进、结束→转换成半自动模式→关安全门→闭合座台前进结束的行程开关→开始生产。

4）检查是否是在没有模具定位圈的情况安装模具，中心对不准，强行生产造成漏胶。

5）检查注射、保压、储料转换时机座是否会后退。

6）背压参数设定值太大会引起漏胶。

7）如做常规检查完成后仍然出现问题，观察液压缸活塞杆是否过长，或者液压缸活塞接触到底部，导致液压缸牵引力作用不上。

8）观察机器的固定模板在锁模时是否平行。

9）检查设备注嘴温度是否过高。

10）检查前机筒法兰处是否漏胶，拆开清理后重新安装。

案例 106　注射速度调到低于 10%则没有后续动作

本案例可按如下步骤进行检修（见图 6-7）：

1）比例流量阀和比例压力阀统称比例阀。它由阀体和油挚线圈组成。它的主要作用是通过油挚线圈电压的大小来控制阀的开度。而油挚线圈受电压和阀体开度是按一定比例呈线性关系的。

当注塑机预置参数后，信号通过中央处理器的处理和电子放大板的处理后，注塑机的注射工作压力和流量就由比例阀控制。具体可以用电箱旁的 DPCA 和 DSCA 电流表来显示比例线性关系。具体参数如下：

当 $S=00$ 时，比例流量阀在 DSCA 电流表上显示为 0.1A。

当 $S=99$ 时，比例流量阀在 DSCA 电流表上显示为 0.7A。

当 $P=00$ 时，比例压力阀在 CPCA 电流表上显示为 0A。

当 $P=99$ 时，比例压力阀在 DPCA 电流表上显示为 0.8A。

2）检查流量与电流是否呈线性关系。

3）压力和流量设定要匹配，需要一定的压力设定值。

4）流量比例阀检查，检查是否被杂物卡死或者液压油不干净。

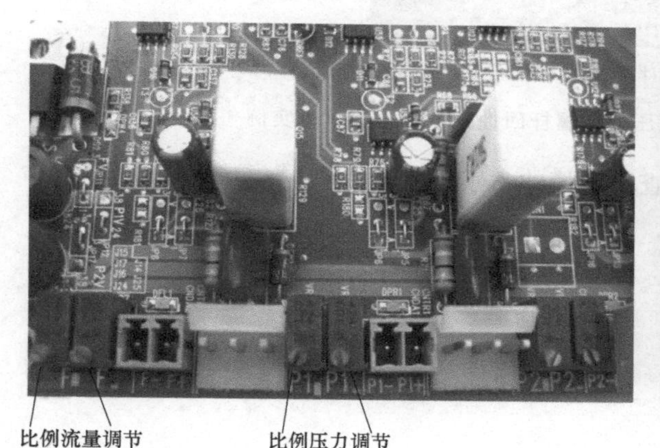

图 6-7　注射速度调到低于 10%则没有后续动作的故障实例

案例 107　500t 注塑机设置的注射压力与压力表显示不一致

此注塑机的设置压力值为“38”，压力表显示值为“90”。注塑机比例阀组合如图 6-8 所示。本案例可按如下步骤进行检修：

1）首先测试系统压力，观察是否呈比例变化。

2）检查比例阀是否存在问题（如液压油不干净，阀芯卡死，调整错乱等）。

3）检查压力表是否有问题。

4）发现电路板译码集成块故障，进行修理（更换）。

图 6-8　注塑机比例阀组合示意图

案例108 注射无压力，但是系统压力和螺杆回抽压力正常

本案例可按如下步骤进行检修（见图6-9）：

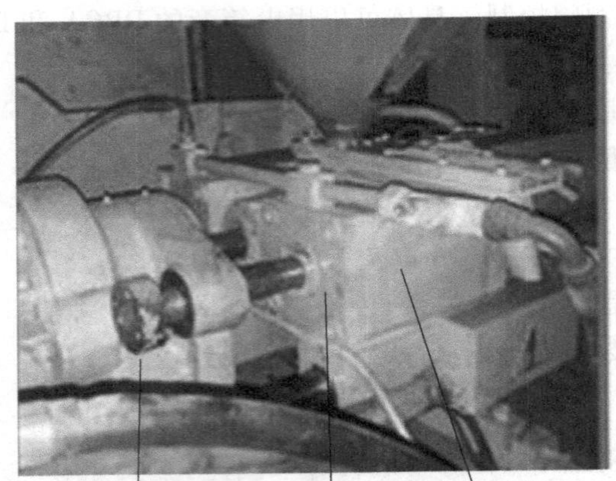

图6-9 注射无压力，但是系统压力和螺杆回抽压力正常的故障实例

1）观察比例压力表输出是否正常，检查设定值的大小。

2）检查注射时间及位置是否设定正确，观察计算机显示的电子尺位置是否相匹配。

3）检查注射液压缸的密封圈是否完好。

4）检查螺杆三件套是否完好。

螺杆清洗方式如下：

1）将过胶头拆开，如图6-10所示。

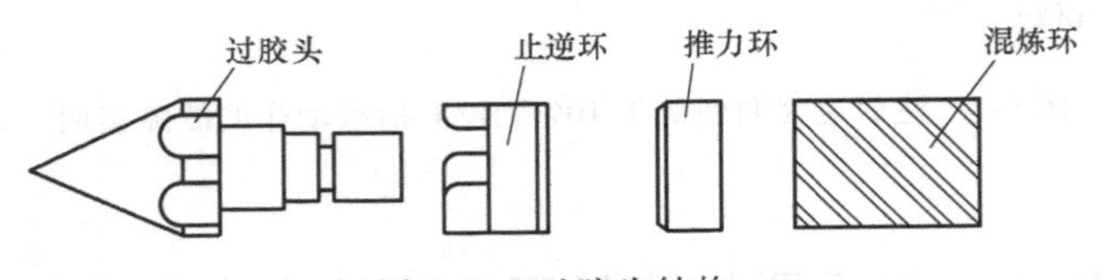

图6-10 过胶头结构

2）用废棉布擦拭螺杆主体，可除去大部分树脂状沉淀物。

3）用黄铜刷除去树脂的残留物，或者用一个燃烧器等加热螺杆，再用废棉布或黄铜刷清除其上的沉淀物。用同样方法清洗过胶头止逆环、推力环和混炼环，用黄铜清刷。

4）螺杆冷却后，用不易燃溶液擦去所有的油迹。

注意清洗时，不要磨伤零件的表面。在安装过胶头前，先在螺纹处均匀地涂上一层二硫化钼润滑脂或硅油，以防止螺纹咬死。

案例109 注塑机保压完成后，又自动保压一次

本案例可按如下步骤进行检修（见图6-11）：

1）首先判断注塑机的控制模式。一般国内注塑机为自动模式生产，模具锁模以后开始

注射，只要注射开始，安全门就可以打开，但是锁模结束行程开关是要一直压上的。

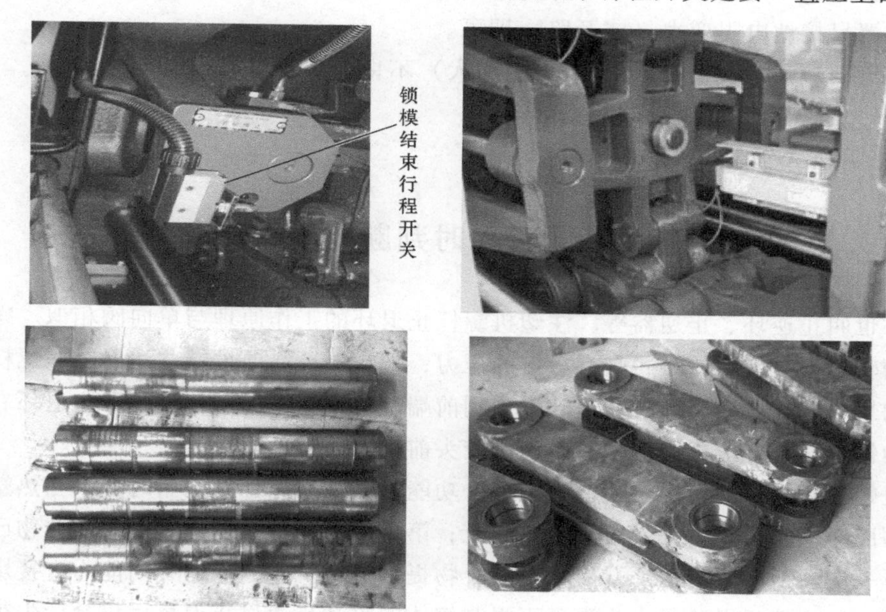

图 6-11 注塑机保压完成后，又自动保压一次的故障实例

2）检查后发现是因为锁模太紧引起十字架退回后又压上，同时锁模结束的行程开关压上又退回，造成重新接通锁模结束的行程开关。产生第 2 次注射动作，但由于此时的电子尺位置已经在所设定的保压位置上，实际进行的是第 2 次保压动作。

3）此现象是由于锁模结束的行程开关调节不当，造成提前接通锁模结束动作，使锁模压力没有达到设定的压力而提前停止升压，在注射时的型腔压力逐渐增大。

4）检查合模机构的轴、销、钢套等是否由于磨损导致间隙增加。

案例 110 某海天注塑机开机后计算机显示的射胶位置反复跳动

检查并更换电子尺，检查主板的插口未松动但仍然出现此问题，可能产生该故障的原因如下（见图 6-12）：

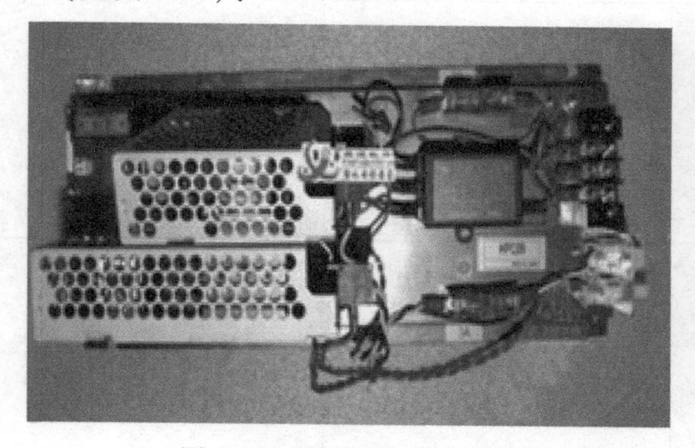

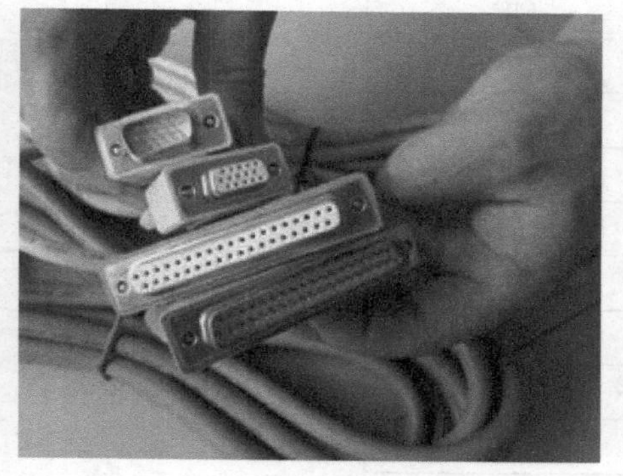

图 6-12 某海天注塑机开机后计算机显示的射胶位置反复跳动的故障实例

1）位置尺的拉线过长（超过650mm，电子尺本身与机器绝缘）或中间金属屏蔽损坏。此情况将位置尺接地电阻变大（或开路）即可。

2）电子尺接触不良或外线接触（电阻变大）不良，易引起数据跳动。

3）电源电压不稳定，会引起数据跳动。

4）考虑更换 A/D 板。

案例 111　当注射稳定性出现问题时判断止退环的好坏

止退环也叫止逆环、止逆器等。注塑机螺杆止退环的工作原理与单向阀相似。螺杆转动时，由螺槽输送到过胶头的熔料具有一定的压力，把止退环往前推；在注射时，螺杆往前移动对前端的熔料施加压力，同时止退环也受到前端熔料的压力向后移动，即止退环右端锥面与螺杆体的锥台贴合，形成回泄密封，使过胶头前端的熔料不能回流。

注塑机螺杆止退环的有两个功能：第一个功能是在注射循环的开始时刻，当热塑性熔体注射进入型腔时，止退环关闭，防止熔体回流；第二个功能是在螺杆后退、聚合物已经塑化完毕准备下一次注射时，止退环开启，给聚合物提供流道。止退环的开闭能力直接影响注塑产品的品质。在螺杆后退阶段，止退环不限制熔体的流动且通过止退环后仅会产生很小的压差，这使得循环时间较短。此外，止退环的快速关闭能保证使物料倒流回螺杆的量最少。止退环与机筒配合间隙见表 6-3。

表 6-3　止退环与机筒配合间隙　　（单位：mm）

<table>
<tr><th>尺寸</th><th>圆叉型</th><th>圆环型</th><th>间隙</th></tr>
<tr><td>φ22</td><td rowspan="2">0.04～0.06</td><td rowspan="2">0.07～0.08</td><td>0.06</td></tr>
<tr><td>φ26</td><td>0.07</td></tr>
<tr><td>φ30</td><td rowspan="5">0.05～0.07</td><td rowspan="5">0.10～0.12</td><td rowspan="3">0.07～0.08</td></tr>
<tr><td>φ34</td></tr>
<tr><td>φ36</td></tr>
<tr><td>φ40</td><td rowspan="2">0.09～0.10</td></tr>
<tr><td>φ45</td></tr>
<tr><td>φ48</td><td rowspan="5">0.06～0.08</td><td rowspan="5">0.11～0.13</td><td rowspan="5">0.08～0.11</td></tr>
<tr><td>φ50</td></tr>
<tr><td>φ55</td></tr>
<tr><td>φ60</td></tr>
<tr><td>φ65</td></tr>
<tr><td>φ70</td><td rowspan="5">0.08～0.10</td><td rowspan="5">0.13～0.15</td><td rowspan="5">0.10～0.13</td></tr>
<tr><td>φ75</td></tr>
<tr><td>φ80</td></tr>
<tr><td>φ84</td></tr>
<tr><td>φ85</td></tr>
</table>

（续）

尺寸	圆叉型	圆环型	间隙
φ90	0.10~0.12	0.15~0.17	0.12~0.15
φ100			
φ110			
φ120	0.12~0.14	0.17~0.19	0.14~0.17
φ130			
φ140			
φ150	0.14~0.16	0.19~0.21	0.16~0.19
φ160			
φ170			
φ185	0.16~0.18	0.21~0.23	0.18~0.21
φ200			
φ215	0.18~0.20	0.23~0.25	0.20~0.23
φ240			

当注射稳定性出现问题时，可按如下步骤检查止退环的好坏（见图6-13）：

1）如果是带垫片的老式止退环封不住料，那么在注射的时候螺杆会边前进边转动。

2）如果止退环损坏，注射时会出现飞边、缺料的现象。

3）可以选择半自动模式注射。在开模之前打到手动模式，过几分钟再打到半自动模式（此时塑料已经冷却成型），看注射时螺杆能前进多少。如果能进一段，然后后退，就表示止退环是好的；如果前进很多，而且没有料溢出来，同时螺杆边前进边转动，则可以断定止退环出现问题。

图6-13　止退环实物图

案例112　射胶终点位置使用一段时间后会产生较大的漂移

本案例可按如下步骤进行检修（见图6-14）：

1）检查注射机的显示形式。若是电子尺（里面接触不好），则需要测量一下滑动电阻是否完好，观察电子尺固定是否松动；若用编码器则观察编码器的轴和小齿轮连接是否可靠，观察编码器是否与齿轮同步转动，再进行零位调整。

2）检查止退环是否磨损及射胶阀件油压是否存在泄漏。

3）检查背压设置是否太高。

4）检查电子尺尺内是否较脏或触角接触损坏。

5）检查设定温度是否合理（实际温度太高会引起材料熔融）。

图 6-14　射胶终点位置使用一段时间后会产生较大的漂移的故障实例

案例 113　某注塑机压力过大造成法兰损坏，如何拆掉法兰

该注塑机法兰螺钉口已经损坏，无法使用扳手。考虑用以下方法进行检修（见图 6-15）：

1）在冷却状态下，将煤油慢慢加在坏螺钉处，起到渗透作用。用手枪钻在坏螺钉中心钻一个孔（深度 4~5mm），使用反牙丝锥旋出螺纹后，用高强度反牙螺钉把坏螺钉拧出即可。

2）使用国外生产的内六角扳手，使用电焊焊在断掉的螺钉上，温度适当加高以后再加上加杆拧出。

3）法兰拆下来，先用磨光机把螺钉磨成 2 个面（或 4 个），加温后再用管钳拆掉螺钉。如果必要可使用松动剂松紧交替进行拆卸。

4）把前机筒上的坏螺钉头磨掉。

图 6-15　法兰拆卸实例

此外，还应注意以下注塑机机筒的使用和维修事项：

1）机筒安装拆卸时要保护好法兰连接平面、前端与注嘴连接平面，不许有划伤和撞击坑痕。安装时要保持连接平面清洁、无任何异物。紧固连接螺母时各点拧紧力要均匀，安装拆卸时机筒后端螺纹不能碰伤。

2）机筒升温达到指定工艺温度后，应重新再紧固一次各连接螺母，以避免零件变形和熔料渗出。

3）停机时机筒内不允许存留腐蚀性较强的聚氯乙烯、聚碳酸酯和丁酸酯类原料。停机后必须把机筒内清理干净，然后涂一层保护油。

4）如果需拆卸机筒，应在清理机筒内残料后在热状态下拆卸。

5）清理机筒要用铜质刷或砂布清理，不许用钢刀等硬质工具刮削。

6）对含有玻璃纤维、碳纤维或碳酸钙类等改性、增强塑料树脂的塑化注射，应采用配有耐磨、耐腐蚀的合金衬套机筒塑化，因为这些无机混料对机筒的磨损和腐蚀性较大。

7）机筒拆卸时不许用重锤敲击。

8）机筒上不许存放重物。

案例 114　料管的拆卸

机筒螺杆的结构图及部件图如图 6-16 所示。

注塑机筒螺杆组件机构的拆卸顺序如下：熔胶筒电热圈→注嘴→前机筒法兰上的电热圈→前机筒法兰上的弹垫和固定螺钉→前机筒法兰→熔胶筒后面的螺母→熔胶筒定位销→过胶头（注意反牙）→过胶圈（止退环）→过胶介子→螺杆。

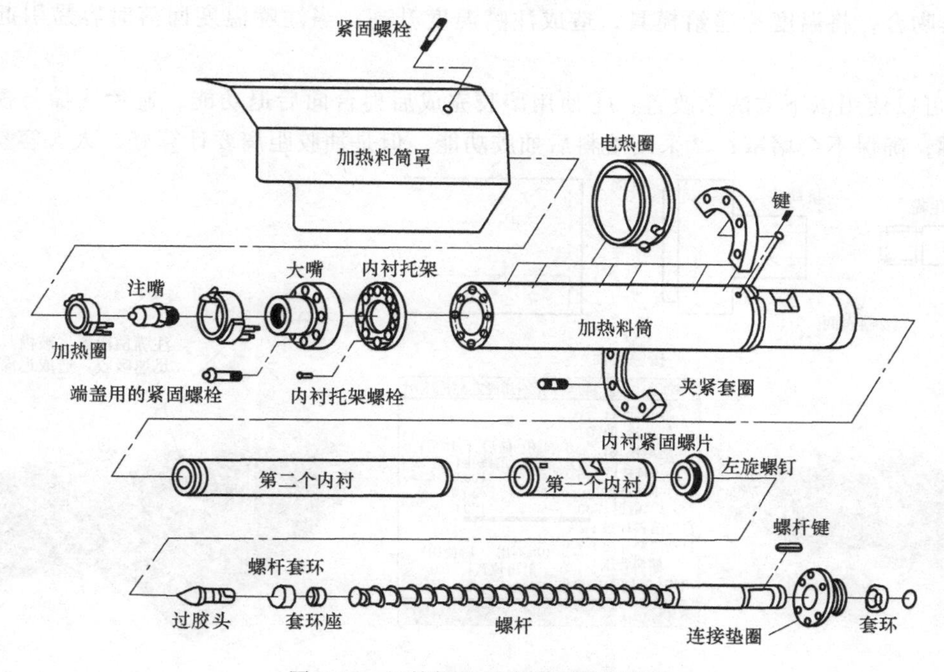

图 6-16　机筒螺杆的结构图及部件图

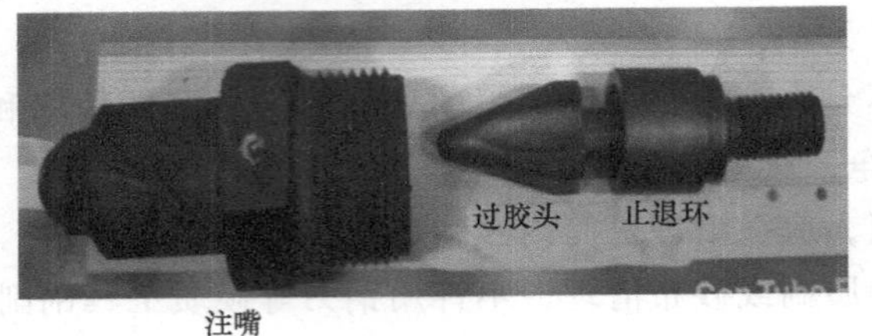

图 6-16 机筒螺杆的结构图及部件图（续）

如果不需要拆下螺杆（只要拆过胶头等），那么在完成前机筒法兰的拆卸后，把螺杆后面的半月环（二片）拆掉，把螺杆顶出即可（这一切都是在比较高的温度情况下工作的，请注意安全）。拆注嘴时小心空气压缩造成的压力，扳动动作不要太快（旋转螺钉时，要慢慢进行，转转停停）。

案例 115 使用高温材料生产时注嘴被堵住

本案例可按如下步骤进行检修（见图 6-17）：

1）使用高温材料（PA 尼龙）在到达所设定的温度时流动性非常好，由于在生产时注嘴与模具吻合，将温度传递给模具，造成注嘴温度升高。当注嘴温度回落时容易引起堵塞现象。

2）可以使用以下方法来改善：①使用熔胶完成后射台向后退功能，避免注嘴与模具长时间接触，确保不会堵塞；②采用熔料后抽胶功能，但是抽胶距离要计算好，太大容易增加

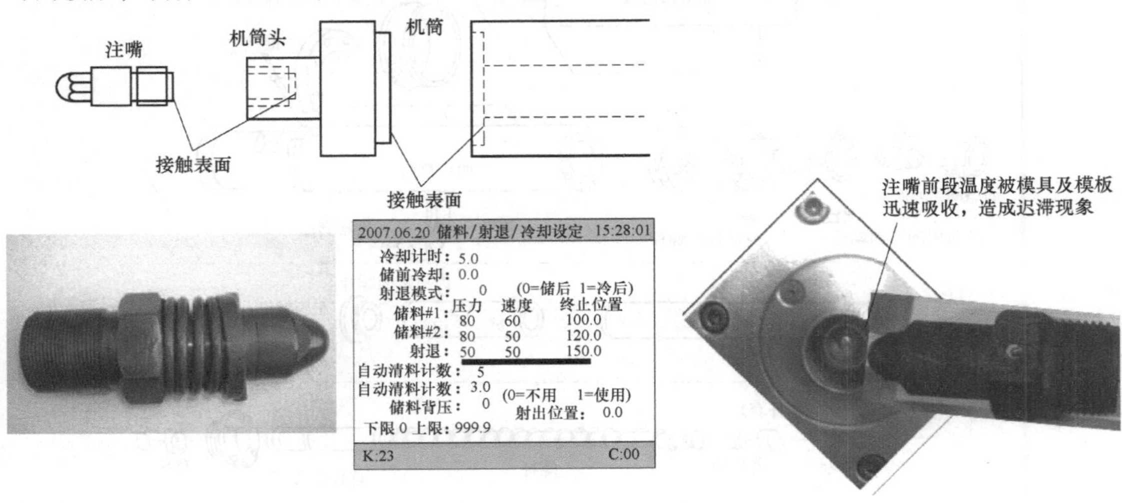

图 6-17 使用高温材料生产时注嘴被堵住的故障实例

材料水汽，影响产品表面质量，太小则容易产生漏胶；③采用带自锁功能的注嘴。

3）模具温度及注嘴的设定温度与实际温度之间的温差不能太大 。

案例 116 某注塑机注射和熔胶时压力下降

对该注塑机更换注射液压缸油封后，此现象仍然未改善。观察的重点在总压力流量上。本案例可按如下步骤进行检修（见图 6-18）：

1）检查设定的工艺参数（与对应的位置）是否正常。

2）检查设备泵的总输出压力流量是否正常。

3）检查计算机比例压力流量输出线性是否正常。检查 I/O 端口有无信号输入输出。

4）开一下锁模动作，观察压力流量是否显示正常。若正常，则说明问题出在注射阀板上。

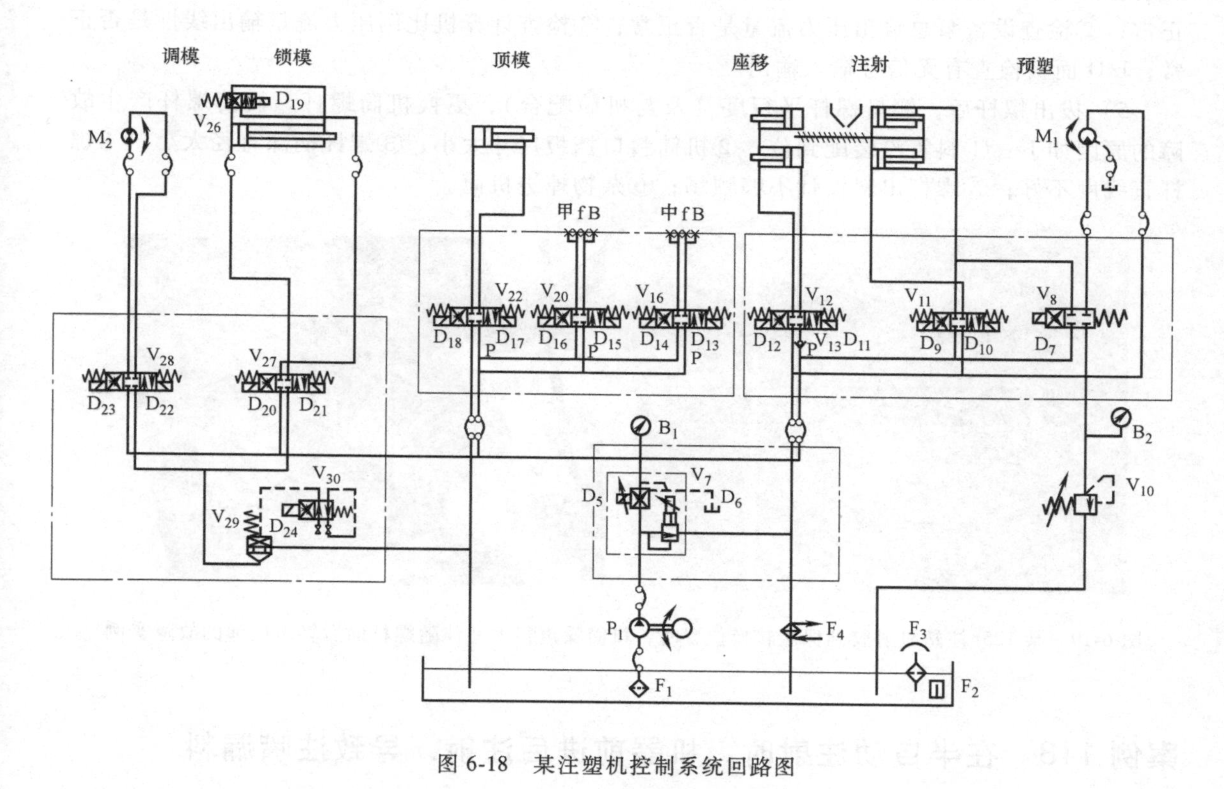

图 6-18 某注塑机控制系统回路图

案例 117 某 125t 注塑机射胶到保压转换位置时，机筒噪声很大并伴随螺杆向后轻微反弹

该注塑机的故障情况如下：

1）产品质量不稳定，有缩水或飞边现象，大约在生产 15 模后出现。

2）射胶电子尺终点不稳定，相差 2~3mm。熔胶终点位置正常。

3）注塑机供电电压稳定（380V），放大板电压正常。

本案例可按如下步骤进行检修（见图6-19）：

1）判断压力与噪声的关系（测试一下系统压力或锁模压力，排除泵及过滤器问题）。

2）按照描述，射胶到保压转换位置（终点相差2~3mm）时，螺杆向后有轻微反弹现象。这说明螺杆（包括三件套）与机筒之间的间隙很小，不会产生材料的反料现象，也不会产生进筒进料口的架空难下料现象（工艺上设定的射胶保压转换位置只有2~3mm，应该设定在10mm左右，否则保压就无意义，产品容易产生缩水）。

3）重新设定注射到底的位置，观察再生产时会不会出现噪声。如果还是出现，那就是螺杆有些变形（建议先在螺杆后面涂一些润滑脂看看，应该会减轻一些声音）。

4）关于产品质量不稳定以及有缩水或飞边现象的问题，应该和系统压力、锁模压力、注射压力有关。请按照以下方法进行处理：①检查设定的工艺参数（与对应的位置）是否正常；②检查设备泵总输出压力流量是否正常；③检查计算机比例压力流量输出线性是否正常，I/O面板检查有无信号输入输出。

5）拔出螺杆后，测量螺杆平行度（及与机筒配合），更换机筒螺杆。机筒螺杆产生故障的原因如下：①料管没装配到位；②机筒料口挡板尺寸太小；③螺杆柄部直径太小；④螺杆直线度不好；⑤螺杆出料设计不够顺畅；⑥杂物掉进机筒。

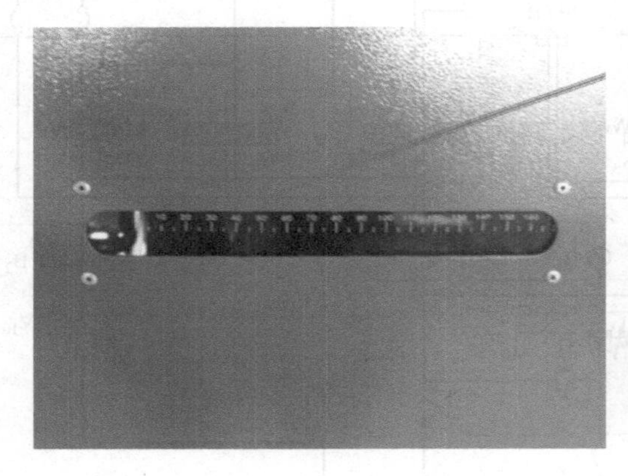

图6-19　某125t注塑机射胶到保压转换位置时，机筒噪声很大并伴随螺杆向后轻微反弹的故障实例

案例118　在半自动注射时，机器前进后注射，导致注嘴漏料

尝试将注射阀清洗更换，也没能修复故障。本案例可按如下步骤进行检修：

1）注塑机自动/半自动生产循环设计是这样的：在锁模结束行程开关接通时，下一步就是注射台前进动作，在注射台前进到位行程开关压上的前提下，开始有注射动作。在注射动作的同时保持注射台前进动作。这是因为担心模具的熔融塑料填满时，会产生一个反作用力，使注射台不往后退而产生溢料的状况。

2）在正常的注射台前进到位注嘴（与模具的进嘴）浇口相吻合时，机械间隙很小，因而前后松动情况也不会发生。

3）检查一下注塑机头（固定）板的4根拉杆（哥林柱）上的大螺母是否松动。

4）检查一下注射台液压缸与头板的固定处是否有明显的松动。

5）检查一下注射台液压缸的密封圈是否存在磨损情况（导致射台动作不稳定），若有需要更换。

6）检查一下注射设定的工艺参数是否太大。

7）检查注嘴与浇口套之间是否配合完好（设备与模具的同心度检测时，可以把模具拆掉进行测量）。

8）增加注射开始的延时时间。

9）检查固定机筒的大螺母是否松动、注射台固定的4个螺钉是否松动。

模板间平行度检查方式如下（周期：12个月）：

1）检查及处理方法。通常固定模板与移动模板基准面的平行度是达标的，但由于运输和安装不当，可能发生变化，安装后要复检。固定模板与移动模板安装面的平行度公差值见表6-4。

表6-4　固定模板与移动模板安装面的平行度公差值　（单位：mm）

拉杆有效距离	合模力为0时	合模力为最大时	拉杆有效距离	合模力为0时	合模力为最大时
200～250	0.20	0.10	>630～1000	0.4	0.20
>250～400	0.24	0.12	>1000～1600	0.48	0.24
>400～630	0.32	0.16	>1600～2500	0.64	0.32

2）调整要求。①用0.05mm以上精度的游标卡尺，按周向测量4点（h_1、h_2、h_3、h_4），用水平调整螺栓使$h_1=h_3$，导杆支架的上下调整螺钉使$h_2=h_4$，调节误差按图6-20中所给出的公差控制；②用塞尺测量机筒尾部内孔与螺杆的间隙$\delta_1=\delta_3$、$\delta_2=\delta_4$，用水平仪检测射台导杆的水平度，应保证水平度的值≤0.05mm/m。

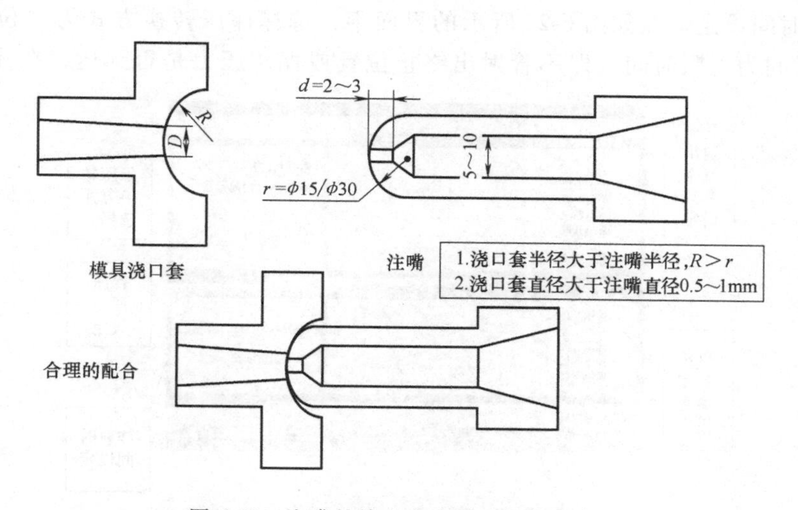

图6-20　注嘴的检查方法及平行度要求

模具定位孔直径/mm	$\phi80 \sim \phi100$	$\phi125 \sim \phi250$	$\geqslant \phi315$
注嘴与模具定位孔的同轴度/mm	≤0.25	≤0.30	≤0.40

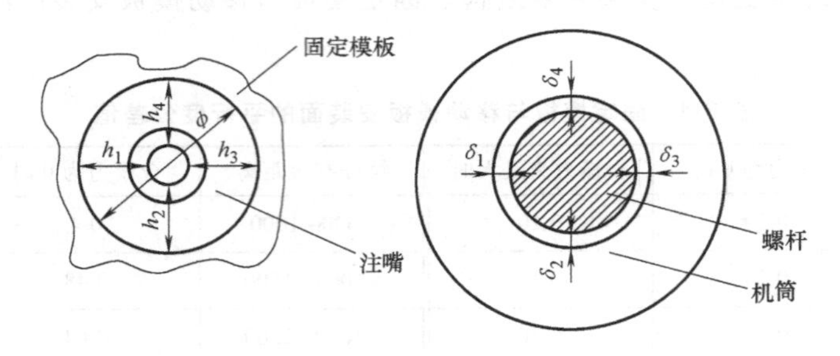

图 6-20　注嘴的检查方法及平行度要求（续）

案例 119　设备射胶时间未到就自动转为保压动作

该注塑机注射到保压状态时，有时位置向前走动有时走不动。本案例可按如下步骤进行检修（见图 6-22）：

1）注射时间设定。在如图 6-21 所示的界面中，选择保压转换方式为“位置”或“压力”时，此时间为上限时间。即不管射出终止位置或保压压力是否到达，在注射时间计时

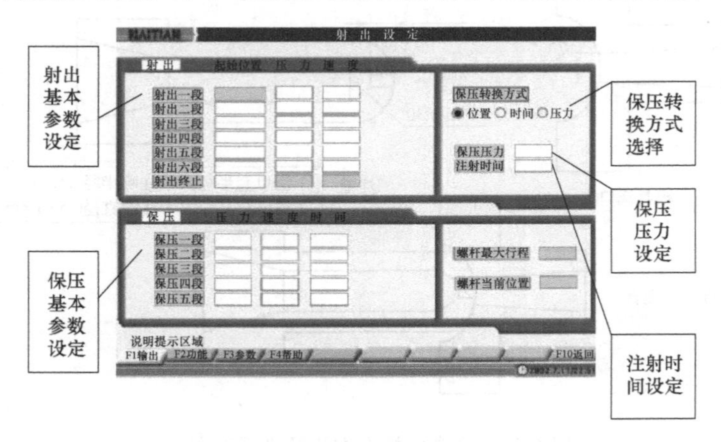

图 6-21　注射时间设定界面

结束后，转为保压动作。

2）保压转换方式。选择“位置”转换方式，则在“射出终止”位置到达后转保压；选择“时间”转换方式，则在“注射时间”到达后转保压；选择“压力”转换方式，则在“保压压力”到达后转保压。

3）保压压力。选择保压转换方式为“压力”方式时，此设定有效。

4）根据注射操作界面选择模式，模式选择在位置上了。只要所设定的位置一到，即刻进入保压动作状态。

5）关于注射到保压状态时，有时位置向前走动有时走不动的情况，这是由于进浇量不同，螺杆及机筒磨损、背压的不稳定等情况造成的，可酌情检修。

图 6-22 设备射胶时间未到就自动转为保压动作的故障实例

案例 120 半自动生产冷却时间到后，设备不开模，而又开始射胶进入下一循环

初步判断是该注塑机的计算机系统出现问题，考虑重置系统进行修复（该故障机型为弘讯 580 型和 6000 型）。在以下情况下需要重置系统：

1）在人为或外界干扰下，参数比较乱的情况下。

2）基本参数错误，使机器不能动作，要做重置恢复基本参数时。

3）计算机受到干扰，数据乱或有部分动作不能完成的情况下。

4）计算机做重置后，需要电子尺重新归零，特殊参数恢复工作时。

重置的方法为（见图 6-23）：重置界面在归零界面内，分面板重置和主机重置两种，按“1”确认后，输入重置代码“95”后，断电再通电，重置完成。

若一直需要重置资料程序，则考虑更换 MMIX86。

2007.06.20　　归零　　15:28:01

	归零设定	现在位置
射出	0	0.0 +
开关模	0	0.0 −
脱模	0	0.0 +
座台	0	0.0 −

系统资料重置：0

0=取消　1=确定

下限：0　上限：1

K：17　　C：00

图 6-23 重置界面

案例121　按座退键，设备进行熔胶动作缓慢

某注塑机在按座进键时设备熔胶动作速度正常，射胶、熔胶键控制工作时速度也正常。后来反复进行射胶和熔胶动作，一段时间后恢复正常。本案例可按如下步骤进行检修（见图6-24）：

1）首先分析故障是在什么情况下出现的，是手动、半自动还是手动半自动动作都有。在按座进键、座退键时，观察计算机模板显示是否有信号输出。观察I/O界面是不是熔胶动作输出有信号（用万用表测量一下确认）。若有信号输出，则是计算机输出面板损坏，需要更换输出点或更换输出面板。

2）如果没有输出信号，请检查熔胶方向阀。观察阀芯是否卡死，进行清洗或更换阀件并清洗过滤液压油（过滤器）。

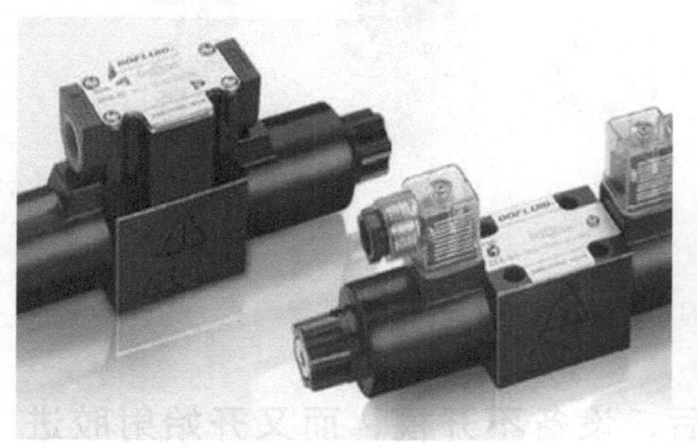

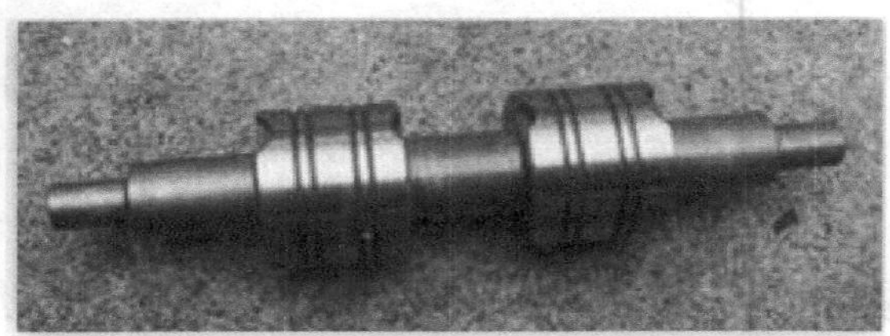

图6-24　按座退键，设备进行熔胶动作缓慢的故障实例

案例122　某250t注塑机在射胶时的电流达到70~90A

我们知道，一般只有功率在37kW以上的电动机才会出现这么大的电流。而250t的注塑机一般电动机的功率为30kW左右。则电流值$I=[30000\div(1.732\times380\times0.8)]\mathrm{A}\approx57\mathrm{A}$。如果按照注塑机系统工作压力的60%计算，理论电流值为35A左右。本案例可按如下步骤进行检修（见图6-25）：

1）首先检查电流表，如果显示的电流值确实是70~90A，做如下检查：①检测现在设定的压力是多少（是不是14MPa），熔融温度设定是多少，如果温度过低流动性变差，就会导致压力增大，电流值就大了；②检查比例输出电流值是多少，是不是已经超过0.8A的最大设定值；③检查油箱油位、油箱温度、过滤器及液压油是否洁净；④检查液压泵工作情况，可以在停机状态时，用手转动液压泵看能否轻易转动及是否有惯性。

2）观察所有动作进行且电动机正常运行时的电流值，以及进行开合模动作时的电流值（用以判断负载大小）。

3）观察电动机的三相电压是否平衡。检查车身接地电阻值，接地电阻大于4Ω时，安全保护地线必须就近与标准接地体相连，使得接地电阻等于或小于4Ω，以确保人身安全。

图 6-25 某 250t 注塑机在射胶时的电流达到 70~90A 的故障实例

案例 123 采用注塑机注射 PET 料不能注射完全

说明：更换过止逆环，仍然不能解决问题。

1）为了判断螺杆止逆环（包括三件套的磨损情况，可以做个回流观察一下）在一个产品（半自动熔胶动作）结束以后，使用手动继续进行注射，观察射出去（观察电子尺窗，同时注嘴外面不溢料）的螺杆是否会反弹过来。要是会反弹过来，说明不是螺杆机筒的问题。要是不会反弹过来，说明过胶圈和机筒间隙大，需要更换机筒螺杆。

2）生产 PET 材料必须要注意的是：

机筒温度设定：

喉料区	50~70℃（70℃）	区 1	240~260℃（250℃）
区 2	240~260℃（250℃）	区 3	250~290℃（270℃）
区 4	250~290℃（270℃）	区 5	250~290℃（270℃）
注嘴	250~290℃（270℃）		

括号内的温度建议作为基本设定值。行程利用率为 35% 和 65%。模件流长与壁厚之比为 50∶1~100∶1。

熔料温度：	270~280℃	机筒恒温：	220℃
模具温度：	120~140℃	注射压力：	薄截面制品可达 1.6kN

保压压力：注射压力的 50%~70%，以避免产生缩壁。按需选择保压时间，太长的保压时间易造成内应力，特别是对非晶体树脂，会使产品的冲击强度降低。

背压：50~100N，避免产生摩擦热。

注射速度：因为高固化率和结晶率故需采用高速；避免在注射过程中熔料冷却和凝结；模内保持良好的通气性是很重要的，否则裹入的空气易使流道末端产生焦化。

螺杆转速：最大螺杆转速折合线速度为 0.5m/s。

计量行程：(0.5~3.5)D。因为熔料对过热和在机筒内残留时间过长很敏感，残留时间不应超过 5min。

残料量：2~5mm。取决于计量行程和螺杆直径。

浇口系统：任何一种普通系统型浇口都可使用；浇口处有热流道，温度必须闭环控制。

机器停机时段：关闭加热系统，像操作挤出机一样操作机器直到没有塑料被挤出为止。如果料口处换了其他热塑性材料，建议用PE或PP清洗。

机筒设备：标准螺杆、止逆环、直通注嘴。

案例124　一台300t注塑机，在生产时需调长射胶时间，但射胶时间总是3s

计算机注射界面操作说明：

保压转换方式：选择“位置”转换方式，则在“射出终止”位置到达后转保压。

选择“时间”转换方式，则在“注射时间”到达后转保压。

选择“压力”转换方式，则在“保压压力”到达后转保压。

保压压力：选择保压转换方式为“压力”方式时，此设定有效。

注射时间：选择保压转换方式为“位置”或“压力”时，此时间为上限时间，即不管“射出终止”位置或“保压压力”是否到达，在“注射时间”计时结束后，转保压。

以上注释说明，在使用选择“位置”（或“压力”）转换方式，则在“射出终止”位置到达后转保压。注射时间总是3s，因此需要检查设定装置。

使用时间注射时（根据材料/储料量的多少/位置设定的时间长短）会发生变化，即设备正常。如果还是没有变化（总是一个时间），那么需要修理（更换）计算机板。

案例125　一台注塑机射出量不均匀的原因

1）从螺杆影响问题来看：

① 过胶圈左右活动间隙过大。需要重新更换活动间隙小的过胶圈。

② 过胶圈和介子配合不好。需要换外径和端面垂直度好的过胶圈和介子。

③ 过胶圈和料管间隙过大。需要更换相应的磨损零件。

2）检查设备输出压力速度是否稳定，比例压力流量线性是否良好。

3）检查背压是否稳定，无波动。

4）检查射出阀件、液压缸是否正常，无泄漏。

第 7 章

注塑机预塑（储料、熔胶）与背压故障诊断与维修

案例 126　尼龙加玻璃纤维，预塑过程中熔胶与螺杆不后退，熔胶马达不停转（见图 7-1）

首先阐述一下玻璃纤维增强材料成型工艺的常见问题：

玻璃纤维增强热塑性塑料，是将玻璃纤维与树脂熔融共混形成的。它的特点：在塑料的塑化和注射过程中，玻璃纤维始终保持着固体状态不发生相变，不可避免地阻碍了物料的流动，降低了物料的流动性。确定工艺条件时要注意这些问题，采取相应的工艺，以免产生充模不足、熔合纹明显、纤维分布不均等缺陷。玻璃纤维增强树脂的收缩率一般比非增强的低1/4~1/2，浇口处收缩小，远离浇口部分的收缩变化大。可以总结出：加了玻璃纤维的材料的加工温度一般比没加玻璃纤维增强的材料的使用温度高10~20℃。

由于PA具有韧性、自润滑性、进料困难、剪切生热大、熔点高、熔融速度快、易分解等特点。要求螺杆具备压缩排气集中，吃料能力强，驱动力大，耐磨性好。因此，PA注射加工的塑化系统为：螺杆的加料段较长，加料段的螺槽较深，压缩段、均化段较短，机筒加料段处拉槽，加大液压马达的功率，螺杆带有高效的止逆环。

设备相关配件要求：

1）螺杆。（$L:D=20:1$）标准型三段，带止逆环螺杆（可选择的封闭式注嘴，直径为3.0mm）。料管须使用耐腐蚀及耐磨损的合金材料。最好是采用双金属螺杆、机筒。

2）模板两面须加强隔热板，避免机器受热。

3）使用圆形料道，阳、阴模均匀散热。

4）进料口使用直径为0.3~0.5mm的针孔潜入进料。

5）使用0.02~0.04mm深度，0.5~1.0mm宽度的排气孔，并有效地后续排气。

注嘴要求：

由于PA在熔融状态下黏度低、流动性好，机筒内也不可避免留有部分残余压力。如果采用开放式注嘴，开模取出制品时熔体会从注嘴处流出（即流延现象），既浪费材料又影响正常生产，故需采用自锁式注嘴，常用弹簧针阀式注嘴。

成型温度要求：

机筒温度的选择，以 PA 的熔点为主要依据，同时与注塑机的类型、制品的形状、尺寸有关。因 PA 的加工温度较窄，故机筒温度必须严格控制，以免熔料降解而使制品变坏。机筒温度的设置对塑料的塑化和熔胶的快慢影响较大。机筒的中段温度要高于熔点 20~40℃、低于分解温度 20~30℃，前段温度比中段温度低 5~10℃，后段（加料段）温度比中段温度低 20~50℃（加料口处冷却必须有效）。如果中段温度太低，螺杆转速过快，可能会出现卡住现象，后段温度过高，会影响输送能力，螺杆吃料慢，影响生产效率。

螺杆转速要求：

适宜采用中速，转速太快会因剪切过量而使塑料降解，导致制品变色和性能下降。转速太慢，会影响熔胶的质量，同时也会因熔胶时间长而影响生产效率。

背压要求：

在保证制品质量的前提下，背压越低越好，高背压会使熔体剪切过量而过热降解。

机筒滞留时间

在生产过程中，若胶温度在 300℃以上，要避免熔体在机筒内滞留时间过长（20min），否则会过热分解，使产品变色或变脆。若需临时停机超过 20min，可把机筒温度降至 200℃。长时间停机时，必须使用黏度较高的聚合物来清洗机筒（可以用 HDPE 或 PP 来清洗）。

按照问题描述，熔胶马达在不断转动，但是螺杆就是有不往后退现象。在注嘴没有漏胶的情况下，这是材料没有到达机筒前部产生的现象。分析有以下几个方面可能：

1）机筒进料口架空。

① 由机筒尾部设定的温度过高引起。

② 机筒冷却水管道堵塞。

③ 机筒冷却装置不使用冷却水导致。

④ 机筒进料口有异物。

⑤ 进料口螺杆上螺槽牙坏了引起材料进不去。

⑥ 过胶圈间隙过大造成材料往后退。

⑦ 螺杆与机筒有间隙。

2）螺杆包料。螺杆长时间使用玻璃纤维材料，导致表面氮化层磨损，熔融材料黏住螺杆，使材料不能前往机筒前部。可以“清洗”一下螺杆。

3）由于工艺设定等问题，导致注射时注嘴没有出料。由于 PA 的流动性比较好，材料被不断压缩回去。建议使用弹簧注嘴。

图 7-1 所示为注射部分结构。

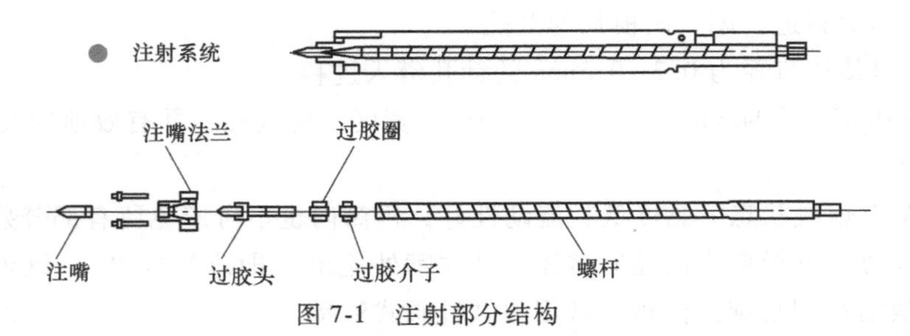

图 7-1　注射部分结构

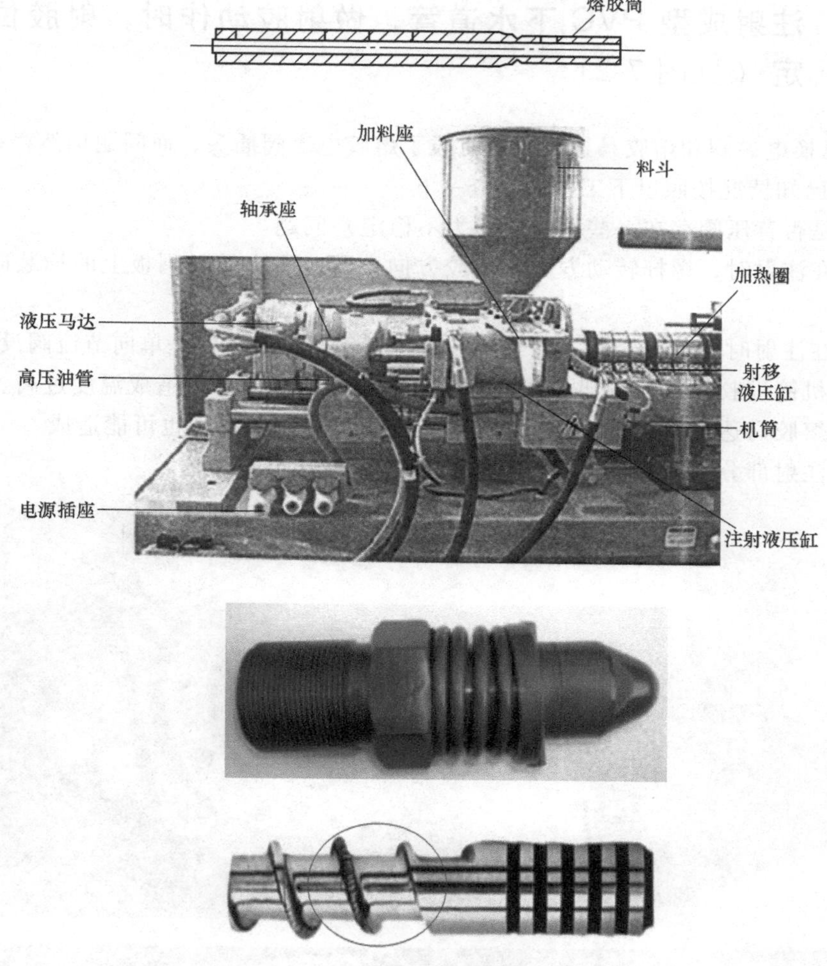

图 7-1　注射部分结构（续）

案例 127　机器熔胶很慢，止逆环破裂导致不下料

注射部分与塑化相关的部件主要有：螺杆、机筒、分流梭、止逆环、注嘴、法兰、加料斗等。

止逆环的作用就是止逆。它是防止塑料熔体在注射时往后泄漏的一个零件。在工作时止逆环止逆垫圈（过胶垫圈）接触形成一个封闭的结构，用来阻止塑料熔体泄漏。

一台注塑机注塑制品重量的精密程度与止逆环止逆动作的快慢关系很大。

而一个止逆环动作反应的快慢是由它的止逆动作行程、密封压合时间离开分流梭时间等因素决定的。我们曾经试过多种止逆环结构和零件参数，最后才通过试验确定最优化的止逆面参数、止逆环与分流梭贴合参数、止逆环与机筒间隙参数等，以实现高精密注射量控制。所以止逆环的损坏，就容易造成塑料熔体后泄漏，熔胶（往后的速度）很慢的情况发生（并导致下料口的塑料结块或温度过高，从而下料慢）。

案例 128　注射成型 PVC 下水道管，做射胶动作时，射胶位置不稳定（见图 7-2）

说明：已换电磁阀和熔胶马达，注射时拔了熔胶电磁阀插头，而问题仍然存在。

1）根据已知情况按照以下工作去检查一下。

① 观察是否背压阀存在一些泄漏（压力不稳定）问题。

② 如果在注射时，螺杆转动方向和熔胶方向一致，那么储料阀板上的插装阀里面的弹簧可能断了。

③ 如果在注射时，螺杆转动方向和熔胶方向相反，那么考虑是单向节流阀没有复位。

2）检查机筒进胶位置的冷却水道是否堵塞（或没有冷却水）造成温度过高。

3）观察熔胶马达内泄漏是否过大。熔胶马达分油盘油封坏了也可能造成。

4）检查注射部分与塑化相关的部件（机筒前部）是否磨损。

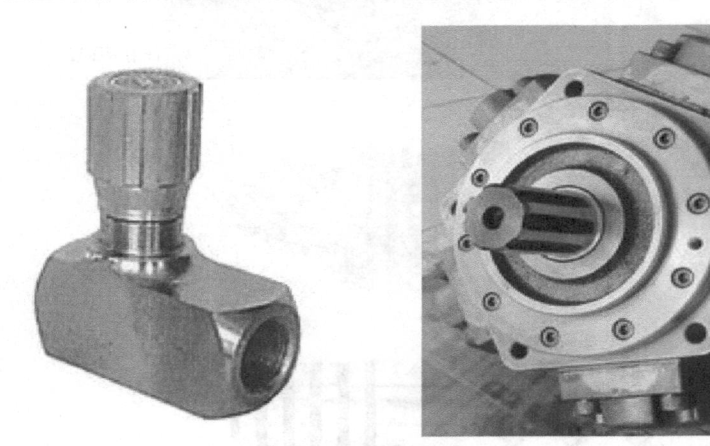

图 7-2　注射成型 PVC 下水道管，做射胶动作时，射胶位置不稳定

案例 129　熔胶转速很慢，压力达不到设定的转速值（见图 7-3）

说明：检查发现熔胶电磁阀很热，不知是电磁阀有问题，还是阀芯泄漏。

1）螺杆机筒间隙太大、止逆环坏，就会造成这种情况发生。

2）设定的背压太高（手动熔胶时，胶料从注嘴成直线状喷出来）注嘴处容易溢料。

3）观察输出界面是否正常，比例、压力、流量电流是否呈线性。

4）检查泵（液压马达）压力输出是否正常（无泄漏）。

5）检查温度设定值（不同材料的熔融温度是不同的）是否正确合理。否则就会旋转困难。

6）加入的材料颗粒太大。由于颗粒大时塑料在螺槽中的排列很疏松，所以其输送速度也较慢。当颗粒大到一定程度，在进入压缩段而其直径大于螺槽深度时，塑料就会卡在螺杆与机筒之间。若向前拉动的力不足以克服压扁塑料颗粒所需的力，则塑料会卡在螺槽里不向前推进（可以在不加入材料的情况下，开熔胶动作，观察转速的快慢，来判断问题所在）。

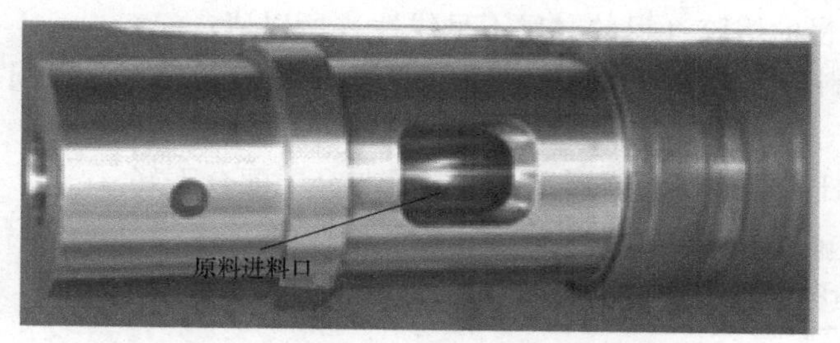

图 7-3 熔胶转速很慢，压力达不到设定的转速值

案例 130 160t 机熔胶转速过慢，但压力表压力正常，单向阀正常（见图 7-4）

说明：检查机筒和二板及更换熔胶马达正常温度正常。比例输出电压、电流也正常，把熔胶马达拆下空转还是很慢，进行其他操作工作正常。

根据已知再做下面的检查判断：

1）检查熔胶阀件是否工作正常，阀芯有无卡住及内泄漏。

2）检查背压设置是否太高。

3）检查设定的机筒温度正常（不同材料不同熔融温度）。

4）检查射出阀件是否存在泄漏（有注射趋势）。

图 7-4 160t 机熔胶转速过慢，但压力表压力正常，单向阀正常

案例 131　油温高的情况下熔胶，速度不均匀（见图 7-5）

1）若确定上述情况属实则请分析以下原因：

① 解决造成油温高的原因。例如冷却水没有、冷却水压力不高、冷却水背压太高、冷却水管道堵塞。

② 液压油少了、液压油稀薄了、过滤器堵塞。

③ 溢流阀（或其他阀件）泄漏严重（压力速度上不去），造成快速摩擦发热。

④ 检查液压泵的输出压力是否正常（排除）。

2）存在时快时慢的熔胶（退的时候不呈线性）所以请：

① 检查机筒下料口（料是否架空下不去、机筒下料口的螺杆是否损坏、机筒下料口的温度）。

② 检查是否螺杆、止逆环磨损严重，或者是与介子配合不好。

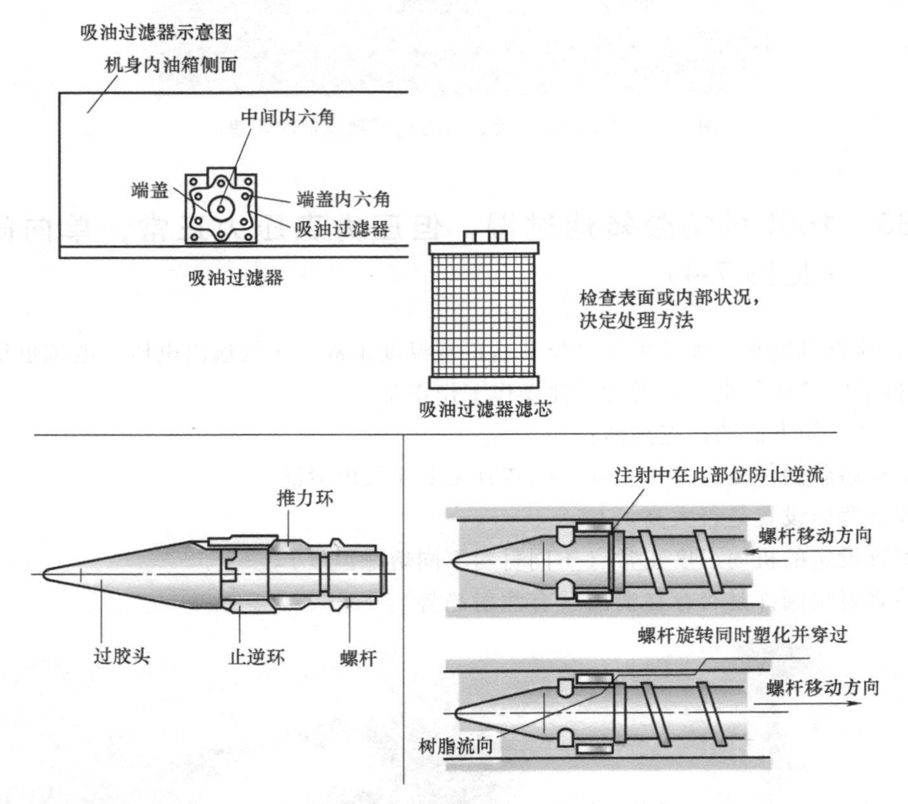

图 7-5　油温高的情况下熔胶，速度不均匀

案例 132　熔胶压力不够，下料后螺杆转速放慢，有时会停止转动（见图 7-6）

具体情况：有一台陈旧设备，主要生产原料为 PA66（二次料）。停了三天后，再起动准备生

产，就出现以下情况：熔胶压力不够，下料后螺杆就转速放慢，有时会停止转动。检查以下方面：温度三段正常，可以正常加温至290℃，又清洗了注射熔胶电磁阀及下面的液压阀，未发现异常。拆下液压马达更换油封后，问题仍没有解决。

1）设备停了几天生产（螺杆上已经包料），机筒螺杆上的上次余料在没有完全熔融的情况下（未清理干净，产生摩擦），所以进料是下不去的（一般请达到设定温度的0.5h以上，再开熔胶动作，否则螺杆也容易断）。

2）如果由于长时间的生产PA66及玻璃纤维等材料，那么机筒螺杆磨损是非常快的（其寿命只有3~6个月）。建议尽量选用尼龙专用机筒螺杆（双金属螺杆）。

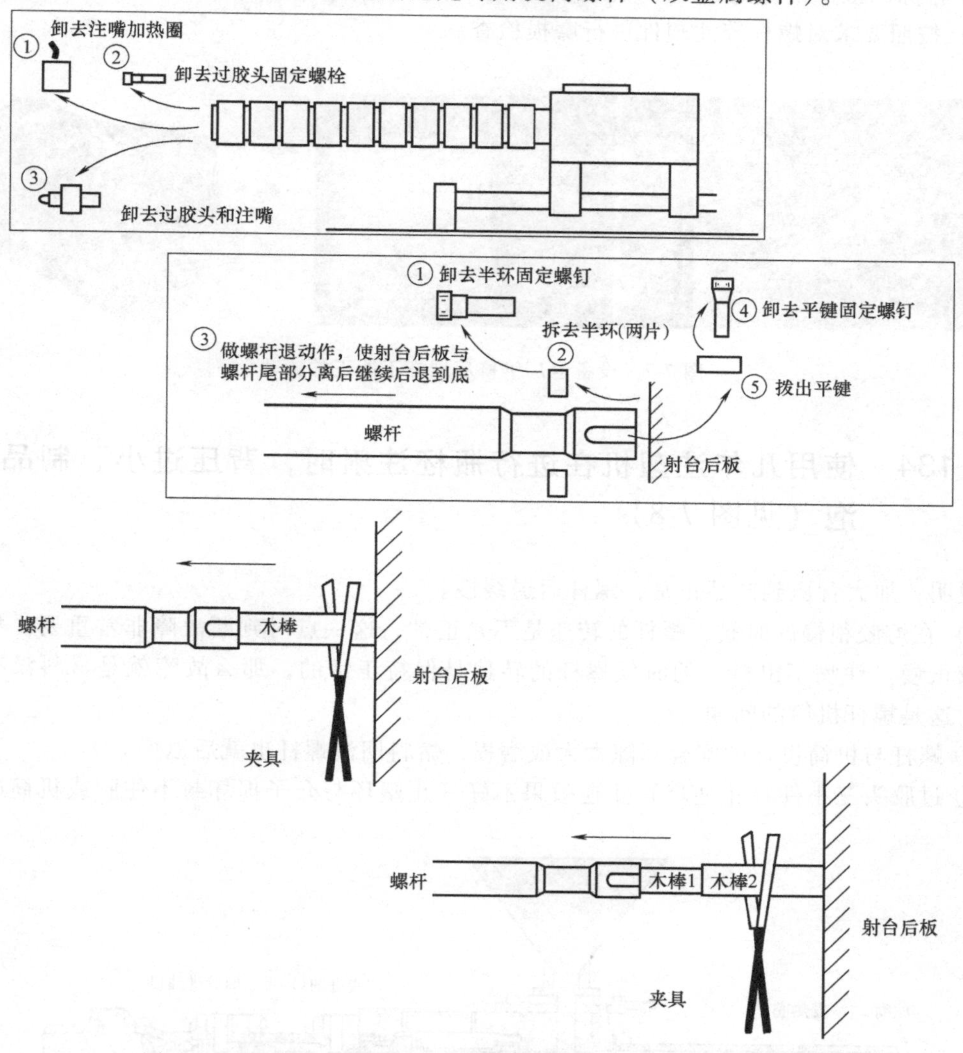

图7-6　熔胶压力不够，下料后螺杆转速放慢，有时会停止转动

案例133　设备返厂维修后螺杆不能正常转动（见图7-7）

具体情况：有一台250t注塑机，2000年开始使用，由于锁模部分磨损较大，返厂维修

后可正常使用；但是近半个月来，在半自动生产的情况下，有时螺杆不能转动，系统显示有流量和压力；手动开动作储料，螺杆正常转动；有时开模进行时也停止动作。

1）按照描述，不只是螺杆转动问题，仍存在其他问题。

2）判断压力和流量输出，建议：

① 测试系统压力（判定液压泵的输出压力流量的稳定性）来确定液压泵的好坏。

② 修理（调整液压泵）调整压力流量的比例输出（电流）线性。

③ 电器控制检查。计算机5V开关电源是否正常。

④ 排除因液压油等问题产生的压力波动影响。

3）按照要求对螺杆等注塑件进行磨损检查。

图 7-7　设备返厂维修后螺杆不能正常转动

案例 134　使用几年注塑机在进行瓶杯注射时，背压过小，制品有气泡（见图 7-8）

说明：加大背压到产品正常，螺杆后退缓慢。

1）在熔胶很慢的时候，螺杆的转速是不是正常，这一点对判断故障非常重要。如果是在熔胶很慢（注嘴不出料）的时候螺杆的转速是保持正常的，那么故障就是材料没有到达前面。这是螺杆机筒的问题。

① 螺杆与机筒设计的配合间隙太大或磨损，熔料回流螺杆也就后退慢。

② 过胶头三小件（止逆环）止逆效果不好（止塑环与介子损坏封不住胶或机筒的配合

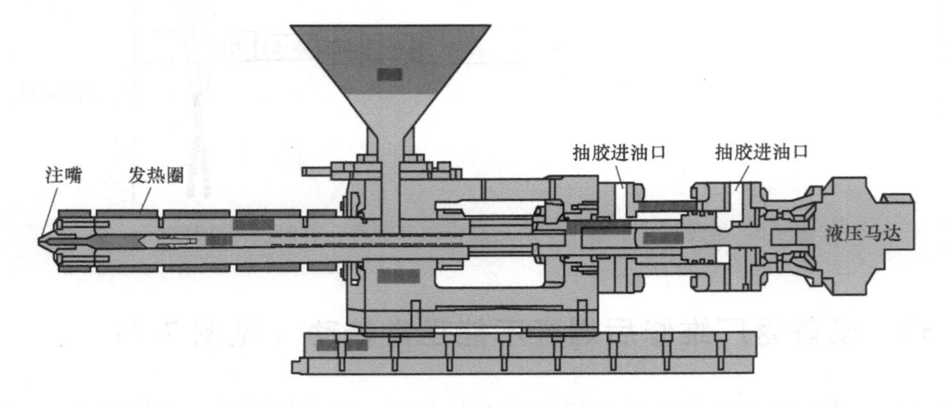

图 7-8　使用几年注塑机在进行瓶杯注射时，背压过小，制品有气泡

间隙太大封不住胶），熔胶时螺杆后退慢了。

2）如果在熔胶很慢很慢的时候，螺杆的转速也非常慢，那么就是机筒设置（实际）温度太低、液压马达转速慢（或设定的压力速度工艺不匹配）、背压设置（液压阀油路方面）等问题引起。

案例 135　止逆环、预塑电磁阀均正常，但在注射时螺杆反转（图 7-9）

正常注射时，螺杆是不会反转的。这是因为止逆环的关系，封闭住了熔融的材料，但是当机筒磨损（止逆环损坏）造成间隙，那么材料会在注射时返料。由于螺杆的结构关系（螺槽方向关系）造成螺杆反转。建议：在测量了数据以后，更换机筒螺杆或止逆环。

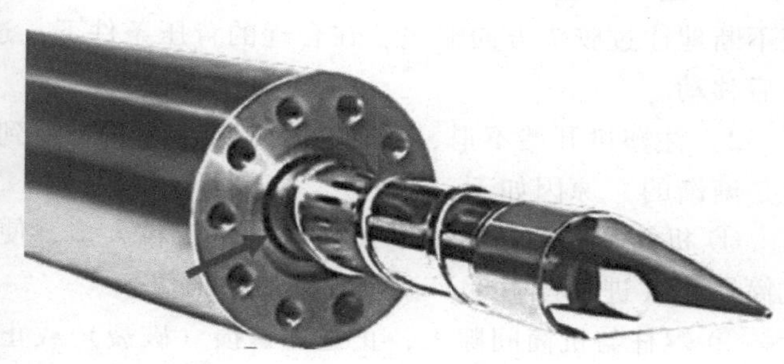

图 7-9　止逆环、预塑电磁阀均正常，但在注射时螺杆反转

案例 136　机筒进料口结块的故障原因（见图 7-10）

1）注塑机机筒尾部（进料口附近）温度设定（实际）太高导致。

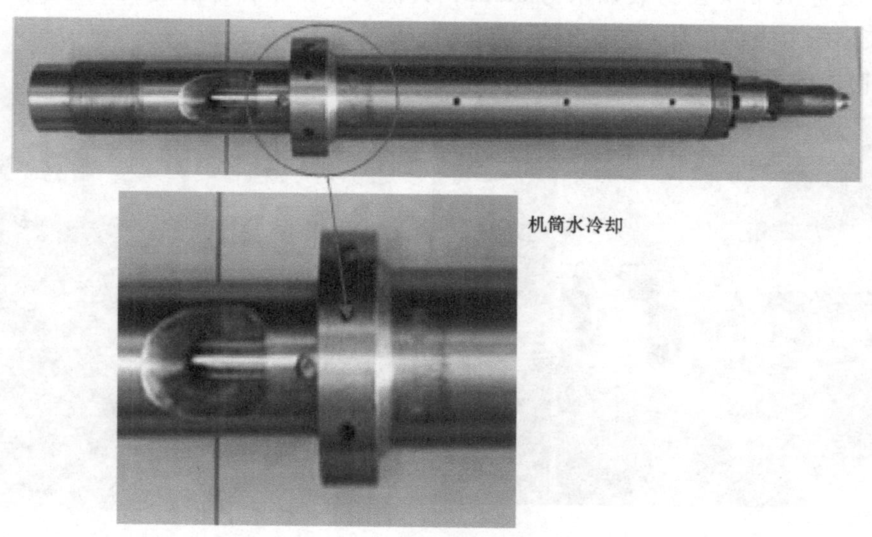

图 7-10　机筒进料口结块的故障原因

2）注塑机机筒尾部（进料口附近）循环冷却水没有（或堵塞）。

3）螺杆与机筒间隙大，止逆环磨损或止逆环和推力环配合不平，回料造成。

4）螺杆尾部排气不畅（设计问题等）造成结块。

5）原料中水口料、粉料太多下不去堆积引起。

6）使用比较大的破碎原料下不去，需要改变机筒进料口的设计（内壁拉槽，做偏心铣斜度），加深螺杆螺槽的深度。

7）注嘴堵塞的同时（温度设定太高）导致回料结块。

案例 137　螺杆转动但是不后退，始终停在射胶完成时的位置

说明：设备几分钟之后又恢复正常。

1）这个问题基本上可以排除控制熔胶的阀原因引起。在液压马达旋转时，材料通过螺槽不断地往过胶头方向输送。在合理的背压条件下，过胶头前部渐渐建立起压力，推动螺杆向后移动。

2）注塑机开始不退，后期开始后退，说明材料到达机筒前位置非常慢（建立起的压力也是渐渐的）原因如下：

① 机筒下料口材料下不去（水口料粉料太多、使用比较大的破碎原料下不去、注塑机机筒尾部（进料口附近）温度太高造成结块）。

② 螺杆与机筒间隙大，止逆环磨损（破裂）或止逆环和推力环配合不平，导致返料。

③ 背压没有调好（观察注嘴在螺杆转动的出料量）。建议重新调整。

案例 138　一台旧 1600t 注塑机，在熔胶时系统压力较低，熔胶太慢（见图 7-11）

说明：设定 10MPa 压力表显示为 6MPa，其他动作正常，都能达到设定压力，温度正常，电流表、压力表都正常，但熔胶压力过低。

1）机筒内的材料熔融情况不一样。

图 7-11　一台旧 1600t 注塑机，在熔胶时系统压力较低，熔胶太慢

图 7-11 一台旧 1600t 注塑机，在熔胶时系统压力较低，熔胶太慢（续）

2）螺杆与机筒（水平）间隙造成磨损，或止逆环和推力环配合磨损造成。

3）熔胶液压马达内泄漏造成压力速度下降。把液压马达压力口堵住观察，若熔胶压力可上去，则为液压马达故障。若熔胶压力上不了，螺杆转速也上不了，则液压马达的工作效能可能下降了，内泄漏已发生。

4）如果螺杆转速慢了，那么需要检查流量设定或液压泵的实际流量。

案例 139　设备在熔胶时螺杆旋转过程中螺杆直线后退然后再熔胶（见图 7-12）

说明：类似于射退，但射退阀好像未得电。

1）所谓熔胶（又称预塑）就是借螺杆的旋转运动使熔融物料沿其螺槽不断输送（填充）至螺杆前端，直至满足设定注射量。在这一过程中螺杆除了旋转运动外，还应有一个沿轴线后退的直线运动。在注射工艺上称为松退（防流延、螺杆抽动、倒索等）动作。它是在熔胶动作停止时，进行的一个动作。

2）检查螺杆松退电磁阀，是不是存在阀芯卡、弹簧松动、间隙大等问题。

3）在实际工作中，如果机筒某一段温度低，设定的熔胶速度太快，熔胶压力太大，那么会出现松退现象。

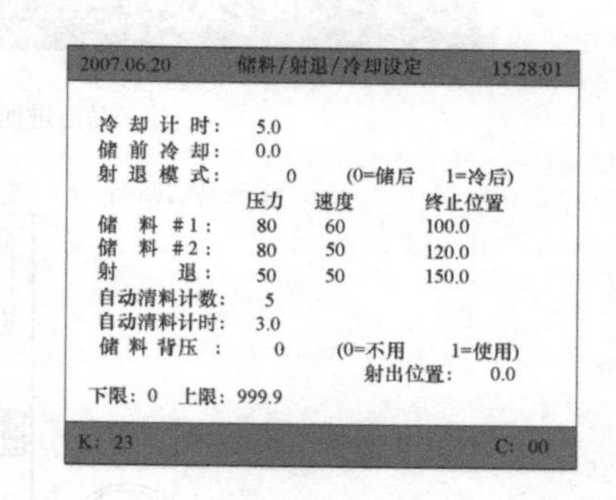

图 7-12 设备在熔胶时螺杆旋转过程中螺杆直线后退然后再熔胶

解释：由于温度低的原因，螺杆转不起来，材料不能沿螺杆槽往螺杆前端填充。由于设定的熔胶压力速度太快，因此克服了材料冷却造成的阻力，强行转动螺杆，造成了短时间的沿轴线后退的直线运动。但由于摩擦（电热圈）加热的继续，材料逐渐进入熔融状态，使得短暂的螺杆后退现象得以停止，进入螺杆旋转的熔胶动作中。

4）检查背压阀是否出现故障或背压调得太小或无背压情况。

案例 140　一台注塑机一开始就熔胶很慢，其他动作都正常（见图 7-13）

1）首先在没有加进原料的情况下，开熔胶动作，观察转速是不是正常。

2）检查泵输出压力流量是否正常（无泄漏）。

3）同时观察比例压力、速度输出电流是否呈线性。

4）判断熔胶马达的工作状态（设定熔胶速度和压力，然后把熔胶电磁阀插座拿掉，让油不进入液压马达，按熔胶按钮看压力是不是最大，来判断液压马达好坏）。如果此时压力比较大，说明液压马达出问题了，需要修理或更换。如果压力还是比较小，那么说明系统（或阀件需要检查修理）出现问题了。

5）考虑机筒螺杆之间是否有磨损而导致转速减慢。

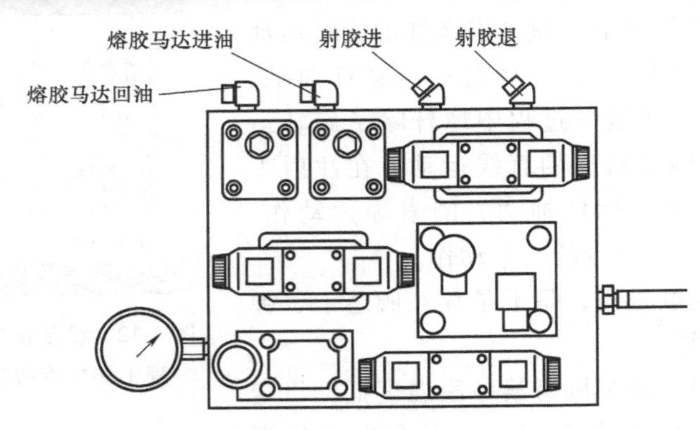

图 7-13　一台注塑机一开始就熔胶很慢，其他动作都正常

案例 141　设备加料（熔胶）时螺杆发出很大的声音，频率不一样，出现螺杆停转的现象（见图 7-14）

说明：1250t 设备的螺杆，用于 PC 料生产，压力表持续高压；拆过螺杆，螺杆部件正常。

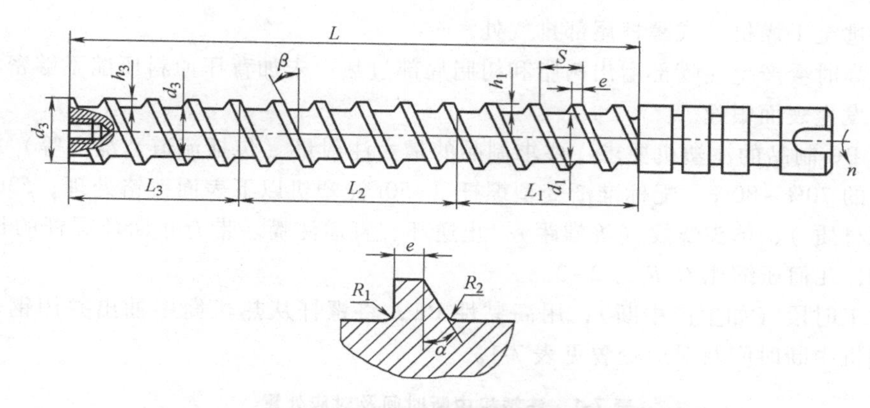

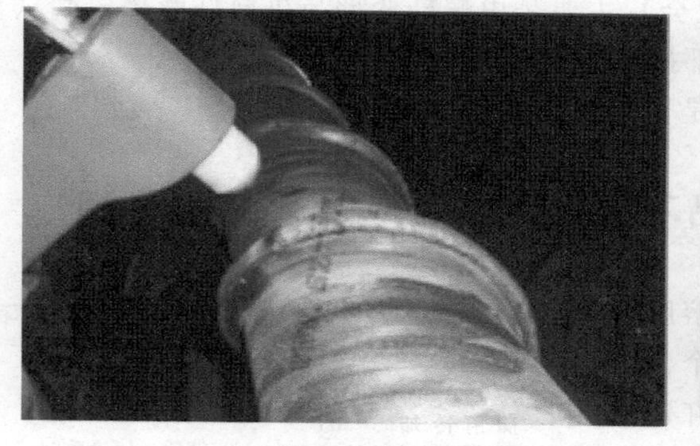

图 7-14　设备加料（熔胶）时螺杆发出很大的声音，频率不一样，出现螺杆停转的现象

首先介绍 PC 成型注意事项。

模具温度：一般控制在 80~100℃就可以。对形状复杂、较薄、要求较高的制品，也可提高到 100~120℃，但不能超过模具热变形温度。

螺杆转速与背压：

由于 PC 熔体黏度较大，为有利塑化，有利排气，有利注塑机的维护保养，应防止螺杆负荷过大。对螺杆的转速要求不可太高，一般控制在 30~60r/min 为宜。因螺杆的旋转，使得材料能充分混炼得到均匀的熔融树脂，也可利用二段熔胶，前 2/3 长可较快点，后面 1/3 部分放慢速度。

而背压控制在注射压力的 10%~15%之间为宜。

给适当的料管背压时，管内原料更密集，可得到均匀的熔融树脂，同时排出料管内空气和挥发气体逃至干燥机处或螺杆尾部排气处。

背压过高时会产生注嘴部溢出树脂和树脂局部过热。未加背压原料压缩不够密集，气体易介入，易发生表面银丝。

对生产 PC 制品的注塑机要求：要求制品的最大注射量（包括流道、浇口等）应不大于公称注射量的 70%~80%。配标准渐变型螺杆（450t 注塑机以下表面镀铬处理，530t 注塑机以上不锈钢材质）、单头螺纹（等螺距）、止逆环、直通注嘴。带有止回环螺杆的长径比 L/D 为 15~20，几何压缩比 C/R 为 2~3。

机器停工时段（如生产中断），用高黏性 PE，将螺杆从热机筒中抽出并用钢丝刷刷去残料。注塑机中断时间及对应处置见表 7-1。

表 7-1　注塑机中断时间及对应处置

中断时间	处置
15min 以内	料管成型温度保持不变
15min~2h	料管温度比成型中温度降低 60~80℃
2h 以上	料管内残料必须排出

1）弄清这台设备之前是否使用类似 PC 材料生产过。

2）弄清选配的螺杆是不是按照要求配 PC 专用螺杆（相关数据要求）。

3）加料（熔胶）时螺杆发出很大的声音是由于螺杆中的材料还没有完全熔融。摩擦剪切产生（温度的设定或实际温度的差异也会）主要是由螺杆变形与机筒件摩擦引起（需要测量）。此时，请将螺杆松退后在螺杆后部抹上高温油。

4）检查熔胶马达的旋转压力速度（是否泄漏、磨损）。

案例 142　一台注塑机成型产品不稳定，总有飞边（见图 7-15）

说明：调整工艺没有效果，观察到熔胶时螺杆旋转退回的位置每次都不一样，这个位置不是指预塑设定停止的位置，而是指螺杆退回时实际停止的位置。初步判断是否是螺杆自身原因。

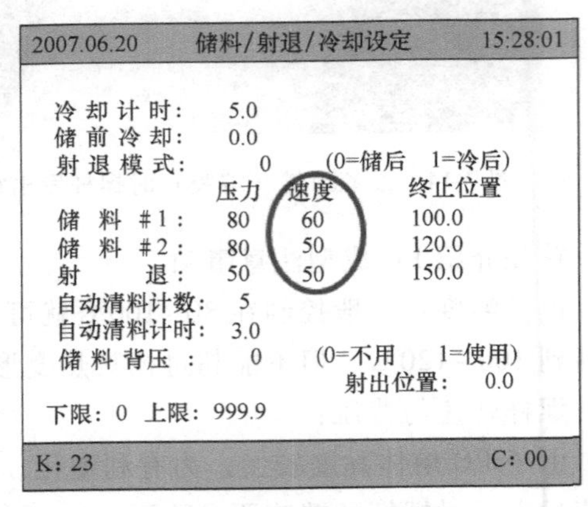

图 7-15　一台注塑机成型产品不稳定，总有飞边

1）首先在调机时先调好熔胶终止位置。确保熔胶位置不会偏差的方法是：熔胶（界面设定一般都有 3 级速度可以调整，很多人不会使用）速度调慢点。为了防止流延，在熔胶终止时一般都需要倒索（螺杆后退）一点位置，但是倒索速度不要太快。熔胶终止的位置如果是触点式的，控制相对不会很稳定，最好换成感应接近开关。电子尺的故障问题也会产生。

2）再有可能是螺杆的过胶圈破了或磨损了。如果是过胶圈的问题，在生产中是很易发现的，经常有缺胶现象，调好后又不会稳定（如飞边、缺胶、缩水等现象）。如果是这样只有换过胶圈了。

3）请检查背压，不稳定也会造成熔胶终止产生漂移。

4）产品飞边的出现与模具锁模压力大小及机构好坏、模具匹配、工艺条件设置有关。请检查。

案例143 塑化结束位置已经到了塑化开关，塑化动作还不停（见图7-16）

1）打开计算机屏的I/O输入输出界面，观察确认塑化结束位置行程开关的输入是否正常（如果是电子尺，看看设定的位置与实际位置是否一致）。检查输入条件的行程开关及线路是否接通（可以直接在计算机的输入端短接测试）。

2）如果输入停止信号正常，在有输出信号（主板输出点灯亮）的情况下，说明输出计算机板坏。

3）如果输出停止信号及测量正常，检查塑化阀件是否卡住。拆下、清洗修理或更换。

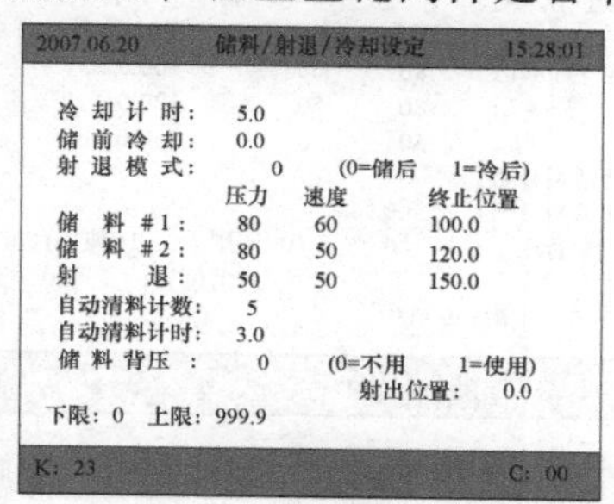

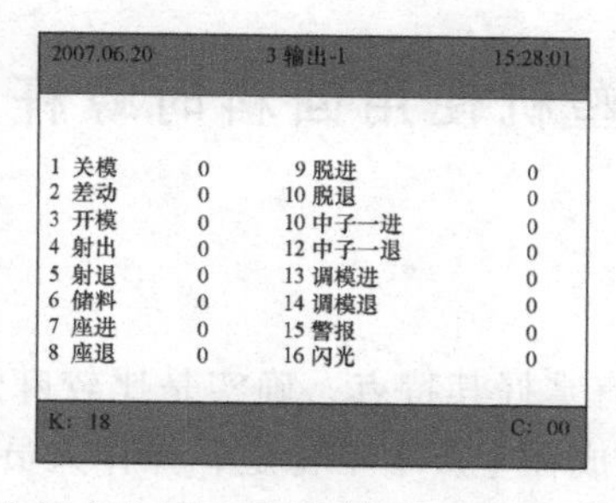

图7-16 塑化结束位置已经到了塑化开关，塑化动作还不停

案例144 已经使用了四五年的注塑机，熔胶很慢（见图7-17）

说明：160g ABS料熔胶需要3s，初步推测是螺杆的问题。

1）熔胶的时候使用背压太高，注嘴处熔融材料不断冒出，造成熔胶很慢。

2）设定的熔胶压力速度比较低，造成螺杆转速慢、输送慢。引起熔胶很慢。

3）螺杆、过胶头与机筒之间（长时间使用玻璃纤维等材料）磨损后，配合间隙变大，会导致熔胶很慢，应该更换螺杆机筒。

4）熔胶马达内泄漏（压力速度下降）也可导致这种故障。判断方法：①把螺杆与后部连接卸掉，然后开机，若转速正常，则是螺杆故障；②若转速还是很慢，则把熔胶马达卸掉；若转速正常，则连接轴承故障，否则为熔胶马达故障或油路故障。

5）设定（或实际）的机筒上的电热太低，螺杆转不动，引起熔胶很慢。

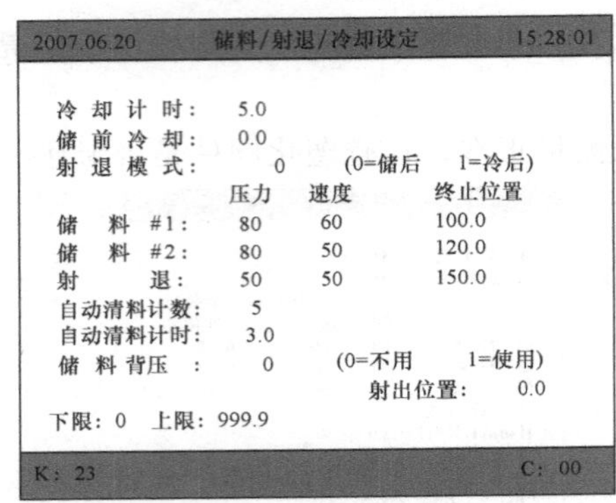

图 7-17 已经使用了四五年的注塑机，熔胶很慢

案例 145 一台 80t 注塑机使用回料时螺杆空转且不下料（见图 7-18）

说明：材料为尼龙 6。

1）生产尼龙料产品如果没有掌握其特点，确实是比较麻烦的。尤其是温度的设定，太高就会在注嘴处不停地流胶，造成在生产中不稳定，操作人员需要使用铜尖棒不断清除模具浇口处的冷水口料。一直到模具达到一个可以使用的温度，铜尖棒才开始渐渐脱离清除工作。如果温度设定太低，就会产生这一模好，下一模注嘴内的塑料没有熔融而导致射不出的情况。操作工只能把射台退回，用手动注射再对空射一下（有时还不行）然后再继续生产，就这样重复。

2）螺杆断裂造成螺杆空转不下料（材料可能碳化或包料。清理及换新的螺杆）。

3）料斗架“桥”造成。把“桥”弄塌，寻找原因解决。

4）粉碎料体积过大造成。将原料重新破碎，改变料管进料口的设计（内壁拉槽，做偏心铣斜度），加深螺杆螺槽的深度等。

5）进料段温度偏高，破碎料过大，背压设置过大，机筒进料段设置不合理，螺杆机筒间隙过小。重设进料段温度，保证运水圈畅通运行，并设置合理的参数。

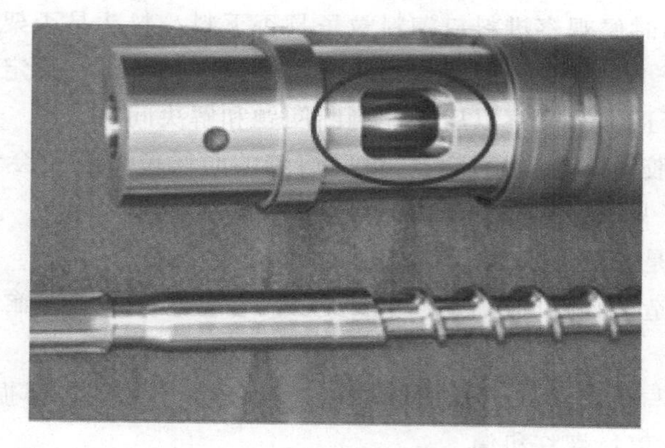

图 7-18 一台 80t 注塑机使用回料时螺杆空转且不下料

案例 146 机器在半自动的时候，熔胶时间逐渐加长，从 1s 到 19s（见图 7-19）

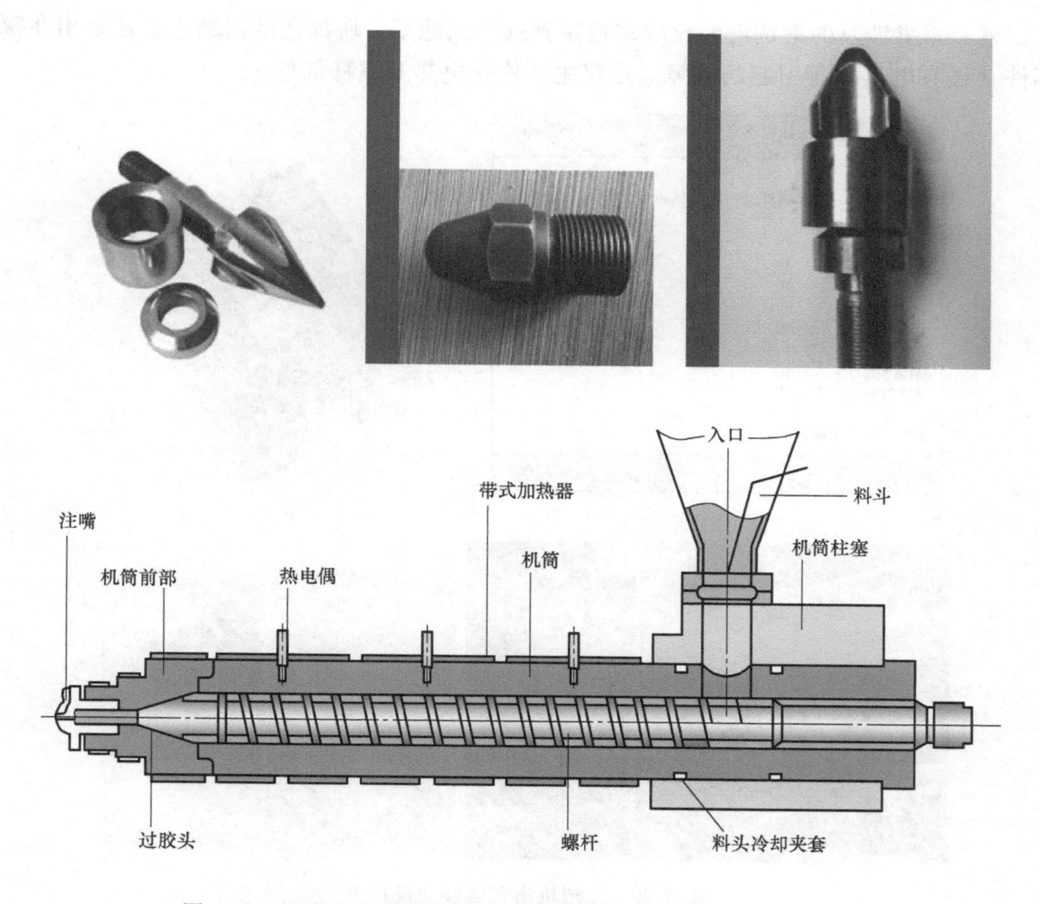

图 7-19 机器在半自动的时候，熔胶时间逐渐加长，从 1s 到 19s

首先需要在熔胶的时候观察进料口塑料粒子是否下料，料斗是否架桥，进料口螺杆是否损坏有缺口，注嘴是否出料。螺杆的转速快吗？机筒温度正常吗？设定的熔胶压力速度合理吗？液压马达工作是否正常？观察以后才能判断问题和解决问题。

1）按照描述，熔胶时间会慢慢加长，说明熔胶的时候位置还是会慢慢移动增大的，注嘴处还是有料到达的（只不过建立的压力是缓缓的）。

2）有没有使用的是粉料，造成下料困难。

3）螺槽有包料，造成输送间隙（空间）变小，导致输送困难，输送量减少，熔胶后退慢时间加长。

4）螺杆、过胶头与机筒之间（长时间使用玻璃纤维等材料）磨损后，配合间隙变大，会导致熔胶很慢，应该更换螺杆机筒。

案例 147　注塑机出现熔胶变慢现象（见图 7-20）

说明：经检查 PQ 阀、熔胶阀、节流阀都正常工作，并清洗过可故障没有消除。经仔细观察，熔胶阀刚装上时速度加快，可随时间加长，速度就变慢，背压加大。再拆熔胶阀，有气喷出。

回复：本书涉及的案例已经比较多地说到这个问题了，所描述的问题主要还是出在螺杆及部件（还有电热）等引起的故障。建议主要检查电热及螺杆部件。

2007.06.20　温度设定　15:28:01

摄氏	设定温度	加温状态	实际温度
* 段:			0
#2 段:	30		25
#3 段:	30	−	50
#4 段:	30		25
#5 段:	50	+	25
#6 段:	30	*	25
油 温:			
温控(%):	50		
周期时间:	10.0		

下限：0　上限：450

K:25　C: 00

图 7-20　注塑机出现熔胶变慢现象

案例148 储料（熔胶）时间太长，对螺杆、机筒、液压马达的影响（见图7-21）

1）由于长时间螺杆对塑料的剪切，造成颜色、物理特性等变化。造成模具（寿命）加工困难。成品质量（黏度下降）控制困难。增加不良件。

2）由于长时间螺杆对塑料的剪切，机筒的温度随之逐渐变化向上的趋势得不到有效控制。

3）由于长时间螺杆对塑料的剪切，加快塑化部件的磨损，缩短工作寿命。

4）生产周期变长，产量下降。

5）由于长时间的运作，能耗的增加就是生产成本的增加。

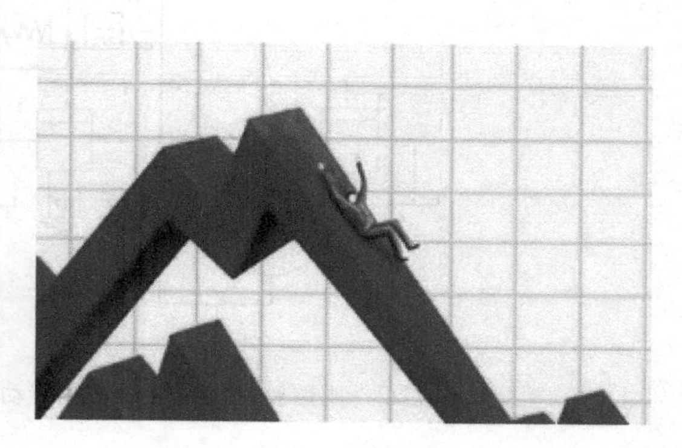

图7-21 储料（熔胶）时间太长，对螺杆、机筒、液压马达的影响

案例149 刚熔胶时出现液压马达转动正常，但旋转几圈后液压马达不工作

说明：海天110t机，做PC产品，料温正常，背压调到4MPa以上时，把背压调低后即可正常熔胶。

注塑机熔胶压力：俗称背压，指的是螺杆在后退时所背负的压力。在塑料熔融、塑化过程中，熔料不断移向机筒前端（计量室内）且越来越多，逐渐形成一个压力，推动螺杆向后退。为了阻止螺杆后退过快，确保熔料均匀压实，需要给螺杆提供一个反方向的压力，这个反方向阻止螺杆后退的压力称为背压。

背压的控制是通过调节注射液压缸的回油节流阀实现的。预塑化螺杆注塑机注射液压缸后部都设有背压阀，调节螺杆旋转后退时注射液压缸泄油的速度，使液压缸保持一定的压力。全电动机的螺杆后移速度（阻力）是由AC伺服阀控制的。熔胶速度：注塑机在射胶进螺杆推动时，螺杆的移动速度即塑胶进入螺杆的速度。注塑机背压的作用是调节熔胶马达快慢的。

以上说明了背压和背压的作用。由此可知，当设定的背压大于一个推动螺杆向后退的压力时（材料密度相当高），螺杆便停止转动（液压马达转力小于负载作用力）。

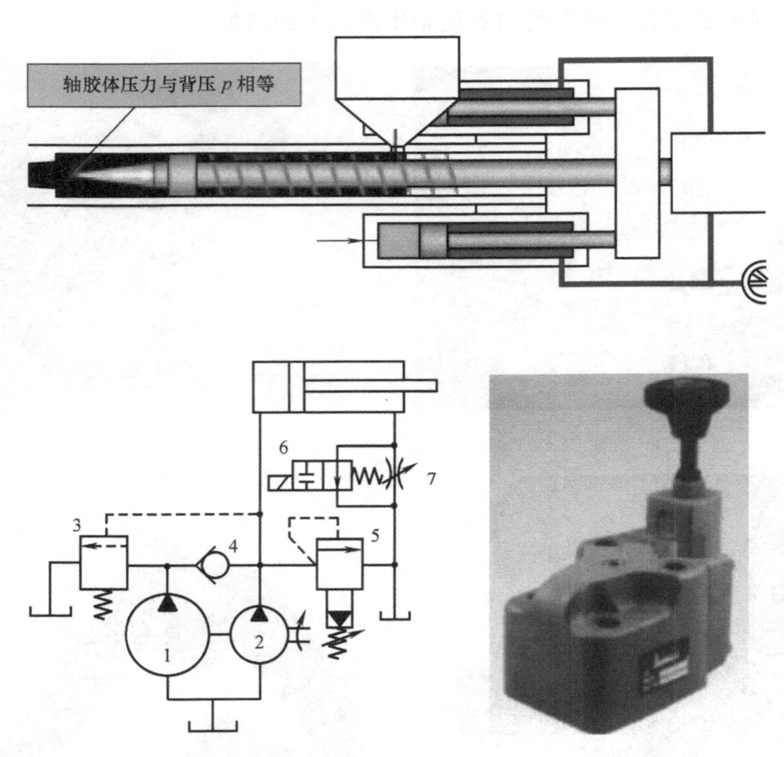

图7-22　刚熔胶时出现液压马达转动正常，但旋转几圈后液压马达不工作

案例150　机器生产时出现一模料多，下一模就少料（见图7-23）

说明：使用十年的海天1000t机器，检查背压正常，塑化部件是好的。把模具放到别的机器上生产正常。

1）过胶头有没有拆下来检查过。一般过胶圈出现磨蚀都会出现射胶不稳定，导致产品件不满胶。在模具内有产品的情况下，使用手动注射来判断检查螺杆性能。

2）使用时间注射，还是位置注射？有没有用到保压这一功能？余料位置有吗，有多少？

3）检查背压的稳定性是否达到要求。

4）观察压力流量比例输出是否呈线性（没有波动）。

2007.06.20 射出设定 15:28:01

	压力	速度	时间	终止位置
射出#1：	50	50		50.0
射出#2：	60	50		20.0
射出#3：	70	50		15.0
射出#4：	80	50	6.0	10.0
保压#1：	40	30	2.0	
保压#2：	40	30	0.0	
保压#3：	40	30	0.0	

射出位置：0.0

下限：0 上限：140

K: 23 C: 00

图 7-23 机器生产时出现一模料多，下一模就少料

案例 151 储料先慢后快，储料经常不满（见图 7-24）

说明：注塑机用的是再生料，但加点新料就工作正常。判断是否止逆环磨损，还有就是螺杆熔胶是否有“架桥”现象。

图 7-24 储料先慢后快，储料经常不满

从注射生产角度来讲，一般提倡尽量使用经过再次加工成型的再生回料粒子，这样便于下料（材料密度和运行周期比较稳定）。按照目前的情况分析存在下面几种情况：

1）由于使用的是再生（粉碎回料）料，材料比较轻（可能还混有粉尘）造成下料困难。

2）如果是旧机，那么特别容易产生螺杆包料现象，影响材料的输送。造成一会儿储料（有退）一会儿不储料（无退），机筒内的材料密度下降。

3）如果是止逆环磨损，还会产生下料口有“架桥”结块现象。

4）当然，机筒设定的温度（实际）符合正常工作状态。

5）使用合理的背压，使材料达到一定的密度。

案例 152　熔胶后，注射时，射不出料及透明产品开裂（见图 7-25）

1）既然已经熔胶，而且熔胶已经到位停止了，那首先说明机筒里面（前部）已经有料。注射时没有料出来的原因：

① 注嘴被异物堵塞，机筒内没有料，需要清理。

② 注嘴温度太低，造成注射时没有料出来。

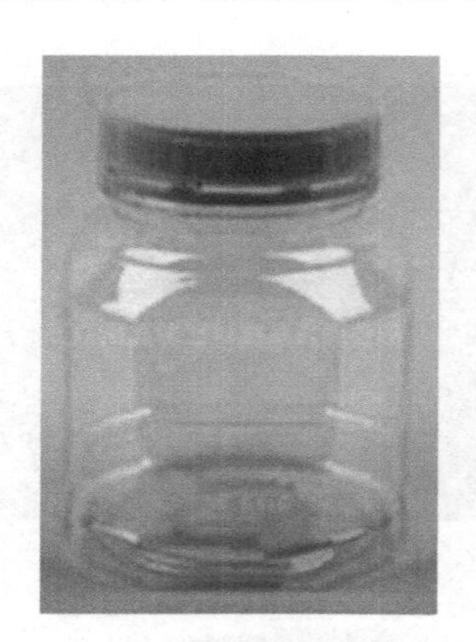

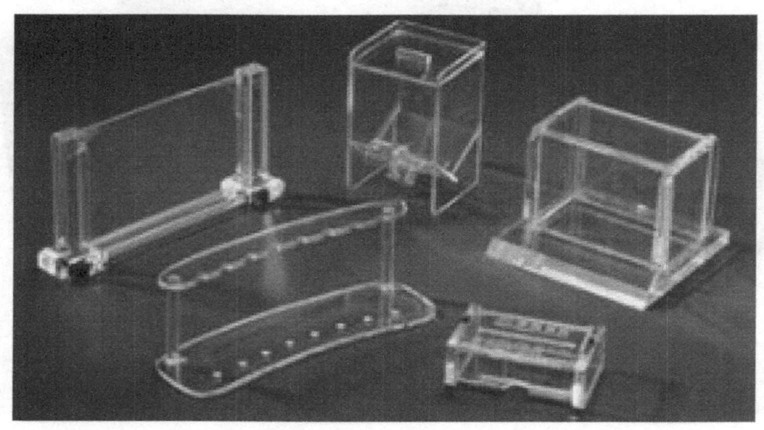

图 7-25　熔胶后，注射时，射不出料及透明产品开裂

③ 机退螺杆的过胶圈和机筒之间隙太大了，导致在射胶时原料回流。

④ 由于背压调节过小，会造成熔胶（后退速度太快）时间短，机筒内材料密度非常低。

2）透明产品开裂的原因。首先从设备加工及工艺上分析一下原因：

① 加工压力过大、速度过快、充料越多、注射、保压时间过长，都会造成内应力过大而开裂。

② 调节开模速度与压力，防止快速强拉制件造成脱模开裂。

③ 适当调高模具温度，使制件易于脱模。适当调低料温防止分解。

④ 适当使用脱模剂喷射量。注意经常消除模面附着的气雾等物质。

⑤ 制件残余应力。可通过在成型后立即进行退火来消除内应力而减少裂纹的产生。

⑥ 再生料含量太高，造成制件强度过低。

案例153　半自动和全自动时，开模会出现熔胶的动作（见图7-26）

说明：注塑机在正常生产的情况下，手动不会有这样的情况。

1）在注塑机半自动和全自动生产时，是不会出现熔胶的动作的。所以，在出现熔胶动作时，请观察机器输出界面的输出状态（是否有信号）。

① 如果有输出信号，那么肯定计算机（输出板）出现问题，需要修理或更换。

② 如果没有输出信号（但实际却是）而确实有熔胶动作，那么熔胶电磁阀阀芯卡住或内部弹簧松动，需要拆下清洗、修理或更换。

2）如果由于背压或电热设置太高，在设备动作进行到冷却时间到达（熔胶位置停）接通开模动作开始进行时，会出现螺杆缓缓向前移动脱离了熔胶停位置。此时，计算机便有熔胶信号输出，强行预塑转动。

3）检查由于电子尺问题引起的熔胶信号输出。

2007.06.20　　3 输出-1　　15:28:01

1 关模	0	9 脱进	0
2 差动	0	10 脱退	0
3 开模	0	11 中子一进	0
4 射出	0	12 中子一退	0
5 射退	0	13 调模进	0
6 储料	0	14 调模退	0
7 座进	0	15 警报	0
8 座退	0	16 闪光	0

K：18　　C：00

图7-26　半自动和全自动时，开模会出现熔胶的动作

电子尺为线性可变电阻，通过电阻的变化、改变电压的变化。变化值通过模数转换（A/D），使CPU能够读取信号，控制射出、开关模、顶针的位置。电子尺信号连接线如图7-27所示。

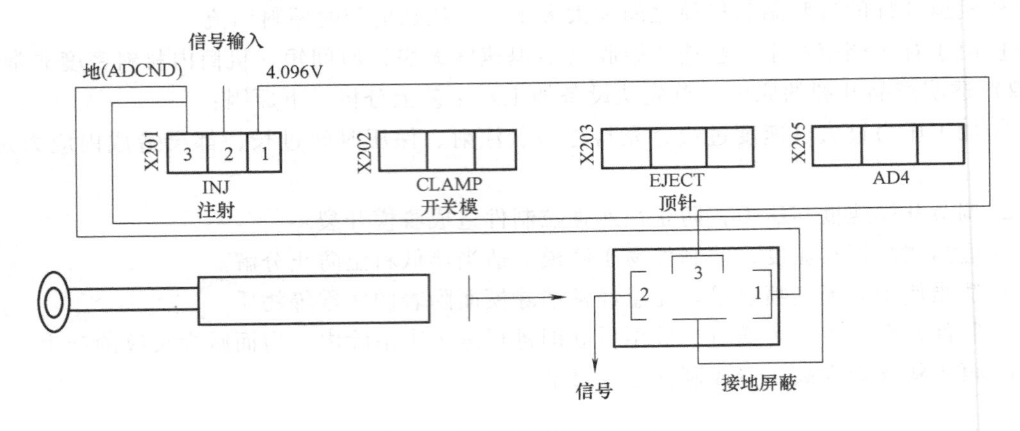

图 7-27 电子尺信号连接线

案例 154 530t 的注塑机，生产过程中经常出现储料周期较长（见图 7-28）

说明：使用 AS 原材料生产；此时，对螺杆进行检查，发现下料口处的螺杆上已包有熔料。

图 7-28 530t 的注塑机，生产过程中经常出现储料周期较长

1）由于使用的塑料原料块太大，造成在机筒进料口处下不去。

2）使用的材料中粉尘太多，进入螺杆后，容易包住。造成材料无法输送（可以使用浇口材料清洗一下，俗称过料筒）。

3）螺杆进料口螺槽坏，无法卷入材料（更换或修理）。

4）螺杆止逆环损坏，材料在进料口处堆积（更换）。

5）进料口（螺杆后段主要用来供料，作用温度需要低一些）机筒温度高。

6）机筒螺杆间隙大造成在进料口处堆积。

案例155 注塑机熔胶的时候声音很大，用料干净后声音消失（见图7-29）

说明：一段时间后出现同样情况。

1）先前已经有类似的事例，由于不清楚声音的具体位置，现在根据可能做出推测。

2）如果是螺杆和机筒之间摩擦发出的声音，说明在物料进入后受力的作用（熔胶马达的轴承损坏，引起螺杆径向晃动）造成响声。

3）过胶头、止逆环、推力环的损坏（或卡住）造成摩擦声音。

4）在熔胶动作时，测量螺杆的径向圆跳动参数（测量螺杆变形情况），考虑是否采取打磨修理或更换螺杆和机筒（临时可以在螺杆尾部位置涂抹一点油脂上去，试试是否可以减小声音）。

5）把螺杆和液压马达分离，开熔胶动作（确定到底是螺杆和机筒问题还是液压马达问题）。

6）检查电动机和液压泵之间的联轴器是否损坏而发出声音。

图7-29 注塑机熔胶的时候声音很大，用料干净后声音消失

案例156 机器在熔胶时，电热圈未通电，二、三温区温度同样会缓慢升高，且熔胶速度很慢（见图7-30）

1）我们知道，注塑机的熔胶机筒上面，安装了将近设备功率的1/3~1/2的电热圈。在机器起动阶段一直到加热设定的温度值到达阶段，都是由电热圈提供的热源来给塑料加温到

熔融状态的。在机器开始生产，由于螺杆的不断旋转工作所产生的剪切热同时也在给塑料加热（再加上，设备上设定的温度表的控制值的公差），如果工艺设定的生产周期非常快的情况下，电热圈几乎就很少参加加热工作。

2）二、三温区温度同样会缓慢升高的原因。

① 机筒温度一般分为4段，电热圈加温时所产生的温度是在360°扩散传递的，那么二、三温区上的电热圈和一、四温区上的电热圈传递温度的区别在于二、三温区左右是一、四温区。而一、四温区左右的是定模板和射座台。一个是发热体，另一个是受热体。因此，二、三温区在受到一、四温区的影响下，就会造成不加热反而温度容易升高的情况。

② 如果相对使用的背压比较高，导致螺杆的剪切更加厉害，产生的剪切热就高。

③ 温度设定不合理（或某几个电热圈已经损坏）就会造成塑化不均匀，造成螺杆的剪切热。

④ 若螺杆压缩比过大引起温度升高，则需要更换螺杆机筒才能得到解决。

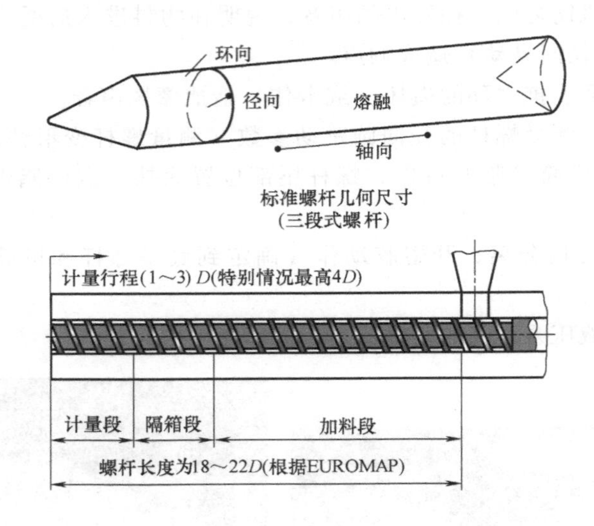

图 7-30　机器在熔胶时，电热圈未通电，二、三温区温度同样会缓慢升高，且熔胶速度很慢

案例 157　某台 200t 的小型机器，熔胶时间相对于其他同型号的机器长（见图 7-31）

说明：较快的机器只要 5s，而它却用了 8s，螺杆的转动速度正常，熔胶筒的温度也无异常，压力正常，下料口正常，使用的原料相同，考虑为螺杆的问题。选用相同的原料及模具，干燥正常，没有加背压，螺杆的转速正常，只是位置移动较慢，所以才会考虑螺杆。但由于尚未拆卸查看，故无法确定螺杆与机筒之间是否发生磨损，熔料产生漏流，导致熔胶时间变长。

1）熔胶后退快慢主要涉及液压马达的转速、螺杆的（压缩比=进料牙深/计量牙深。H_1/H_3，长径比 L/D 的大小）输送速度、适当合理的熔融温度、背压设定（材料密度的大小）的大小等因素。

2）按照描述，基本可以确定问题出在机筒螺杆和背压设定两方面。机筒螺杆上导致的问题上面已经剖析。另外，背压压力设定太大（熔料已经产生漏流）造成材料的密度会随之上升，则容易造成漏胶。

3）所以，可以通过拆卸螺杆，观察判断问题所在。

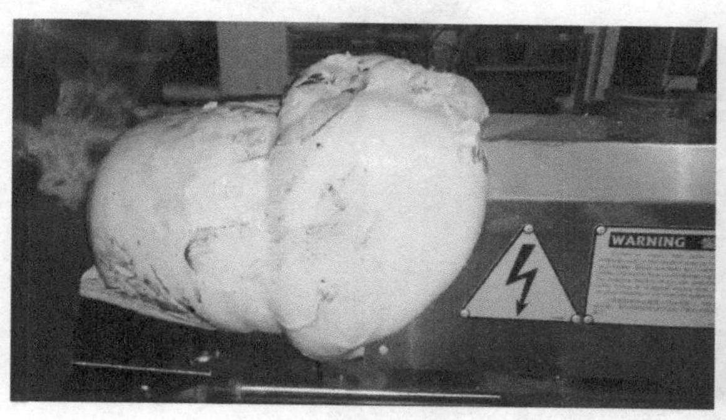

注射部分：

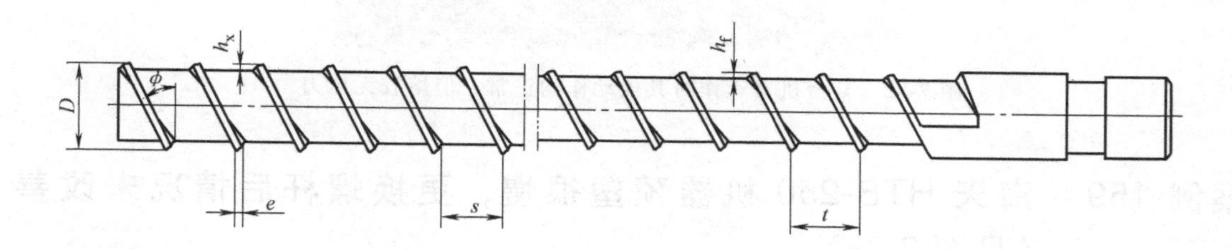

图 7-31　某台 200t 的小型机器，熔胶时间相对于其他同型号的机器长

案例 158　某台机器运作时其他动作均正常，但熔胶无压力（见图 7-32）

说明：熔胶马达没有损坏，电磁阀正常工作，电流流量表指针有偏动，但压力电流表指针不发生转动。

1）确定是所有动作压力比例电流表没有显示还是仅在开熔胶动作时无显示。

① 如果是所有动作压力比例电流表没有显示，那么检查一下输出板（测量）信号是否存在输出。检查线路是否断开，比例压力阀上的插座是否插好，比例压力阀的线圈是否开路、计算机输出板压力信号是否存在输出（需要更换输出点或修理更换）等。

② 如果仅在开熔胶动作时电流表无显示，那么检查工艺数据的压力设定是否由未设定参数所致。

2）熔胶马达内泄漏造成压力下降。分离出螺杆，单独开液压马达确定故障。

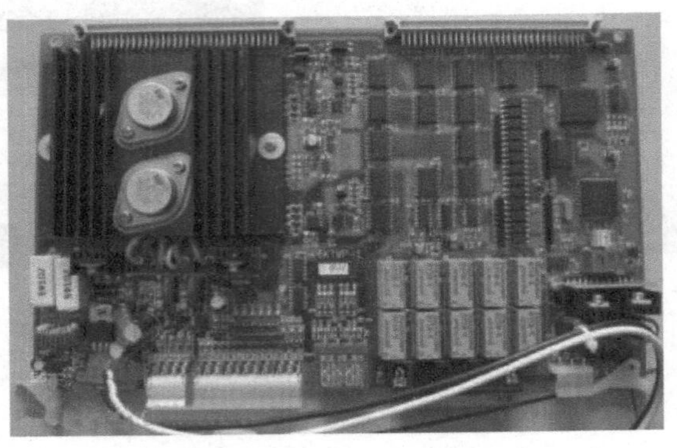

图 7-32　某台机器运作时其他动作均正常，但熔胶无压力

案例 159　海天 HTB-250 机器预塑很慢，更换螺杆后情况未改善（见图 7-33）

2007.06.20	储料/射退/冷却设定		15:28:01
冷却计时:	5.0		
储前冷却:	0.0		
射退模式:	0	(0=储后　1=冷后)	
	压力	速度	终止位置
储料 #1:	80	60	100.0
储料 #2:	80	50	120.0
射　　退:	50	50	150.0
自动清料计数:	5		
自动清料计时:	3.0		
储料背压:	0	(0=不用　1=使用)	
		射出位置:	0.0
下限: 0　上限: 999.9			
K: 23			C: 00

图 7-33　海天 HTB-250 机器预塑很慢，更换螺杆后情况未改善

图 7-33 海天 HTB-250 机器预塑很慢，更换螺杆后情况未改善（续）

1）熔胶马达是否存在问题？熔胶马达内泄漏造成压力下降。分离出螺杆单独开液压马达确定故障，如果熔胶马达空转较慢，说明液压马达需要拆开修理或更换。

2）检查熔胶流量压力设定的参数是否太小。

3）机筒电热圈及加热圈是否被烧坏而影响熔胶速度。

4）检查背压设置是否太大，造成熔胶速度变慢。

5）入料不够（使用粉碎材料不容易下料）。或是入料口温度过高。

案例 160 机器运作时螺杆转动，但无法回退、储料

说明：降低进料段温度，螺杆仍然无法回退、储料。只有使螺杆回退一段距离后再进行储料，才会有所好转。即使将背压阀全部打开仍然无法解决问题。

1）螺杆回退一段（即开松退动作）再进行储料有时才会有所好转。说明螺杆进料口存在问题。

① 螺槽损坏（或由于操作工在不下料时，使用比较坚硬的利器清理造成螺杆螺棱损坏）造成材料不容易输送。

② 螺杆上包料引起材料不容易输送。

③ 机筒螺杆（止逆环、过胶圈、过胶头）磨损造成间隙增大。

2）使用粉碎材料不容易进入造成。

案例 161 某产品生产时需要较高的背压，但加料也没有背压（见图 7-34）

说明：更换此设备的背压阀，并将背压旋进调到底也无法改善。

1）先观察一下，确定这台机器背压是手调式还是比例设定式。如果为手调式，请拆下螺杆前面的前机筒（法兰）检查止逆环是否卡住（坏了）。

2）如果是比例背压，观察是否设置了背压相关数据（压力、流量、速度等）及计算机输出界面有无背压输出信号（或关闭）。

3）检查注射阀对面的螺杆抽回阀（三位四通）是不是有点卡，复位不好，造成在预塑时存在一个拉动现象。此时的压力抵消了背压。

4）当储料速度慢，射胶液压缸存在内泄漏时，则不存在背压。

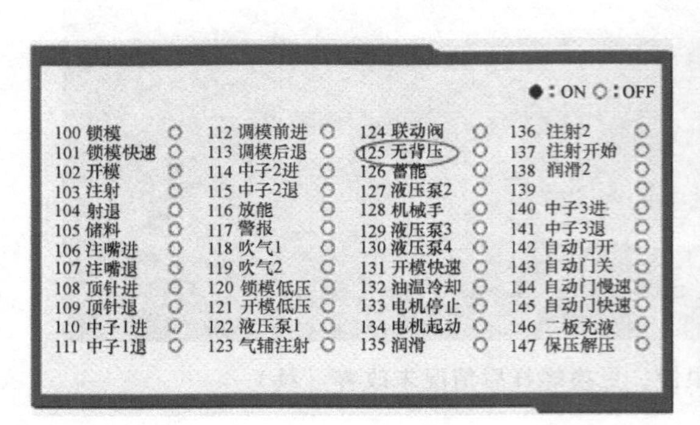

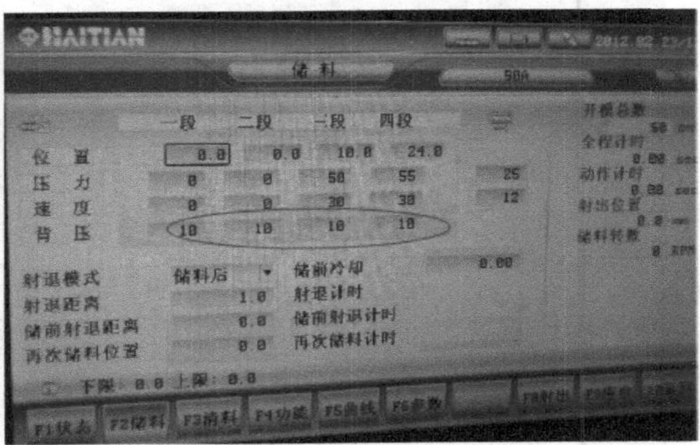

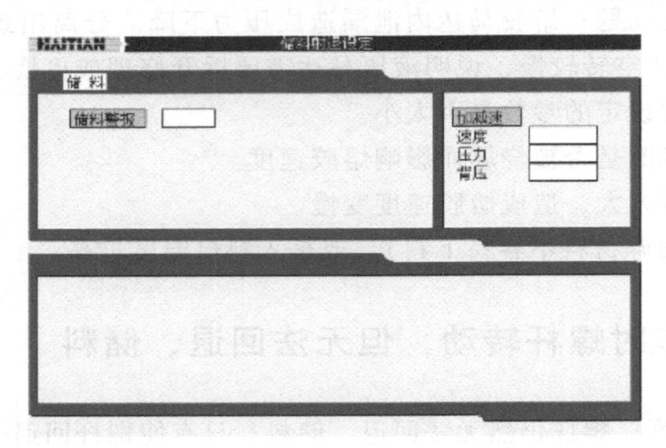

图 7-34　某产品生产时需要较高的背压，但加料也没有背压

案例 162　注塑机预塑过程逐渐变慢（见图 7-35）

具体情况：某台注塑机预塑越来越慢，原本产品只需要四十几秒的预塑，如今却要六十多秒。未调整背压，仅在控制电路板上进行调整，情况有所好转但半年后又重复出现。

1）根据“调整控制电路板”情况有所好转，判断是调整（调大）了比例压力及流量的输出电流值，所以等于调高了预塑压力和速度。

2）现在机器预塑速度再次降低，说明系统压力流量下来了。若其他的动作压力也下来了，则判断无误。

3）根据 1)，当时经过调整电流，提高预塑压力和速度就解决了问题，说明预塑液压马达已经开始出现问题（内泄漏），但为何如今再进行调节无效？说明液压马达的泄漏比以前大大增加了，同时系统的液压泵压力也下降了（可通过单独测试系统液压泵压力值进行验证）。建议可能的情况下修理更换液压马达及液压泵。

4）请检查螺杆和机筒磨损程度，间隙是否加大，这些情况也可能导致预塑变慢。

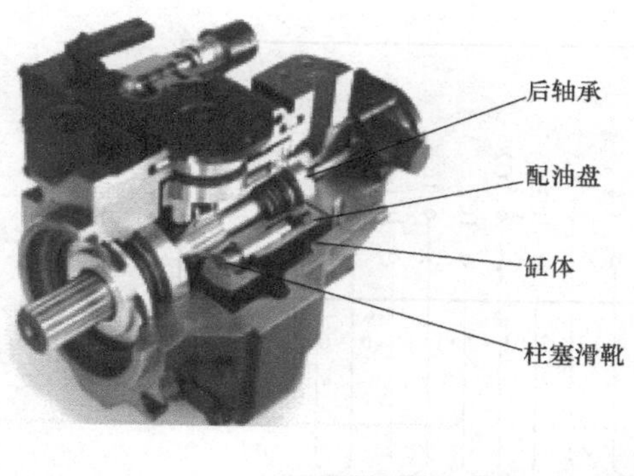

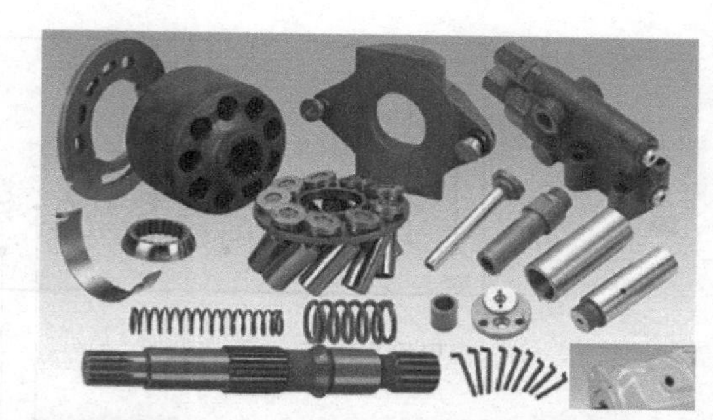

图 7-35　注塑机预塑过程逐渐变慢

案例 163　立式注塑机工作时，最后一段温度就会下降，不工作则一切正常（见图 7-36）

图 7-36　立式注塑机工作时，最后一段温度就会下降，不工作则一切正常

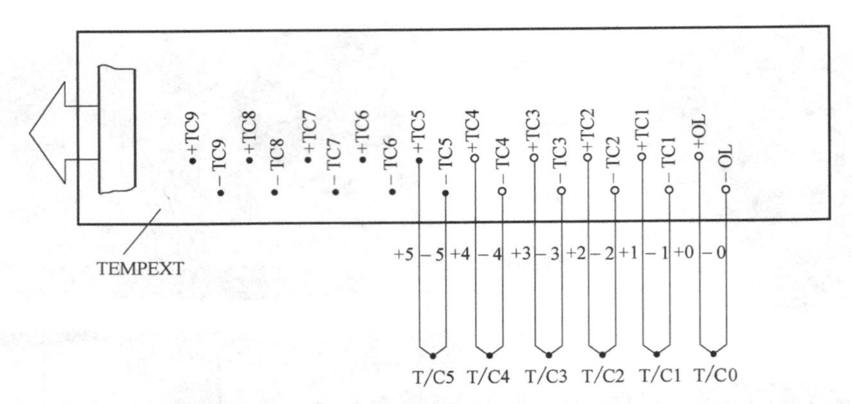

图 7-36　立式注塑机工作时，最后一段温度就会下降，不工作则一切正常（续）

说明：开机时温度正常，正常使用 20min 后，最后一段温度比设定温度要低 30～40℃。生产多久都是这样，即使用任何材料都存在这个问题。

笔者认为是最后一段电热出现了问题，主要分析可能存在：

1）电热圈可能更换过，功率没有达到原来说明书规定的功率要求。

2）电热圈存在松动（夹紧螺钉松动），电热传递热量减弱。

3）热电偶出现问题（或更换过不同分度号的热电偶，或屏蔽信号出现干扰问题）。在温度输入端使用短路方法测量温度板的好坏。

4）电热圈的电压低于 220V。

5）最后一组的交流接触器上的输出电压低于 220V。

6）最后一、二组的电热圈损坏不加温。

案例 164　两台 200t 型注塑机，做相同产品时，储料的熔胶量却不一样（见图 7-37）

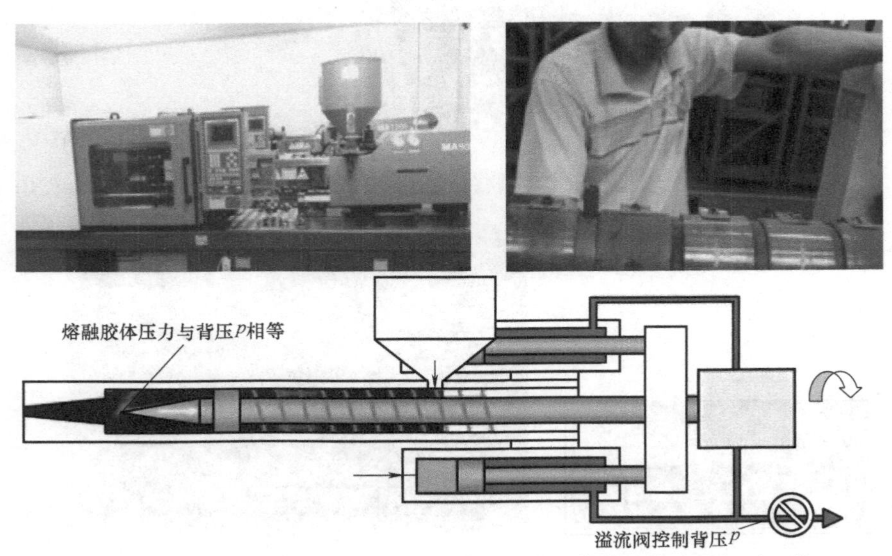

图 7-37　两台 200t 型注塑机，做相同产品时，储料的熔胶量却不一样

说明：相差很远，多达50mm。

1）判断两台设备设定的熔胶量位置、背压、停止位置、工作使用期、选用材料等要素是否相同，两台设备螺杆大小型号是否相同，两台设备工作使用的熔胶温度是否相同。

2）储料的熔胶量与设定的背压（产品密度）有关系。

3）储料的熔胶量与材料的品质（新料、粉碎料）有关系。

4）储料的熔胶量与熔胶温度（熔融）有关系。

5）储料的熔胶量与机筒螺杆大小（包括小三件套）型号及参数设计有关系。

6）储料的熔胶量与螺杆转速设定有关系。

案例165　175t注塑机在生产中停机一会之后，有时不回料（储料不退）不射胶（见图7-38）

说明：清洗流量阀存在问题，有DC24V。

1）有些材料（由于它的特殊性和腐蚀性），在工作中由于相关原因需要暂时停止生产。还有停止生产时，需要及时射空螺杆里面的残余料（否则时间长了材料会分解），用以保护螺杆的质量和使用寿命。下面是一些容易腐蚀螺杆（或分解）的材料，应注意及时清理：①PVC；②PA；③PBT；④PC；⑤ABS/PC；⑥POM；⑦CA。

2）电热（设置或实际）的高低变化也会影响熔胶。

3）检查设备的比例压力速度的稳定性。

4）检查机筒螺杆（三件套）的损坏情况（修理或更换）。

5）检查是否速度设置太快（导致熔胶太快），致使来不及材料熔融。

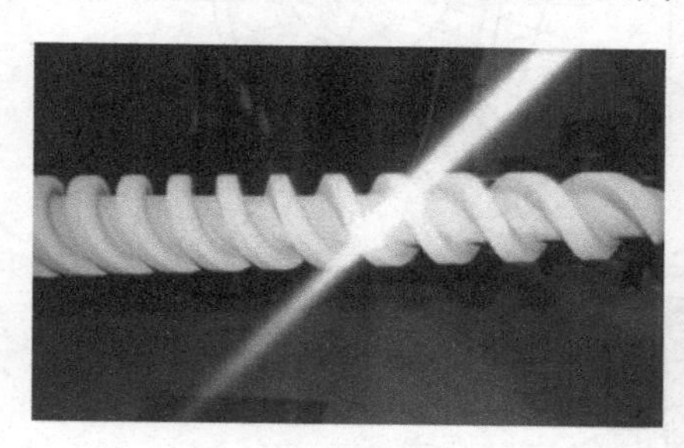
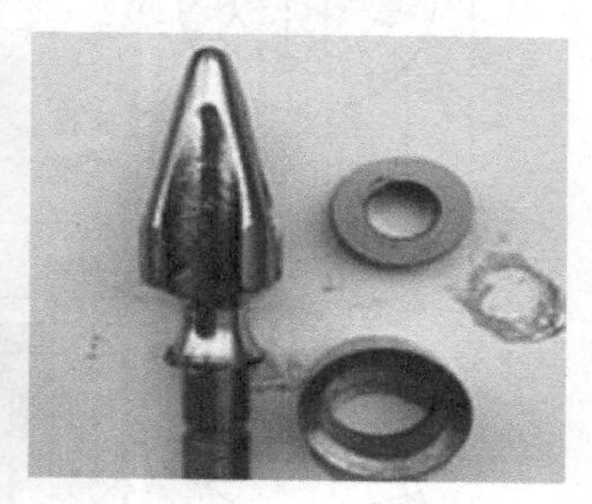

图7-38　175t注塑机在生产中停机一会之后，有时不回料（储料不退）不射胶

案例166　熔胶液压马达反转（见图7-39）

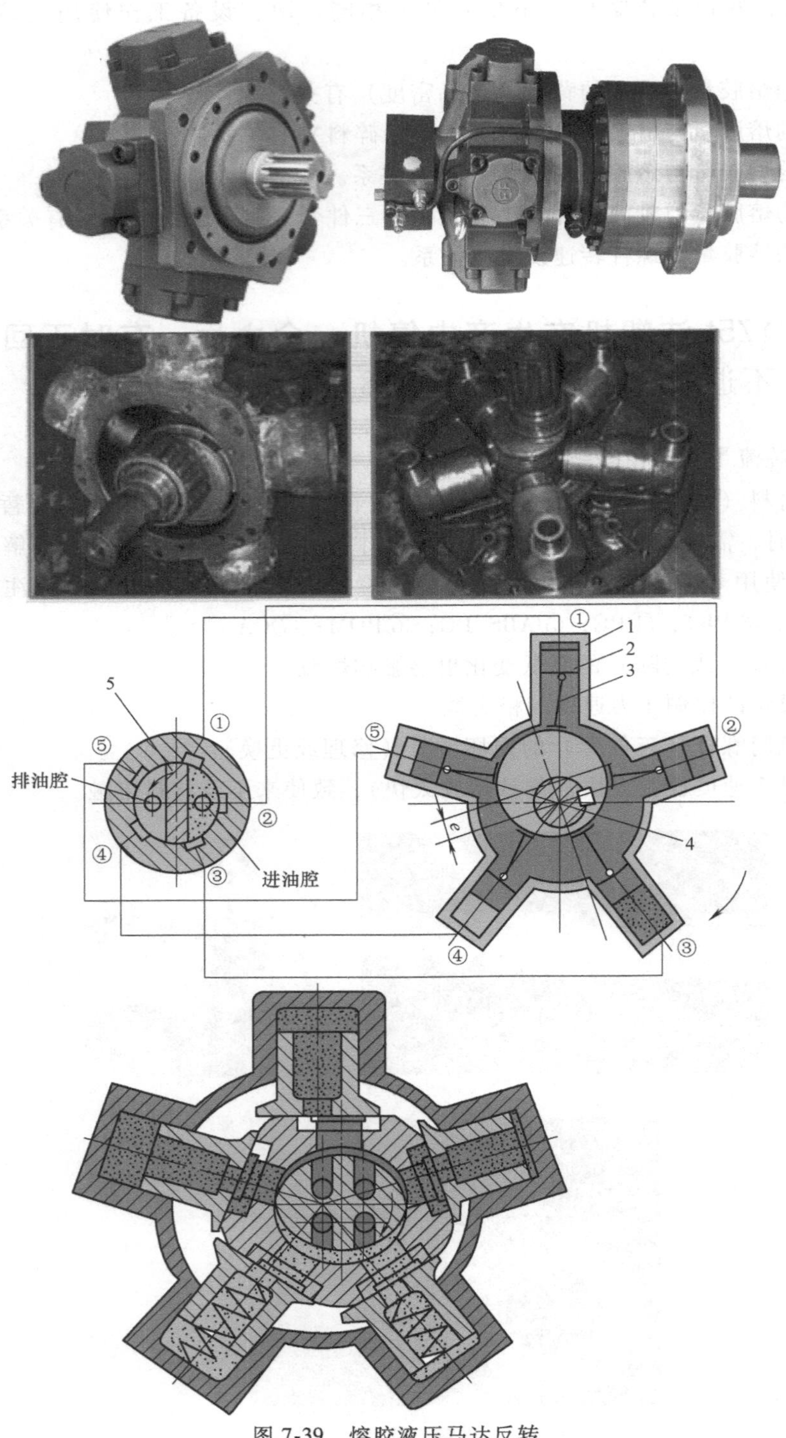

图7-39　熔胶液压马达反转

1—壳体　2—活塞组件　3—连杆　4—曲肘　5—配流轴

液压马达是将液压能转换为机械能的一个装置。它可以实现连续的旋转运动。其结构与液压泵相似，并且也是靠密封容积的变化进行工作的。液压马达由壳体、活塞组件、连杆、曲肘、配流轴等零部件组成。

壳体内沿圆周呈放射状均匀布置了五个缸体，形成星形壳体。壳体内装有活塞，活塞与连杆通过球铰连接，连杆大端做成鞍形圆柱瓦面，紧贴在曲肘的偏心圆上。据曲柄连杆机构运动原理，受压作用的柱塞就通过连杆对偏心圆中心作用一个力推动曲肘绕旋转中心转动，对外输出转速和转矩，其余的活塞缸则与排油窗口接通。如果进、排油口对换，液压马达也就反转。随着驱动轴、配流轴转动，配油状态交替变化。在曲肘旋转过程中，位于高压侧的液压缸容积逐渐增大，而位于低压侧的液压缸容积逐渐缩小。因此，在工作时高压油不断进入液压马达，然后由低压腔不断排出。

总之，由于配流轴过渡密封间隔的方位与曲肘的偏心方向一致，并且同时旋转。所以，配流轴颈的进油窗口始终对着偏心线一边的两只或三只液压缸，吸油窗口对着偏心线另一边的其余液压缸。总的输出转矩是叠加所有柱塞对曲肘中心所产生的转矩。该转矩使得旋转运动得以持续下去。

综上所述，造成液压马达（螺杆）反转有以下几种可能：

1）进、排油口对换液压马达也就反转（检查储料阀是否存在问题）。

2）液压马达上柱塞磨损密封件损坏内泄漏造成。

3）检查螺杆的止回环。止回环磨损及损坏造成物料回流，导致螺杆反转。

案例 167　机器熔胶中心轴断（见图 7-40）

1）熔胶中心轴断有几种原因。

① 传动轴的材质不好。

② 传动轴的同心度不好。

③ 原料温度设置（或实际）过低并长时间（使用高压力旋转）工作。

④ 机筒螺杆掉进异物卡住造成。

⑤ 螺杆柄部和螺杆不同心。

图 7-40　机器熔胶中心轴断

⑥ 整个螺杆变形。

⑦ 机筒螺母紧固松掉，导致机筒往下沉和螺杆有很大的摩擦。

2）注射时要将液压缸的力传到过胶头上，则要通过联轴器。联轴器通过台阶来帮助传导，若这个台阶设计角度不好，则会从这里断掉。

案例 168　设置储料前冷却，在储料前射座会后退一段距离，储料时又会前进（见图 7-41）

首先介绍一下正常的设置储料前冷却、储料后冷却模式：

射台功能选择介绍：

① 不使用射台（就是在半自动和全自动运行时均不参加工作）。

② 储料后射台（就是注塑机在半自动和全自动运行时的储料动作结束后进行）退动作。

③ 开模前射台（就是注塑机在半自动和全自动运行到冷却时间结束后）退动作。

④ 射出后射台（就是注塑机在半自动和全自动运行到射出后）退动作。

储料前冷却功能介绍：

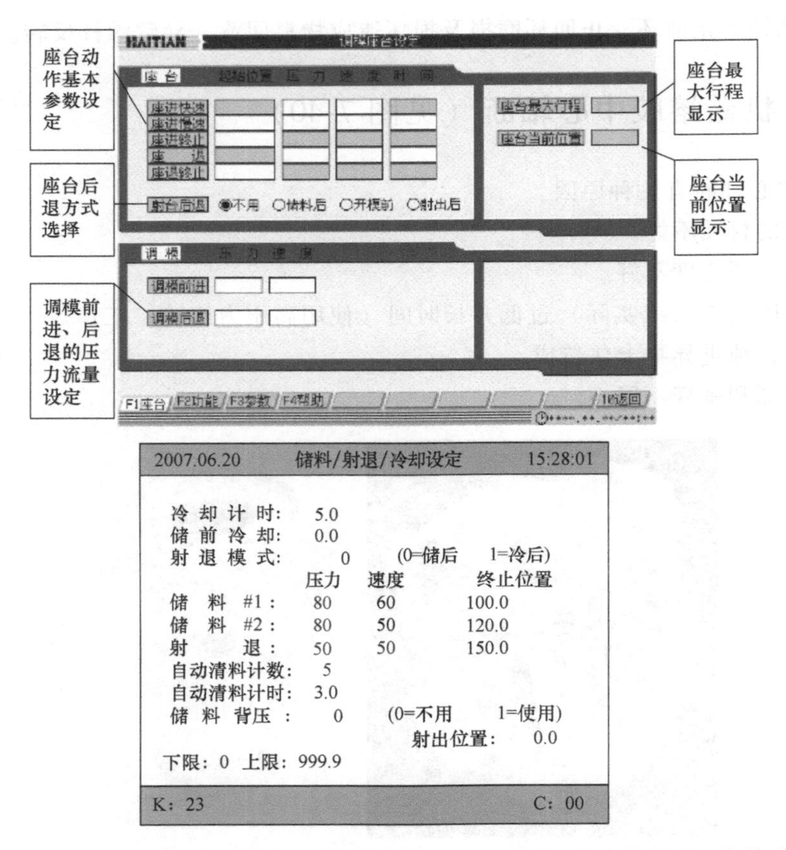

图 7-41　设置储料前冷却，在储料前射座会后退一段距离，储料时又会前进

使用储料前冷却功能，就是注塑机在半自动和全自动运行到锁模结束后（不是进行注射动作），先进行螺杆储料动作，再进行注射动作。

如果同时设置了储料前冷却功能和射出后射台退后功能，那么注塑机的运行就会和描述的一样。具体动作：合模结束→螺杆储料动作（同步冷却计时）→射台前进→注射→射台退后→冷却计时到→开模→开模停止（再进行下一个循环）。

所以，此问题不是设备故障，而是设备设置的问题。请熟练掌握设备工艺设置！

案例 169　450t 注塑机储料时螺杆会转，但不会往后移动，生产无法进行（见图 7-42）

说明：注塑机工作七年，检查背压阀，清洗电磁阀，但没有效果。

1）需要明确的是螺杆的转动方向和储料方向是否一致。

2）设置的温度参数（及实际参数）必须符合熔胶条件。

3）检查储料背压的设置（一般在 0.1Pa 左右）适当（注嘴口有料缓缓出来）是否符合。

4）下料口无异物、大块料、粉料卡住，检查并清除。

5）拆开螺杆检查：

① 螺杆螺槽是否包料。

② 料杆的螺棱是否损坏。

③ 过胶头、止逆环、推力环是否损坏。

④ 螺杆机筒间隙测量是否达到要求。

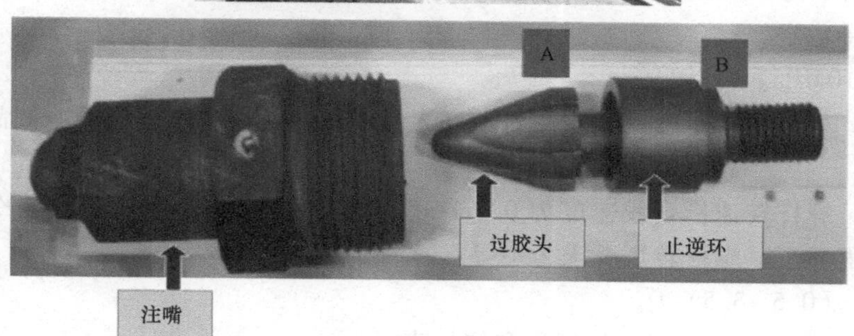

图 7-42　450t 注塑机储料时螺杆会转，但不会往后移动，生产无法进行

案例 170 在注射过程中，经常出现不下料情况（见图 7-43）

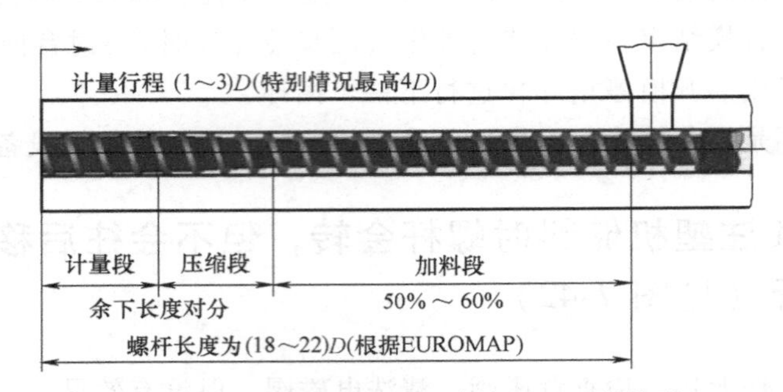

图 7-43 在注射过程中，经常出现不下料情况

说明：材料 POM，添加色油，标准螺杆。

POM 生产工艺设置要求：

机筒温度：

喂料区	40～50℃（50℃）	区 1	160～180℃（180℃）
区 2	180～205℃（190℃）	区 3	185～205℃（200℃）
区 4	195～215℃（205℃）	区 5	195～215℃（205℃）

括号内的温度建议作为基本设定值。行程利用率为 35% 和 65%。模件流长与壁厚之比为 50∶1～100∶1。

熔料温度：205～215℃。

机筒恒温：170℃。

模具温度：40～120℃。

注射压力：1000～1500N。对截面厚度为 3～4mm 的厚壁制品件，注射压力约 1000N。对薄壁制品件可升至 1500N。

保压压力取决于制品壁厚和模具温度。保压越长，零件收缩越小。保压应为 800～1000N，模内压力可获得 600～700N。需要精密成型的地方，保持注射压力和保压为相同水平是很有利的（没有压降）。相同的循环时间条件下，延长保压时间，成型重量不再增加，这意味着保压时间最优。通常保压时间为总循环时间的 30%。成型重量仅为标准重量的 95%，因为收缩率为 2.3%。成型重量达到 100% 时，收缩率为 1.85%。均衡的和低的收缩率使制品尺寸保持稳定。

背压：5～10MPa。

注射速度：中等注射速度。如果注射速度太慢，模具或熔料温度太低，制品表面往往会出现细孔。

螺杆转速：螺杆转速折合线速度为 0.7m/s。将螺杆转速设置为只要能在冷却时间结束前完成塑化过程即可。螺杆转矩要求为中等。

计量行程：(0.5～3.5) D。

残料量：2～6mm，取决于计量行程和螺杆直径。

预烘干：不需要。如果材料受潮，在 100℃ 温度下烘干约 4h。

回收率：一般成型可用100%的回料，精密成型最多可加20%的回料。

收缩率：约为2%（1.8%~3.0%）。24h后收缩停止。

浇口系统：壁厚平均的小制品可用点式浇口。浇口的横截面应为制品最厚截面50%~60%。逆着型腔内一些障碍（中子、隔层）注射为好。用热流道模具成型也是一种工艺法。

机器停工时段：生产结束前5~10min关闭加热系统，设背压为零，清空机筒；当温度超过一定限度或熔体受热时间过长，会引起分解。当更换其他树脂时，如PA或PC，用PE清洗机筒。

机筒设备：标准螺杆、止逆环、直通注嘴。

1）POM材料具有自润滑性。一般情况下POM材料做的零件（有运动配合关系）之间仍然需要加润滑油。塑料因为有内部结晶的晶体，导致表面粗糙度很低，从而表现出自润滑性，所以不必添加油类物质。

2）如果添加太多，油包在螺杆表面形成一层油膜，加POM新料呈圆珠状，材料打滑，螺杆进料口吃不进（可以适当在进料口的螺棱上加工一下切口角度）。

3）螺杆使用年限太长，磨损严重（螺杆与机筒间隙增大）。

4）控制进料口的温度（温度过高造成下料困难）进料区40~50℃。

5）停机时间长，没有及时清理，造成包螺杆情况。

案例171 某台申达480t注塑机不熔胶（见图7-44）

图7-44 某台申达480t注塑机不熔胶

说明：设定900N压力（熔胶液压马达不转），温度220℃，选用PE纯原料。熔胶阀没有卡住，清洗熔胶叠加阀后可以工作，但打完别的动作再打熔胶又会停止运作，而且各个阀都无法排气。

1）反映熔胶液压马达不转，经过拆下清洗以后开始旋转（熔胶）。动作以后再循环到需要储料时，熔胶液压马达又停止运转。分析熔胶阀存在问题，重新拆下检查阀芯、弹簧是否损坏（请修理或更换）。

2）现在使用的液压油可能已被污染（杂物油污比较多），已经不适于再使用。建议清洗过滤更换油箱和液压油。

3）在熔胶液压马达不工作的时候，拆进油管（或分离螺杆），开储料动作，判断是否问题出在阀件（螺杆）或液压马达上。

4）检查电热圈及测量温度（排除温度造成的不能旋转）。

案例 172　设备通电，起动电动机，同时储料马达也会转动，储料位置停止后电动机仍在转动（见图 7-45）

1）首先观察在电动机开启后，计算机是否有储料输出信号并进行测量确定。判断方法是：拔去储料阀上的 24V 插座，来判断到底是电造成的还是油路造成的。如果有电，计算机板出问题了。如果没有电，油路出问题了。

2）如果有储料输出信号的输出，请检查输出板，是否输出点短路引起。更换输出点或更换输出板。

3）如果没有储料输出信号的输出，请检查是否储料阀（插装阀可能有泄漏也会）卡住（阀芯不退位）造成，修理或更换电磁阀。第 3 种可能性比较大（重点检查）。因为储料马达一般情况下不进油是不会旋转的。

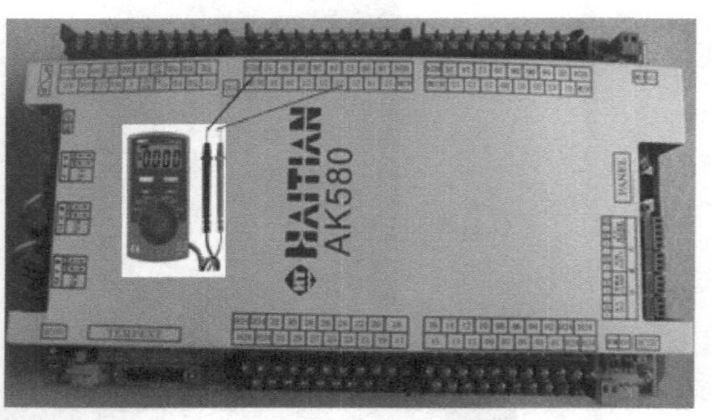

图 7-45　设备通电，起动电动机，同时储料马达也会转动，储料位置停止后电动机仍在转动

案例 173　熔胶总是堵在注嘴上，无法射入型腔（见图 7-46）

说明：清除堵住的胶后 ，3~4h 后又会堵住。机筒前后移动时，会突然发出很大异响。

确定目前生产的产品，是否使用 PA 或 PC 及含玻璃纤维的材料。在做射台前后（射台模式选择的一种）动作时发出来的声音和注射、储料动作是没有因果关系的。

1）射台移动如果能够发出声音，判断是：

① 射台前后的固定座的定位螺钉松动引起冲击声音。

② 设定的射台速度太快，在前后运行时对模具的浇口和射台液压缸产生冲击声音。

③ 射台液压缸活塞杆（变形、受损等）摩擦出的声音。

2）使用注射以后的座台退回模式也可以。如果采用人工操作，每一模周期时间存在不确定性，那么生产类似的一些材料（PA）的流动性比较好的情况下，很难控制流延（可以设定螺杆反吸动作，但是位置大小比较难掌握），这就容易造成注嘴射不出料（或流延）。所以，建议在注嘴上加装电热圈（恒温作用）或使用自锁式注嘴来进行生产。

3）控制好注射残余量（建议10mm左右）以利生产。机筒内材料留存时间太长，容易造成材料分解（结成块状）。

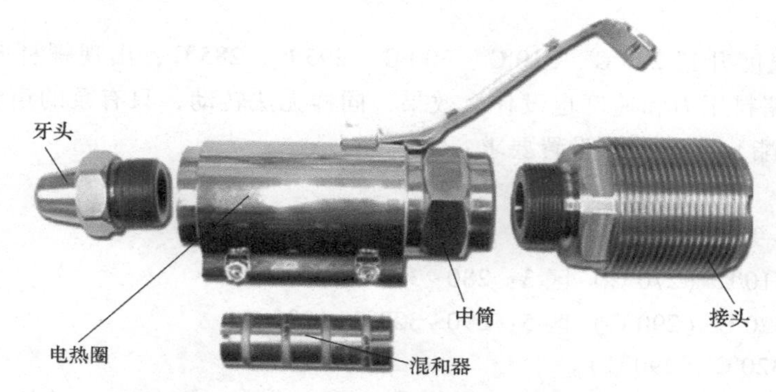

图7-46 熔胶总是堵在注嘴上，无法射入型腔

案例174 制作重量为118g的制品，熔胶位置是45mm，熔胶位置经常改变（见图7-47）

图7-47 制作重量为118g的制品，熔胶位置是45mm，熔胶位置经常改变

前面已经大量介绍了类似熔胶位置（停止）变化的问题，下面再汇总一下：

1）设备的背压出现问题，引起材料密度（流延）的波动。

2）螺杆及三件套的磨损。

3）解码器或电子尺固定松动（接近开关或光电开关的故障）等引起的位置变化。

4）注射（抽胶）储料阀泄漏造成的位置变化。

5）计算机信号迟滞引起的位置变化。

案例 175　在生产 PC 料产品时经常出现不熔料

具体表现：温度升到 285℃、310℃、300℃、295℃、285℃，出现螺杆转不动、无法储料的情况。改变储料压力和速度也没什么效果，同样无法转动，只有泵的声音。

PC（聚碳酸酯）生产工艺设置要求：

机筒温度：

喂料区：70~90℃（80℃）区 1：230~270℃（250℃）

区 2：260~310℃（270℃）区 3：280~310℃（290℃）

区 4：290~320℃（290℃）区 5：290~320℃（290℃）

注嘴：300~320℃（290℃）。

括号内的温度建议作为基本设定值，行程利用率为 35%和 65%，模件流长与壁厚之比为 50∶1~100∶1。

熔料温度：280~310℃。机筒恒温：220℃。模具温度：80~110℃。

注射压力：因为材料流动性差，需要很高的注射压力（1300~1800N）。

保压压力：注射压力的 40%~60%。保压越低，制品应力越低。

背压：100~150N。

注射速度：取决于流长和截面厚度。薄壁制品需要快速注射。若需要好的表面质量，则用多级慢速注射。

螺杆转速：最大线速度为 0.6m/s，使塑化时间和冷却时间对应。螺杆需要大转矩。

计量行程：（0.5~3.5）*D*。残料量：2~6mm，取决于计量行程和螺杆直径。

预烘干：在 120℃下烘干 3h。保持水分低于 0.02%，会使得力学性能更优。

回收率：最多可加入 20%回料。较高的回料比例会保持抗热性，但力学性能会降低。

收缩率：0.6%~0.8%。若为玻璃增强类型，则为 0.2%~0.4%。

浇口系统：浇口直径应该至少等于制品最大壁厚的 60%~70%，但是浇口直径至少为 1.2mm（浇口斜度为 3°~5°或表面质量好的制品需要 2°）。对壁厚均匀的较小制品可采用点式浇口。

机器停工时段：如生产中断，操作机器像挤出机那样直到没有塑料挤出并且温度降到 200℃左右。清洗机筒，用高黏性 PE 将螺杆从热机筒中抽出并用钢丝刷刷去残料。

机筒设备：标准螺杆、止逆环、直通注嘴。

1）设定的温度并不是实际材料达到的熔融温度。

2）如上面（PC 生产要求）所述，若 PC 料的生产中断（或停止生产时），则清空所有滞留在机筒里面的料，用高黏性 PE 材料清洗机筒。否则滞留在里面的余料会黏在螺杆上，造成材料输送困难。

3）建议喂（下料）料区的温度设定在80℃左右，有利于下料口不容易形成块状料（造成堵塞）。

4）检查液压马达的旋转力。

5）建议更换PC专用螺杆，或用A型螺杆生产。

案例176 在同一压力流量条件下，储料时液压马达转速时而正常，时而缓慢（见图7-48）

说明：正常转速为80~90r/min，慢时40~50r/min。

首先要说明的是，不同材料的生产，需要不同的储料转速，不都是转速越快越好。

1）在进行储料动作时，检查储料输出信号、设定的压力流量是否有波动（观察输出界面及比例阀的输出电流），甚至进行测量数据的真实性。

2）液压马达转矩（内泄漏可能的原因）大小的检查（建议分离液压马达和螺杆以后，测试液压马达的旋转是否正常）。

3）机筒每一段温度的检查（包括电热圈的电阻、电压值）是否达到要求。

4）机筒螺杆间隙大造成反流压力。检查测量间隙。

5）下料口检查（块状材料、螺棱损坏、异物等）及螺杆打滑造成。

图7-48 在同一压力流量条件下，储料时液压马达转速时而正常，时而缓慢

第 8 章 注塑机温度（电热、液压油）故障诊断与维修

案例 177　4 台数控机器改的计算机操作系统的机器，未装油温报警而不能正常生产

首先需要说明的是：液压油的正常工作温度为 30~50℃。

1）注塑机的油温报警装置，在注塑机上的使用（监控装置）是非常重要的。可以观察注塑机的液压油温的变化，当温度升高时，油的黏度下降。油液黏度的变化直接影响液压系统的性能和泄漏量（密封圈的老化损坏），造成压力流量的波动和外泄漏污染环境。

2）液压系统的零件因过热而膨胀，破坏了相对运动零件原来正常的配合间隙，导致摩擦阻力增加、液压阀容易卡死，同时使润滑油膜变薄、机械磨损增加，结果造成泵、阀、电动机等的精密配合面因过早磨损而失效或报废。

3）油液汽化、水分蒸发，容易使液压元件产生穴蚀。油液氧化形成胶状沉积物，易堵塞过滤器和液压阀内的小孔，使液压系统不能正常工作。

4）油温长期过高会影响液压油使用的时间。

5）当系统工作环境温度较低（负载工作压力增大，液压泵电动机容易损坏）时（系统工作压力较低时），应采用较低黏度的油，否则容易造成液压泵损坏和压力速度的下降。

注塑机液压油冷却器如图 8-1 所示。

所以要经常检查拆卸液压油的冷却器装置，以确保液压油的冷却水循环系统的畅通。

图 8-1　注塑机液压油冷却器

案例 178 注塑机液压系统温升过高的原因与处理方法

1. 注塑机液压系统温升过高的原因

1）油箱容积太小，散热面积不够，选用的冷却装置（冷却器）容量过小。

2）在工作时（由于选择不同的压力速度），会有大部分多余的流量在高压下从溢流阀溢回（并且与管道发生高速摩擦）油箱而发热。

3）系统中卸荷回路出现故障或因未设置卸荷回路，停止工作时液压泵不能卸荷，泵的全部流量在高压下溢流，产生溢流损失而发热，导致温升。

4）系统管路过细过长，弯曲过多，局部压力损失和沿程压力损失大造成。

5）机器选择的配件精度不够及装配质量差，相对运动间的机械摩擦损失大造成。

6）配合件的配合间隙太小，或使用磨损后导致间隙过大，内、外泄漏量大，造成容积失大，如泵的容积效率降低，温升快。

7）液压系统工作压力调整得比实际需要高很多。有时是因密封过紧，或因密封件损坏、泄漏增大而不得不调高压力才能工作。

8）气候及作业环境温度高，致使油温容易升高。

9）选择油液的黏度不当，黏度大则黏性阻力大，黏度太小则泄漏增大，两种情况均能造成发热温升。

2. 注塑机液压系统温升过高的处理方法

1）根据不同的负载要求，经常检查、调整溢流阀的压力，使之恰到好处。

2）合理选择液压油，特别是油液黏度。在条件允许的情况下，尽量采用低一点的黏度，以减少黏度摩擦损失。

3）选用的冷却装置（冷却器）容量过小，不能满足设备生产需要。可以放大冷却器的尺寸或另外并联一个同型号的冷却器装置，并经常疏通清理水管和保持水质。

4）改善运动件的润滑条件，以减少摩擦损失，有利于降低工作负荷、减少发热。

5）采用摩擦因数小的密封材料和改进密封结构，尽可能降低液压缸的起动力，以降低机械摩擦损失所产生的热量。

冷却器的分解与组装如图 8-2 所示。

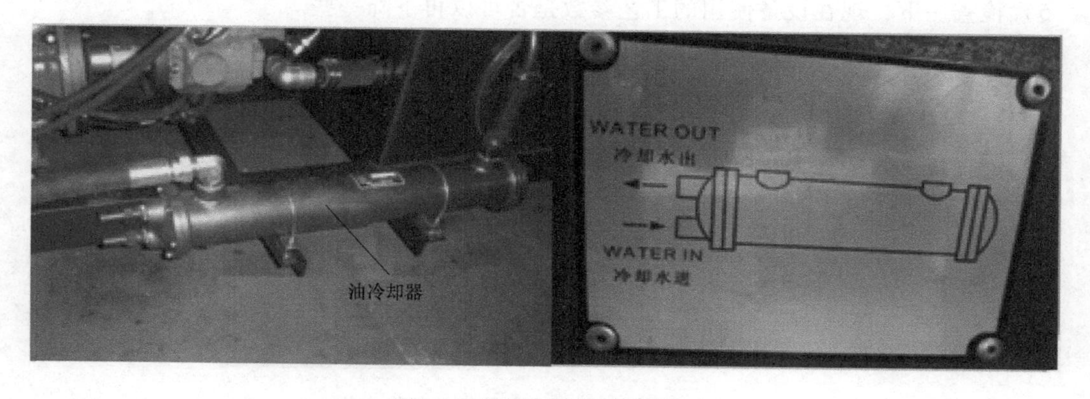

图 8-2 冷却器的分解与组装

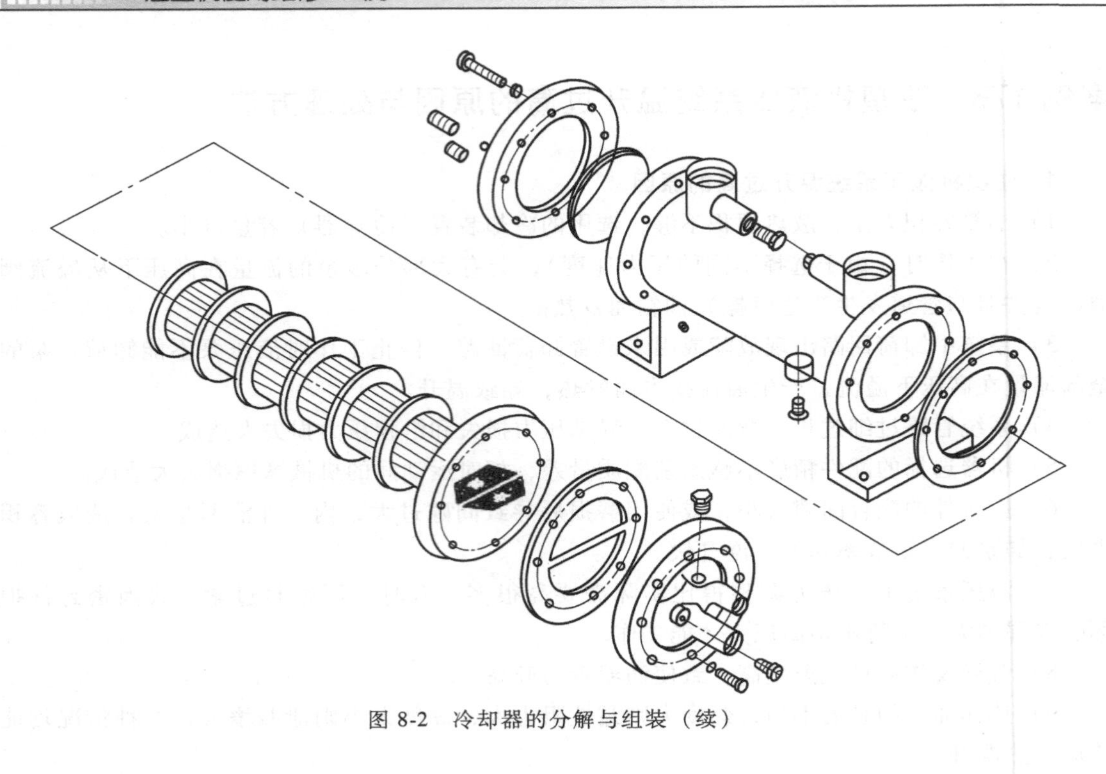

图 8-2　冷却器的分解与组装（续）

案例 179　注塑机油温设定为 30℃，工作一段时间后，油温超过了 50℃

处理步骤如下：

1）清洗液压油滤网（坏了更换）。

2）清洗疏通油冷却器（检查是否堵塞），冷却水流量是否减小（或没有开冷却水装置）。打开并调大水流量。

3）检查是否由于热电偶损坏引起错误警报。更换损坏的热电偶。

4）若油温没有超过 55℃（正常范围），则可以继续生产。

5）检查一下，现在设备使用的工艺参数是否可以再下降一些。

热电偶松脱检查及相关部件实物如图 8-3 所示。

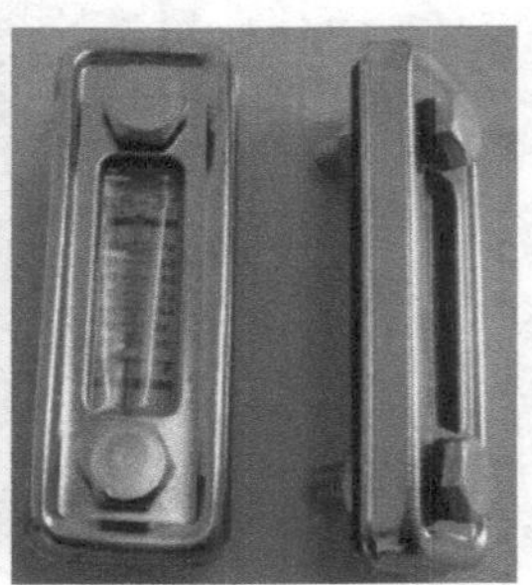

图 8-3　热电偶松脱检查及相关部件实物

图 8-3 热电偶松脱检查及相关部件实物（续）

案例 180 机器近一个月没有开机运作，现开机生产 1h 后机器报警油温过高

说明：电动机自保关闭，用手触摸油冷却器，发现温度的确很高，怀疑是冷却器中存在水垢，但因为机器使用尚不足一年，故这个可能性比较小，有可能是冷却管道的那个水泵的功率不足，因为这台 250t 的机器是年初新增的，而那个水泵是按三台注塑机的冷却要求买回来的，故无法判断原因何在。现存在以下几个问题：

1）应该用什么办法和工具来确定冷却系统是否够用？

2）一台 250t 的机器要求的冷却水的流量一般是多大？

3）如果要换水泵要买多大功率的呢？车间现在有两台震德的 CJ180M3V，一台 138t 的机器，还有就是这台 250t 的机器，预计还会加一台 180t 的机器，如此应选用多大功率的水泵才合适呢？

首先一台 250t 设备工作没有满一年，就可以排除机器的油冷却器没有水垢吗？管道积垢原因非常多。建议检查一下。

注塑机（冷水机）大小匹配建议使用参考表 8-1。

表 8-1 注塑机（冷水机）的匹配

机型	冷水机型/匹马力①	制冷量/kW	机型	冷水机型/匹马力①	制冷量/kW
60t	1	1.89	800t	10	25.56
90t	1	2.835	900t	12.5	31.41
120t	1	3.78	1000t	12.5	34.41
160t	2	5.04	1200t	12.5	34.41
200t	2	6.3	1300t	12.5	34.41
250t	3	7.69	1400t	15	38.79
280t	3	7.69	1600t	20	51.12
320t	4	10.71	1850t	20	51.12
380t	5	13.5	2100t	25	62.82
470t	5	13.5	2400t	25	62.82
530t	8	19.08	2800t	30	77.58
600t	8	19.08	3600t	30	77.58
700t	10	25.56			

① 1 匹马力 = 745.7W。

冷却系统（模具+液压油）大小的计算可参考表 8-2。

表 8-2 冷却系统计算参考表

锁模力范围 /kN	每台机器用水量 /(L/min)	进水管内径 /mm	所需冷却塔大小 /(T/h)	冷却水池蓄水量 /m^3
0~600	27	55	1.62	0.27
601~900	29	57	1.74	0.29
901~1200	32	60	1.92	0.32
1201~1600	39	66	2.34	0.39
1601~2000	46	72	2.76	0.46
2001~2500	64	85	3.84	0.64
2501~2800	64	85	3.84	0.64
2801~3200	70	89	4.20	0.70
3201~3800	90	101	5.40	0.90
3801~4700	110	111	6.60	1.10
4701~5300	129	121	7.74	1.29
5301~6000	140	126	8.40	1.40
6001~7000	161	135	9.66	1.61
7001~8000	181	143	10.86	1.81
8001~9000	189	146	11.34	1.89
9001~10000	229	161	13.74	2.29
10001~12000	283	179	16.98	2.83
12001~13000	286	180	17.16	2.86
13001~14000	286	180	17.16	2.86
14001~16000	321	190	19.26	3.21
16001~18500	325	191	19.50	3.25
18501~21000	396	211	23.76	3.96
21001~24000	410	215	24.60	4.10
24001~28000	540	247	32.40	5.40
28001~33000	560	251	33.60	5.60

建议参考以上数据，配备相关电动机及水泵。

案例 181　某台 280t 注塑机总是报警油温过高，检查冷却系统未发现问题

处理步骤如下：

1）明确问题所在。冷却系统检查了什么？机器的进水压力流量、回水压力流量好不好？是油冷却器的水温度高，还是模具上面的冷却水也温度高。

2）检查冷却器的进水压力流量、回水压力流量，有无杂物堵塞，需要疏通管道。

3）是机器误报警还是确实是水温度高，这一点必须要明确。

4）检查（更换）测量液压油箱温度的热电偶是否损坏。

5）检查油箱的液压油是否处在非常低（少）的位置，造成液压油的温度升高。

6）请观察设置的温度（上限）是否低于 40℃（标准是不超过 55℃）。如果是，那么更改数字。

7）更换温度控制转接板。

温度参数板及相关部件实物如图 8-4 所示。

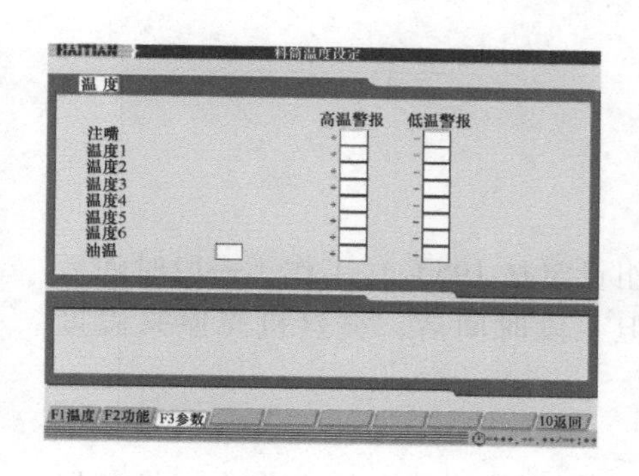

图 8-4 温度参数板及相关部件实物

热电偶介绍：

热电偶是温度检测组件，用来对各处温度进行检测。其工作原理，将两种不同材料的导体或半导体 A 和 B 焊接起来构成一个闭合回路，当导体 A 和 B 的两个接触点之间存在温差时，由于热电效应，两者之间产生电动势，在回路中形成电流。即将工作端置于温度为 T 的被测介质中，另一自由端在 T_0 的恒定温度下。当工作端的介质温度发生变化时，热电势随之发生变化，将热电势输入显示仪表、记录或送入计算机进行处理，获得温度值。

热电势值与热电极本身的长度和直径无关，只与热电极材料的成分及两端的温度有关。

注塑机的机筒温度、注嘴温度和油温的温度控制，都需要经热电偶检测后送入控制器中。

注塑机筒加热段有三段、四段或五段。注塑机机筒与注嘴温控的调节是死循环控制方式，即通过热电偶检测与设定值进行比较，从而对加热电阻圈进行控制和调节。

注塑机的温度控制与调节有两种基本形式：

1）开关控制 ON/OFF 类型。这种类型的热能转换组件是电阻加热圈，功率的输出状态是开关形式，这种开关式的温度控制超调量大，温度波动大很不稳定。

2）比例积分微分（PID）控制类型。其是一种根据连续检测温度的偏差信号，提高对温度的控制精度。

另外，机筒温度的控制还与所选用的热电偶有关，尤其在对温度进行精确控制时，应选用热敏性高且质量稳定的热电偶。热电偶温度计系统原理图如图 8-5 所示。

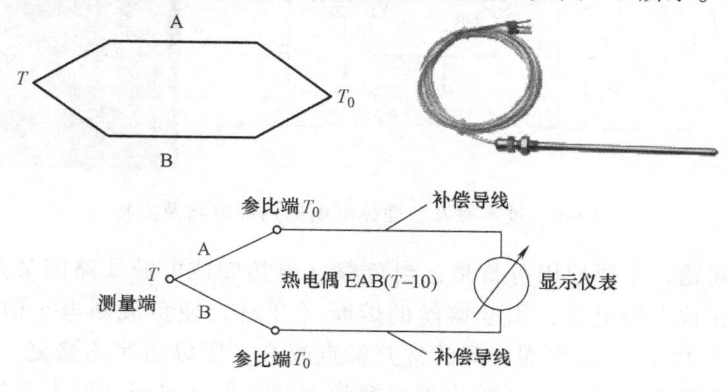

图 8-5 热电偶温度计系统原理图

案例 182　机筒出现问题，材料冒烟

1. 具体情况

某台 HTF250 注塑机加工 ABS 料，原来温度（第一组设定是 195℃）工作了一段时间后电热圈停止加热，更换了电热圈和熔丝后开始加热，但一段时间后，突然机筒原来温度（第一组）显示 310℃，产品出现问题（材料冒烟）。

2. 固体继电器及其优缺点

固体继电器（Solid State Relay，SSR）。是用半导体器件代替传统电接点作为切换装置的具有继电器特性的无触点开关器件，单相 SSR 为四端有源器件，其中两个输入控制端，两个输出端，输入输出间为光隔离，输入端加上直流或脉冲信号到一定电流值后，输出端就能从断态转变成通态。

固体继电器工作可靠，寿命长、无噪声、无火花、无电磁干扰、开关速度快、抗干扰能力强，且体积小、耐冲击、耐振荡、防爆、防潮、防腐蚀，能与 TTL、DTL、HTL 等逻辑电路兼容，以微小的控制信号达到直接驱动大电流负载。其主要不足是存在通态压降（需相应散热措施）、有断态漏电流、交直流不能通用、触点组数少，另外过电流、过电压及电压上升率、电流上升率等指标差。

3. 工作原理

过零触发型固体继电器为四端器件，其内部电路及实物如图 8-6 所示。1、2 为输入端，3、4 为输出端。R_0 为限流电阻。光耦合器将输入与输出电路在电气上隔离开。V_1 构成反相器。R_4、R_5、V_2 和晶闸管 V_3 组成过零检测电路。UR 为双向整流桥，由 V_3 和 UR 用以获得使双向晶闸管 V_4 开启的双向触发脉冲。R_3、R_7 为分流电阻，分别用来保护 V_3 和 V_4。R_8 和 C 组成浪涌吸收网络，以吸收电源中带有的尖峰电压或浪涌电流，防止对开关电路产生冲击或干扰。

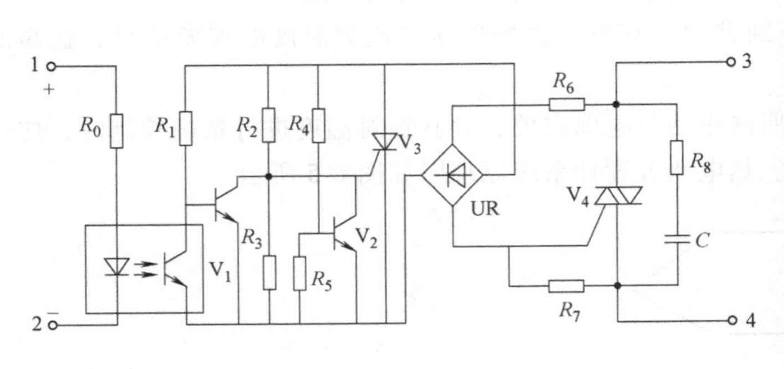

图 8-6　过零触发型固体继电器内部电路及实物

上面提到的问题，主要原因分析是：当负载（电热圈或电源线路因某些原因）短路时，由于短路造成的非常大的电流，引起熔丝的熔断（开路）使负载断电。但是同时由于大电流造成了 SSR 上面的 3、4 输出端之间的常开触点咬合。所以当线路修复，排除了负载或线路短路故障以后恢复运行时，3、4 输出端之间的常开触点（已经实际上是连接现状），不受 1、2 为输入端信号控制，连续不断地给负载以电压，造成电热圈温度连续上升。

案例 183 设定温度与实际温度有偏差，颜色有变化

具体情况：设定的温度是（从注嘴至尾段电热圈设置）200℃、225℃、200℃、190℃、180℃，但是实际出料的温度经过手提式温度表测量是 250℃。

1）一般来说，设定的实际温度高低，与生产的材料、螺杆的转速（剪切速度）和背压的大小、计算机控制的精度、热电偶的好坏、设备电源电压波动的大小等因素有关，需要一一甄别检查并排除相关故障。

2）打开计算机界面，观察在设定的温度到达以后，应该电热信号停止了输出。此时：①如果确实是信号停止输出了，检查 SSR（或接触器）是否还在咬合状态，如果是，说明 SSR（或接触器）坏了，需要更换；②如果还是有输出信号，请打开温度设置的缓冲界面，将缓冲值改小一些；③检查温度输出板，是不是内部功率管输出短路，考虑更换。

海天 AK580 控制器及内部接线如图 8-7 所示。

图 8-7 海天 AK580 控制器及内部接线

机筒温度设定画面如图 8-8 所示。

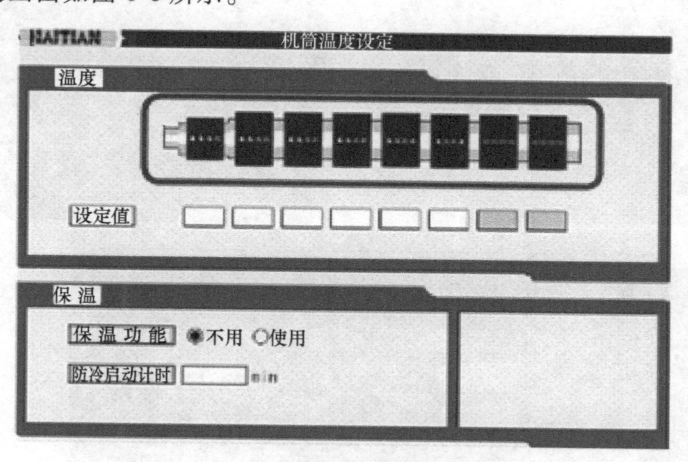

图 8-8 机筒温度设定画面

电热圈颜色的说明：

1）深蓝色。表示此时此段加热回路正常。

2）草绿色。表示此时此段加热回路正在工作。

3）黄色。表示此段加热回路异常，需要检查加热回路。

案例184　注塑机计算机屏上面经常报温度777、888、999数字，报警后设备即停止生产

（1）计算机温度显示777　处理步骤如下：

1）检查温度板的小变压器T1010AS电源是否接入温度板。

2）检查T1010AS MOLEX-3P插头有无AC10V2组输出。若无，检查T1010AS初线圈AC220V有无供应。

3）检查温度板上MOLEX-3P插头与T1010AS插头是否接触良好，看AS10V是否有进入。

4）故障仍存在，请更换主机CPU板（260）温度板（6000）。

（2）计算机温度显示888　处理步骤如下：

1）检查温度板上感温端子是否有输入电压或感温线正负是否接反。

2）检查热电偶回路是否有开路现象，如有更换热电偶。

3）若更换热电偶无效，则更换主机CPU板或热电偶输入板（温度转接板）。

（3）计算机温度显示999　处理步骤如下：

1）检查感应温度是否超过感温范围（449℃）。

2）检查热电偶端子极性是否正确。

3）检查电热线路AC部分是否正确，SSR或交流接触器有无故障。

温度板示例如图8-9所示。

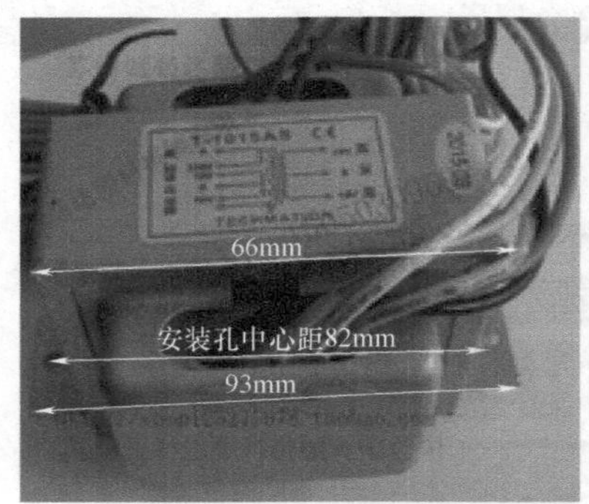

图8-9　温度板示例

案例 185　注塑机无法加热，检查熔丝后发觉熔丝上侧没有电

该机在更换了 3 个电热圈后，重新开机仍无法加热。

可以按照以下方法检查判断故障点：

1）图 8-10 所示为电热驱动接线情况。根据注塑机（常规）电路，首先测量计算机温度驱动输出板的电压有无输出（AC/DC）。

2）若电热圈 2RD（H2）没有电，则测量输出板 34 号线与零线 AC0 之间有无电压信号输出。

3）测量熔丝上侧有无电到达。

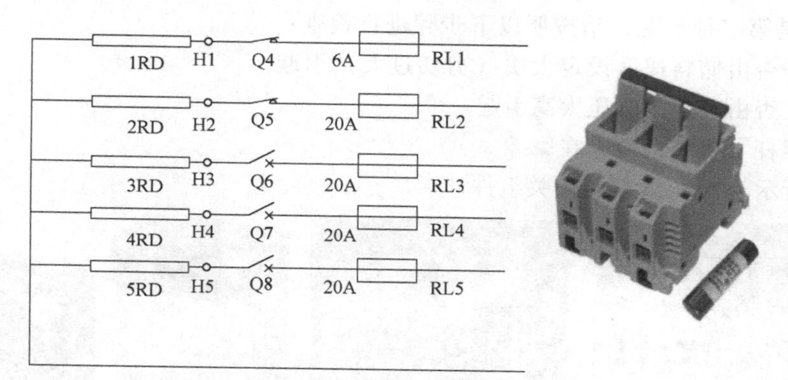

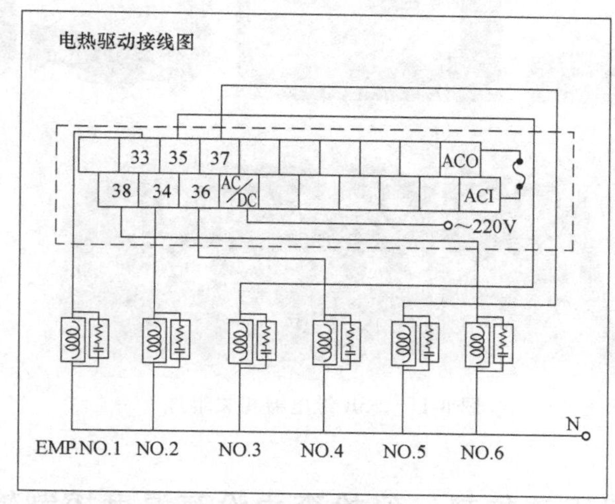

图 8-10　电热驱动接线

案例 186　使用弘讯计算机控制器的 HTF 注塑机，温度失控，时高时低

1）首先确认此情况是在电源打开、电热开关起动、注塑机没有工作运行状态下。还是在电源打开、电热开关起动、注塑机已经开始运行状态下发生的（不运行了，过一会又恢复）。

2）如果是第一种情况，请按照以下步骤进行检查：

① 观察设定的机筒温度，确认是所有设定的温度都显示控制范围大，还是一两个电热显示控制范围大。

② 在温度到达设定的温度值时，测量计算机温度输出板（或观察计算机温度加温输出信号）有没有信号继续输出。如果有，检查是否温度输出设置的缓冲值设定太大了（改小一点）。温度输出板是否输出短路（更换）。

③ 在温度到达设定的温度值时，测量计算机温度输出板（或观察计算机温度加温输出信号）有没有信号继续输出。如果没有，检查SSR继电器（接触器主触点）是否主触点咬合（更换SSR）。

④ 检查测量设备电源电压是否太高。

3）如果是第二种情况，请按照以下步骤进行检查：

① 检查是否由储料速度设定太快（剪切过大）引起。

② 检查是否由设定的背压太高引起。

③ 检查螺杆与机筒是否存在摩擦。

图8-11所示为SSR继电器相关组件。

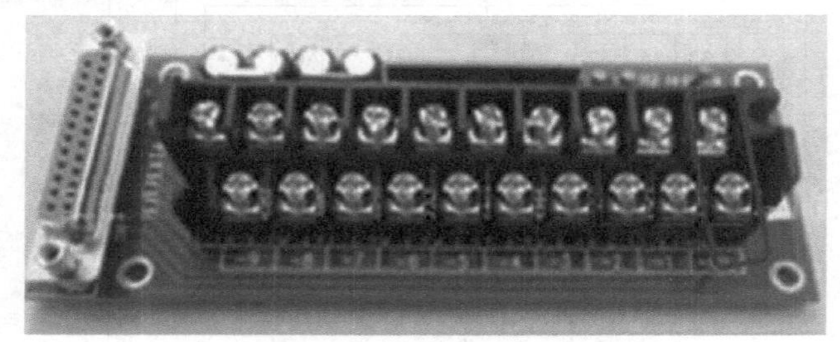

图8-11 SSR继电器相关组件

案例187 注塑机无法加热，经检查为没有温度控制输出信号

有两种情况出现：

1）现在温度正常，无法加温。

① 转到温度界面，看加温信号有无出现。若无，则检查设定温度是否正确，面板加热按钮是否正常。

② 加温信号有显示，仍不加温，看SSR是否正常。

③ 检查SSR线路，看工作是否正常，断路器是否跳脱，熔芯至加热圈线路。若有电仍

无法加温则更换加热圈。

2）温度不显示，显示为0。

① 关电，检查主机CPU板是否正常。若PCB遭水淋、油侵、杂物进入、非人为破坏，或IC有烧焦现象，则更换主机CPU板。

② 检查电源是否正常。

③ 检查热电偶是否锁紧，正负极性是否正确。

④ 用万用表欧姆档量所有AC/DC电源与机器阻抗（应在1MΩ以上）。

⑤ 送电，以万用表AC档量机器是否漏电，方法如下：

a. 机器必须已接地，最好是接一铜柱（约拇指宽），埋入地至少50cm。

b. 以AC×1000档量，一端接较潮湿地面，一端接机器，即可知有无漏电。

⑥ 温度板插回，排线不插，送电再看温度有无显示。若有，则检查SSR是否短路或漏电。

⑦ 若温度仍不显示，则将DA-TEMP上热电偶拔掉原接点，热电偶正负两短路，看温度是否显示。若显示则检查热电偶或更换。

⑧ 若仍不显示，则更换DA-TEMP温度或温度适配卡。

⑨ 主机正常工作，但无法与显示面板（MMI）通信，检查RS232通信是否正常。

⑩ RS232电缆正常，再检查显示面板（MMI）是否工作正常。若不工作则更换显示面板（MMI）CPU板程序。

图8-12所示为显示面板结构。

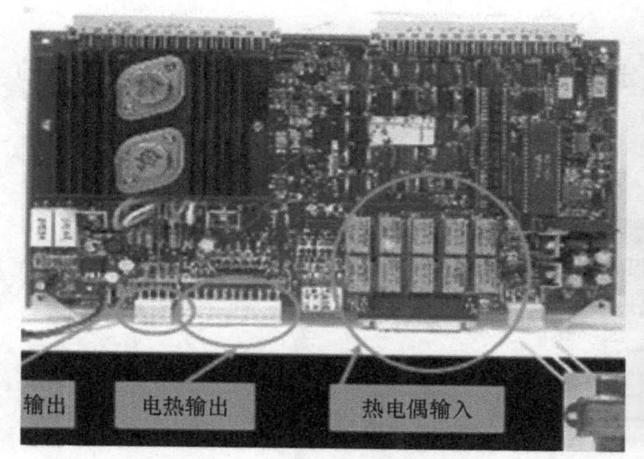

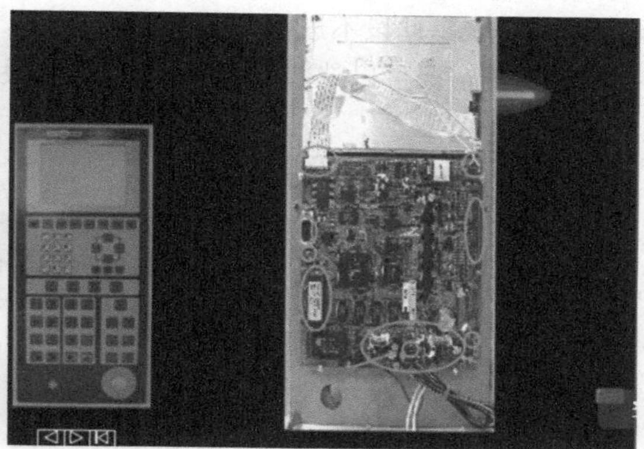

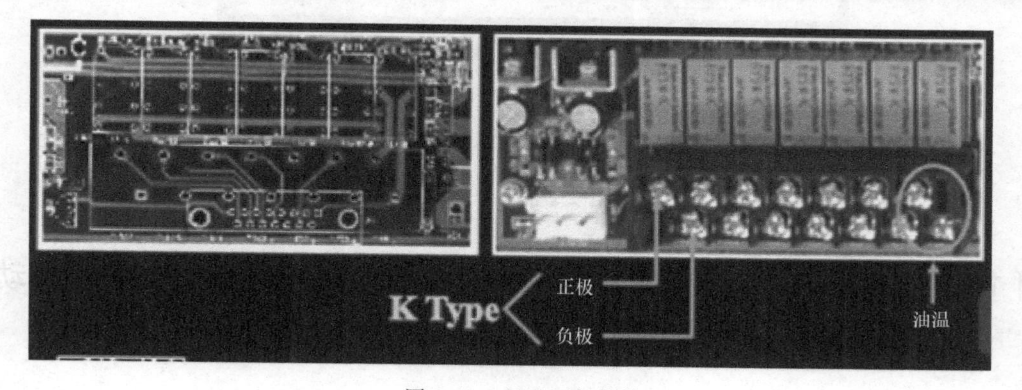

图8-12 显示面板结构

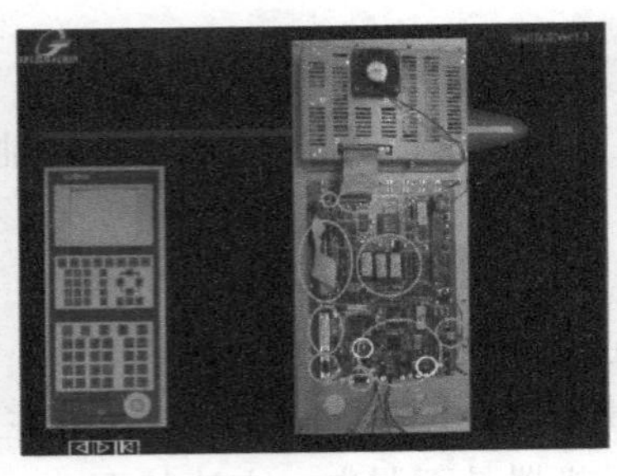
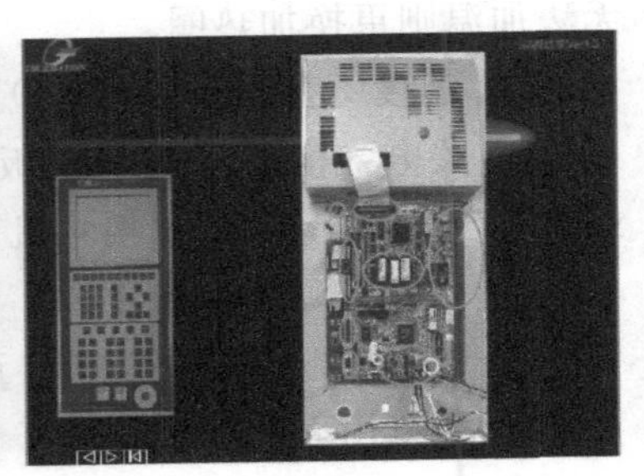

图 8-12　显示面板结构（续）

案例 188　在缺少热电偶的情况下如何控制温度进行生产

某注塑机的注嘴由于包料（打 PA 料），将热电偶用尽。

一般注塑机温度控制方式上，每一段都设计可以选择的 3 个加热控制方式，分别为：PID、手动和关。

1）PID（使用热电偶）。表示此段温度为 PID 加热方式，程序会自动进行 PID 参数的调整，以达到最理想的加热效果。

2）手动（不使用热电偶）。表示此段温度为手动加热方式，程序会根据设定的加热百分比进行温度控制。

3）关。表示此段不进行温度控制。

面对这种情况可以选择手动的方式来（设定百分比）控制注嘴的电热，进行正常的生产。

图 8-13 所示为温度设定界面。

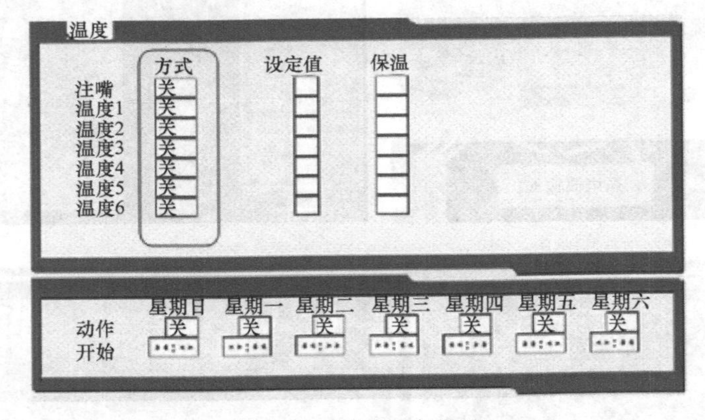

图 8-13　温度设定界面

案例 189　注塑机油温超过 60℃时即报警停机，电动机无法起动，需将模具拆卸下来

处理步骤如下：

1）打开计算机，在温度内部界面中，将油温上限修改一下，数字提高到可以开机所允许的温度以上（超过现在报警温度数字即可）。

2）直接将油箱的热电偶取出，或在电箱中短路油箱的计算机输出端（-OLL、+OLL）。图 8-14 所示为油温输入端及相关区域。

感温线输入端

-TC6	-TC5	-TC4	-TC3	-TC2	-TC1	-OLL
+TC6	+TC5	+TC4	+TC3	+TC2	+TC1	+OLL

图 8-14　油温输入端及相关区域

注意：以上两个方法在开机将模具打开后，必须立即恢复设置的原始温度数字。

3）停机检查引起冷却水不正常的原因并排除故障（检查造成油温过高的原因，如冷却水压不足，或冷却器堵塞、常压过高、液压泵排量过大、总压力阀卡住、放大板输出管烧坏、长期有大电流输出压力比例线圈、液压泵损坏引至摩擦发热等，都会引起油温过高）。

案例 190　注塑机温度设定好以后，显示总是超过设定的温度

处理步骤如下：

1）加热圈电源（在到达了设定的温度）已断开，但温度偏高。此电路控制正常原因是原料、螺杆与料管摩擦自然升温。在料管旁用风扇吹，可改善此现象。另外，若某一段设定温度高，也有导热作用致使其他段温偏高。还有就是打开计算机温度缓冲界面，把缓冲值修改小一些。

2）超过设定温度仍未断电。先将 CPU 上 8PMOLEX 线拔除，量电热圈是否有电。若没电，检查加热继电器板或温度板；若仍有电，则检查配线。温度控制相关接线如图 8-15 所示。

3）显示温度锁定不随温度变化。用万用表欧姆档量所有 AC/DC 电源与机器阻抗（应在 1MΩ 以上）。检查温度板（6000）或主机板（S260）上的短路片是否拔取。若已拔取则更换 6000 温度板 CPU 板、260 主机 CPU 板。

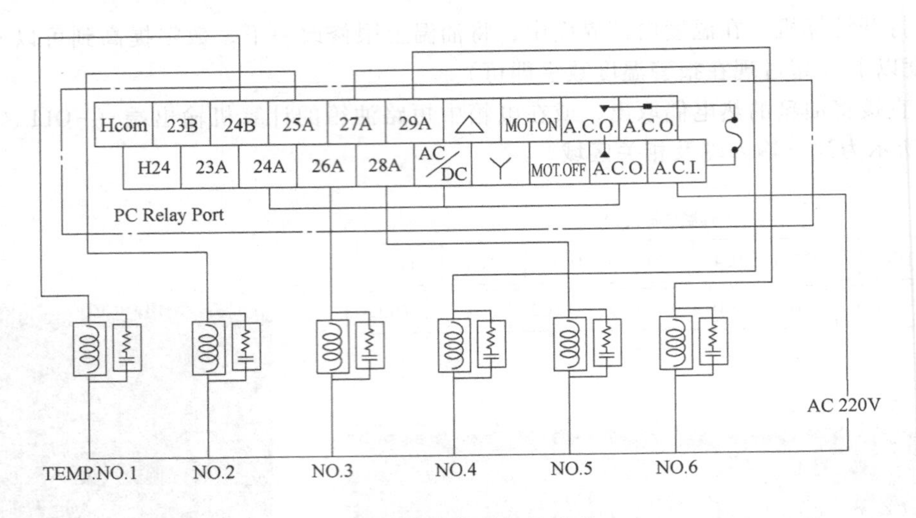

图 8-15 温度控制相关接线

案例 191 某台注塑机的加热温度无法达到设定温度

说明：生产以后即恢复正常。

处理步骤如下：

1）用万用表欧姆档量所有 AC/DC 电源与机器阻抗（应在 1MΩ 以上）。

2）更换该段热电偶。

3）检查原料与料管是否正常。若问题持续发生（检查电热圈是否损坏），可将该段加热圈加大。

4）生产以后电热就正常了。这个主要是由设备储料产生的剪切热的传递，造成温度的上升。

5）更换温度转接控制板。

图 8-16 所示为加热温度无法达到设定值故障相关组件。

图 8-16 加热温度无法达到设定值故障相关组件

图 8-16 加热温度无法达到设定值故障相关组件（续）

案例 192 机器自动生产 15min，料就会烧焦，射出的料会产生异响

说明：工作温度正常，退出座台射料后又能继续加工 15min。

1）确认使用的是什么材料？材料干燥过了吗？如何确定温度是正常的？

2）以上问题确认无误后采取如下处理步骤：

① 首先检查工艺设置有无问题（电热、速度、锁模力、背压、干燥温度、浇流道等）。

② 检查热电偶插座是否插好。若没有则脱出一段距离。

③ 检查现在实际温度是否太高（SSR 继电器、接触器短路）。

④ 检查螺杆三件套是否损坏，造成摩擦。

⑤ 按照描述，在烧焦出现后，射台退出，射料以后又可以正常生产一段时间。这说明烧焦情况的发生是慢慢随时间产生的。这中间需要检查是否每次注射完材料还余一大段距离没有射完。可以减少余料位置（一般在 10mm 左右）。

⑥ 检查工艺设置（储料速度是否太快、背压设置是否太高、锁模力是否太大造成排气不良）是否合理。

⑦ 正常运行以后，射料是不会发出异响的。否则一般是材料没有干燥好（也就是材料中间含有大量的水分），与产品烧焦现象无因果关系。检查材料干燥情况和背压的设置。

⑧ 检查模具浇口套、流道、浇道、注嘴是否有停顿角度，如有则消除。

第9章 注塑机的其他故障诊断与维修

案例193 注塑机计算机控制器常见故障

一、注塑机计算机控制器（宏讯控制器：C6000、C380、S260）介绍及故障修理

1. 计算机介绍：主机结构图

1）CPU板：A60、A80、C6000。

2）I/O板：6K-3210、6K-4810。

3）AD板：6K-AD05C、AD03B/C、AD04E。

4）DA板：6KDTMP09（P）。

图9-1所示为注塑机计算机控制器系统原理。

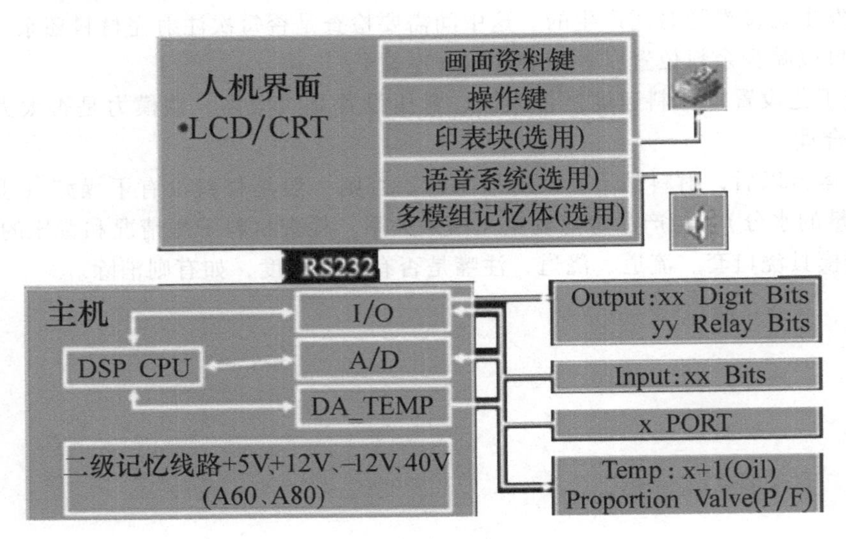

图9-1 注塑机计算机控制器系统原理

图9-2所示为主机板A60结构。

（1）6000型结构图 图9-3所示为6000型结构。

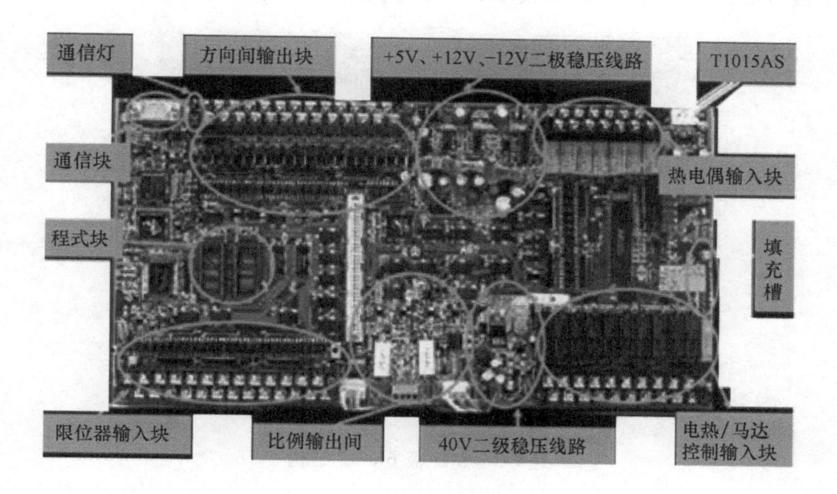

图 9-2 主机板 A60 结构

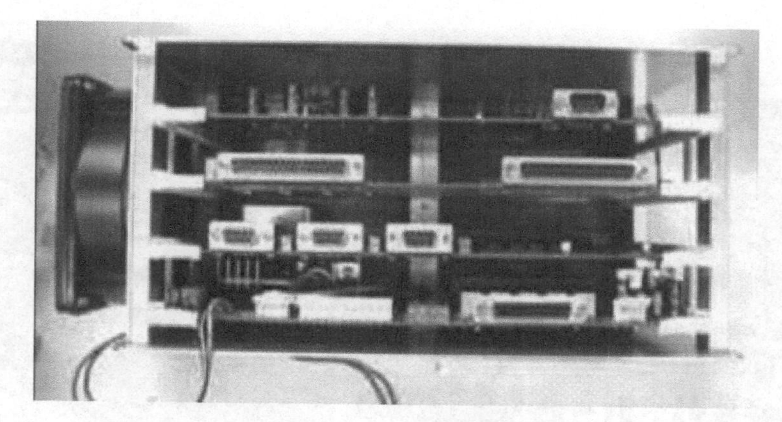

图 9-3 6000 型结构

（2）CPU 板 6K-CPUCP 结构图 图 9-4 所示为 CPU 板 6K-CPUCP 结构。

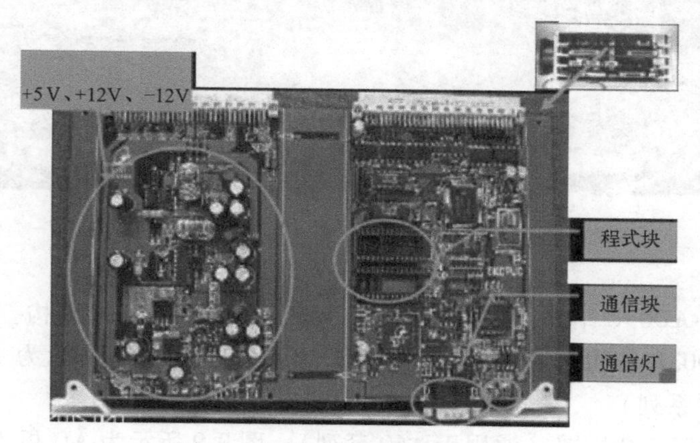

图 9-4 CPU 板 6K-CPUCP 结构

（3）I/O 板 6K-32 结构图　I/O 板 6K-32 结构如图 9-5 所示。

图 9-5　I/O 板 6K-32 结构

（4）I/O 板 6K-48 结构图　I/O 板 6K-48 结构如图 9-6 所示。

图 9-6　I/O 板 6K-48 结构

（5）AD 板 6K-AD05C 结构图　图 9-7 所示为 AD 板 6K-AD05C 结构。

（6）AD 板 AD03B 结构图（通用于 A60、A80 系列）　图 9-8 所示为 AD 板 AD03B 结构（通用于 A60、A80 系列）。

（7）AD 板 AD03C 结构图（通用于 A60 系列）　图 9-9 所示为 AD 板 AD03C 结构（通用于 A60 系列）。

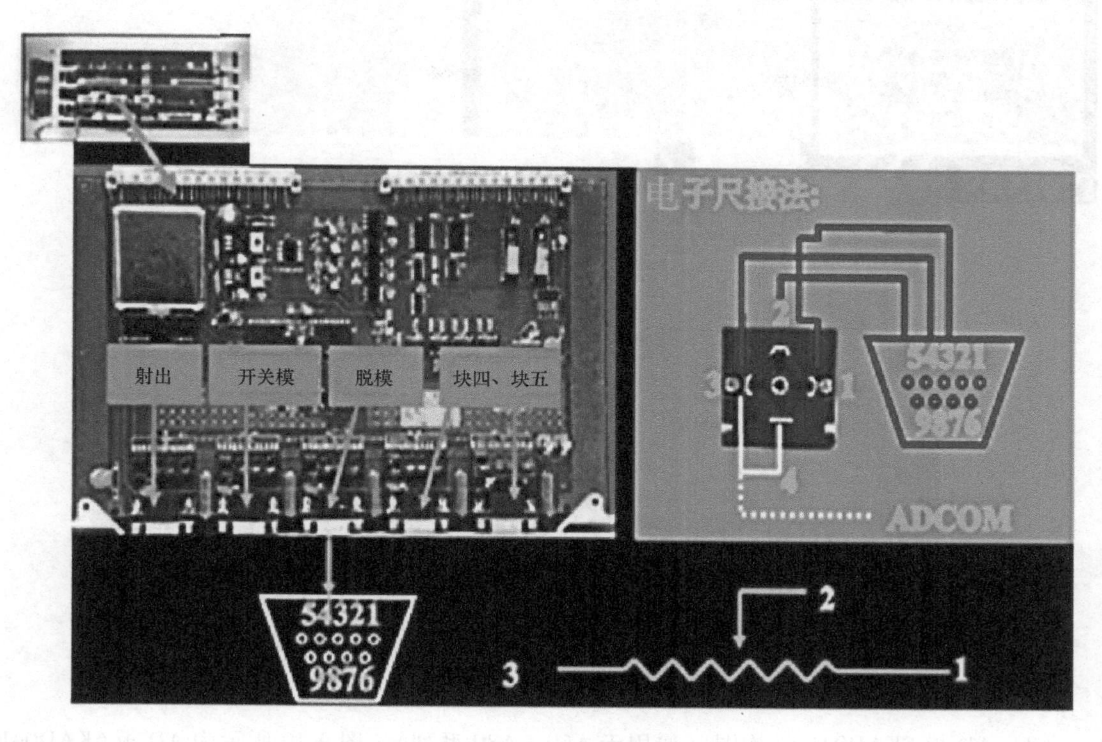

图 9-7 AD 板 6K-AD05C 结构

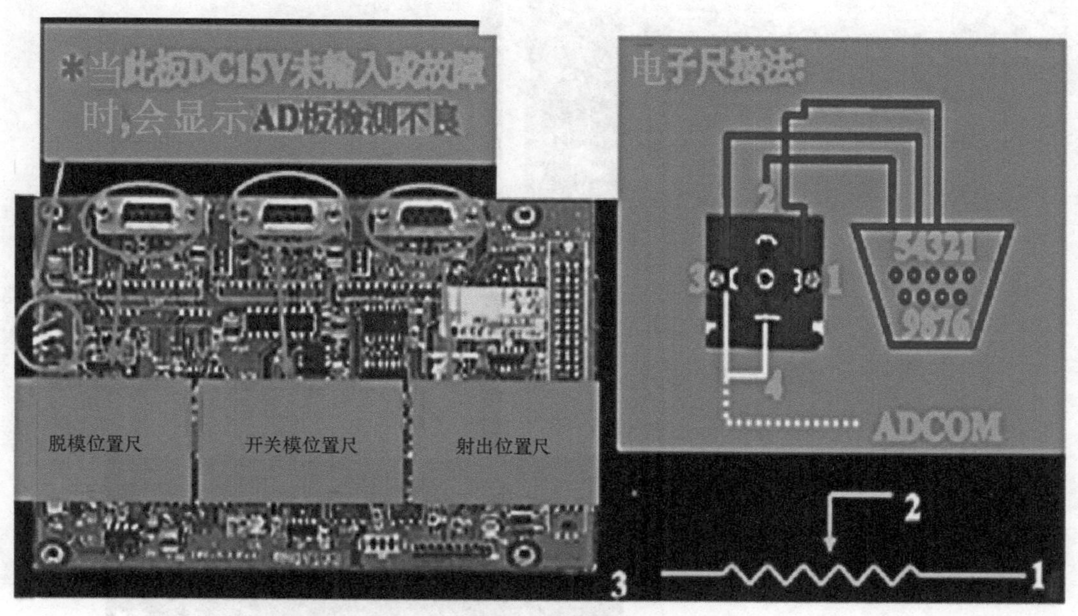

图 9-8 AD 板 AD03B 结构（通用于 A60、A80 系列）

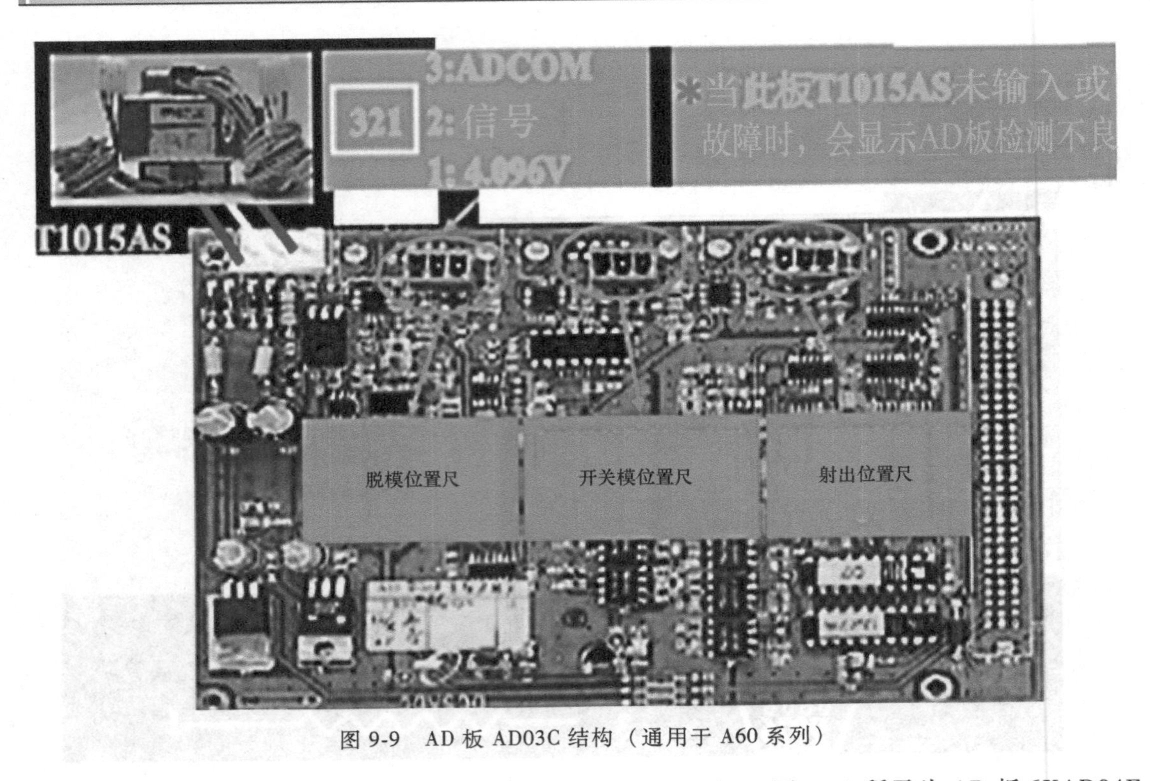

图 9-9　AD 板 AD03C 结构（通用于 A60 系列）

（8）AD 板 6KAD04E 结构图（通用于 A60、A80 系列）　图 9-10 所示为 AD 板 6KAD04E 结构（通用于 A60、A80 系列）。

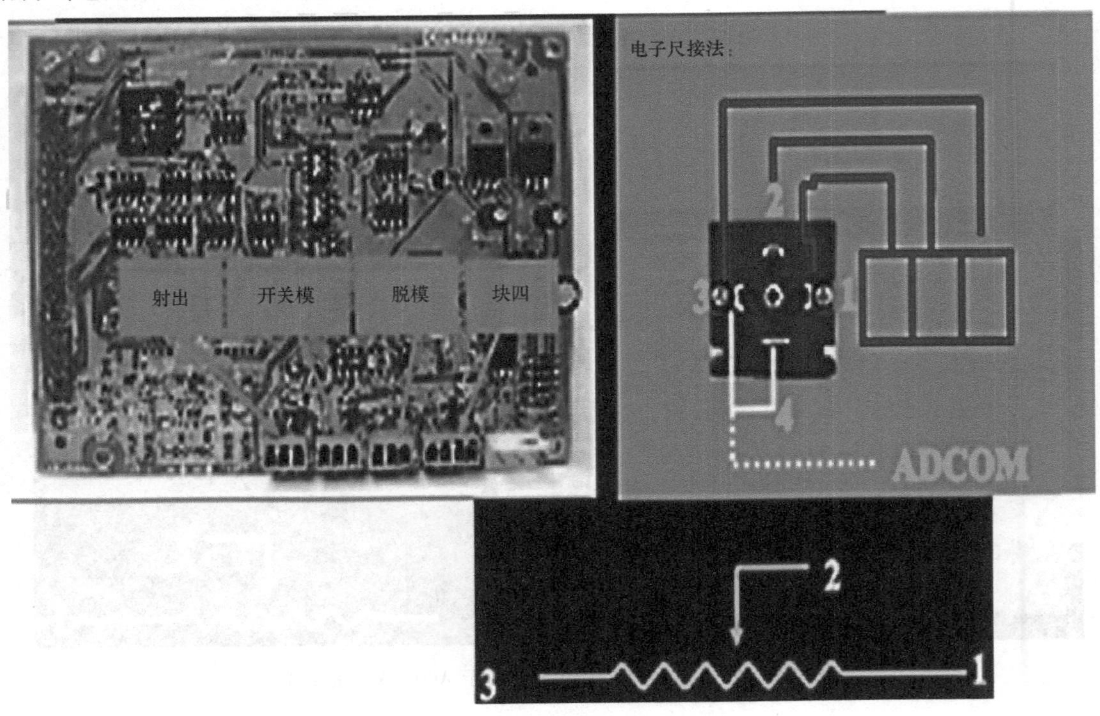

图 9-10　AD 板 6KAD04E 结构

（9）DA 板 6KDTMP09（P）结构图　图 9-11 所示为 DA 板 6KDTMP09（P）结构。

图 9-11　DA 板 6KDTMP09（P）结构

2. 面板结构图

1）面板种类、差异及使用程式见表 9-1。

表 9-1　面板种类、差异及使用程式

面板种类	面板差异	使用程式
MMI-H	将 Power On Boards 省去 DCToDC 的电源器（240512）所引发的问题	27E512×2 类
MMI-J	取消连接数字键盘及手动键盘的排线，改为插 PIN 式以减少因外部振动面板，而造成的接触不良	27E010×1 类（也可以采用 27E020 或 27E040 来做多国语言） W27E010→1MEEPROM W27E020→2MEEPROM W27E040→4MEEPROM
X86	第一代板	27E512×1 类 27E512×2 类
X86-H	将 Power On Boards 省去 DCToDC 的电源器（240512）所引发的问题	27E512×1 类 27E512×2 类
X86-HB	可使用软体控制调光功能（需配合液晶 BOX）	27E512×1 类 27E512×2 类

（续）

面板种类	面板差异	使用程式
2386	RS232 修改为抗静电零件（可抗静电为 15kV） DRAM 修改为 4M（原为 2M）且直接焊在板上，防止因振动造成接触不良 CPU 及 CHIP 修改为同一类 接到面板与液晶的地方，全部改为牛角，可防止因振动造成排线脱落 手动 RESET，零件修改为 PHOTO COUPLE，可防止因外部短路造成板子零件的损坏 修改为 PS2 插头，可直接插键盘 电池改为充电电池，更换容易	27E512×1 类 27E040×2 类

2）MMI-ISJ 结构如图 9-12 所示。

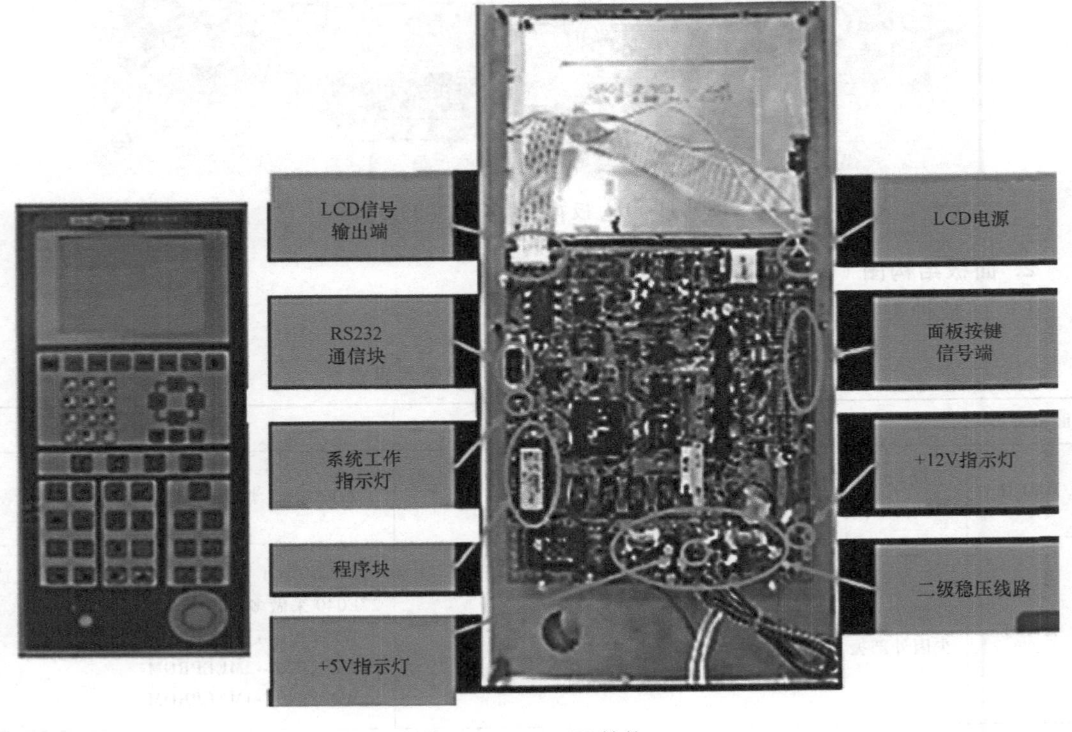

图 9-12　MMI-ISJ 结构

3）MMI-M7C 结构如图 9-13 所示。

3. 电源器 1 结构图

1）输入电压为 220V 或 110V（由电压上的拨动开关决定）。拨动范围 10%。

2）输出电压+24V。

3）本电源器低压特性好、发热少、短路保护好，但有静电干扰，需有效接地。

4）如客户自行发电，且电压不稳，请修正 AC 电路（图 9-14）。

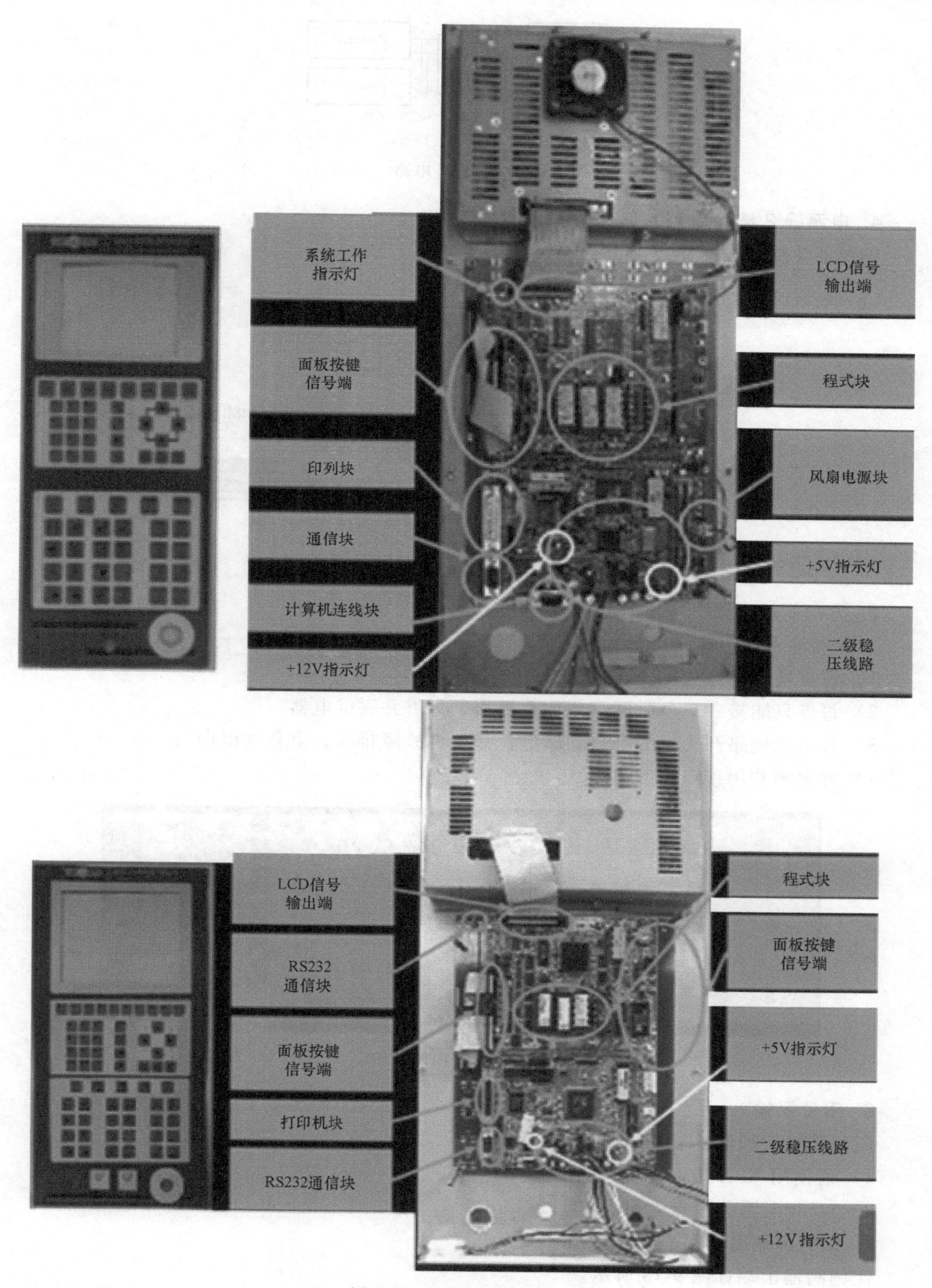

图 9-13　MMI-M7C 结构

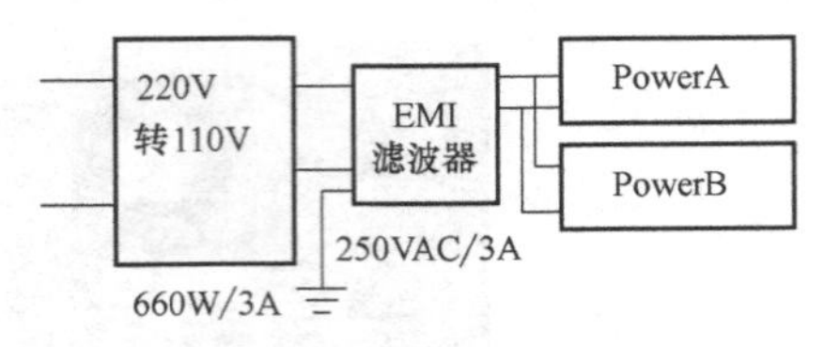

图 9-14　AC 电路

4. 电源器 2 结构图

电源器 2 结构如图 9-15 所示。

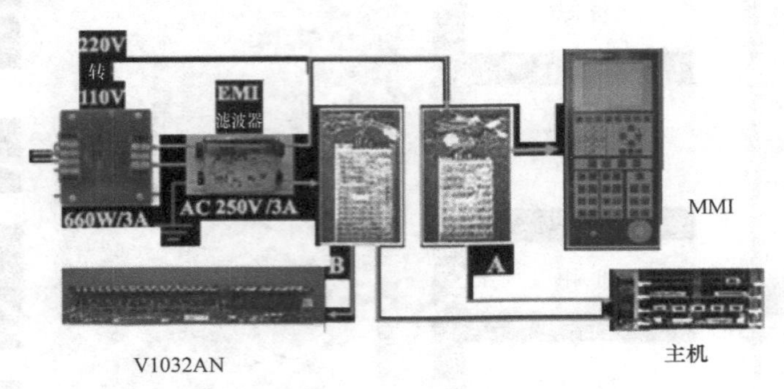

图 9-15　电源器 2 结构

5. 方向阀输出图

方向阀输出如图 9-16 所示。

1）每点最大电流为 1.2A。

2）每点只能接一只电磁阀。假如需要接 2 只需并联继电器。

3）若负载短路开关电源会自动断电，只要将故障排除，重新通电即可。

4）方向阀共用接点为 H24V。

图 9-16　方向阀输出

6. 限位器输入

限位器输入如图 9-17 所示。

1）请使用 NPN 接近开关。

2）Limit 电源共用点为 HCOM。

7. 比例阀输出端图

比例阀输出端如图 9-18 所示。

1）Max Lout 1.2A 可串接电流表。

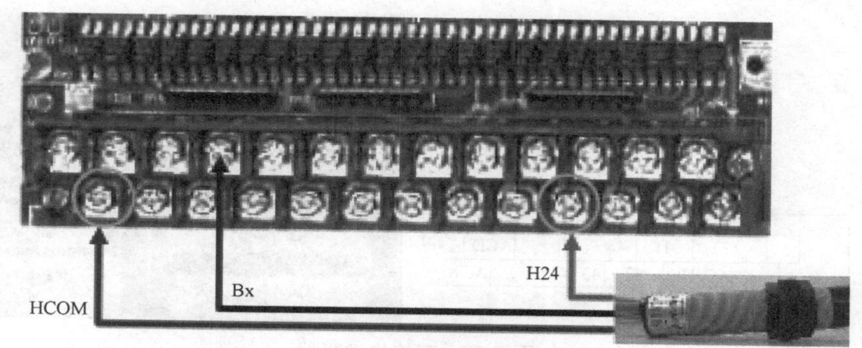

图 9-17　限位器输入

2）控制方式。电流源或电压源（0~10V 到放大板）。使用电压源需跳线处理。

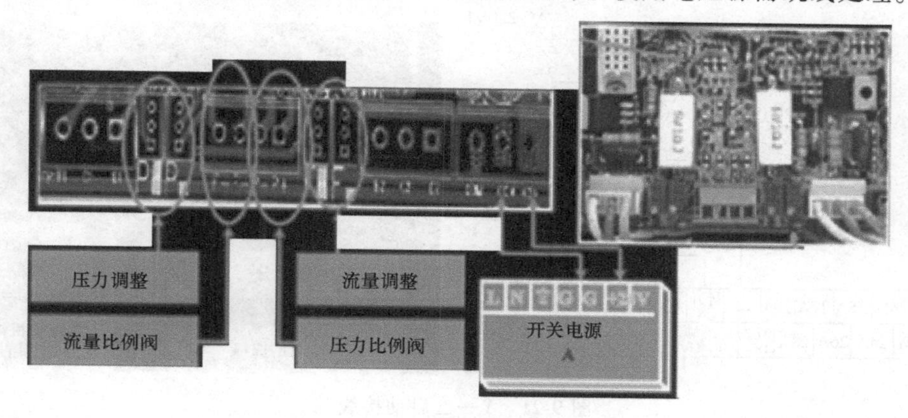

图 9-18　比例阀输出端

8. **热电偶输入**

热电偶输入如图 9-19 所示。

1）要求 K TYPE 遮罩线转接。注意正负极性，温度输入第一点为油温。

2）加热使用电磁接触器时，线圈需并联突波吸收器。若使用 SSR 则需要注意正负极。

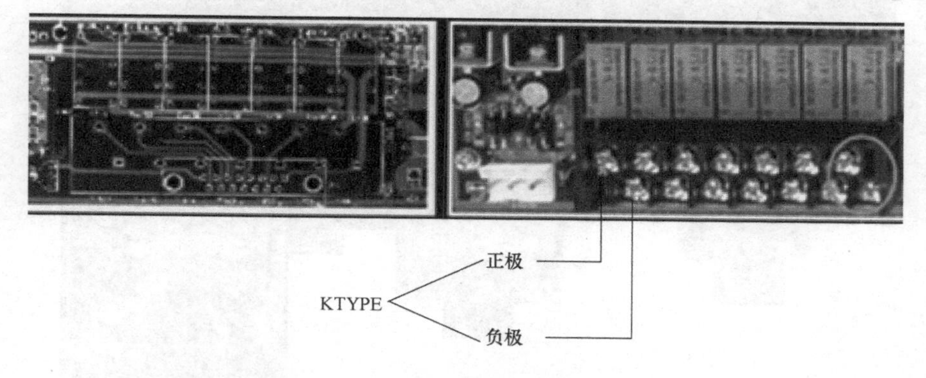

图 9-19　热电偶输入

9. **电动机继电器输出图**

1）直接启动接线如图 9-20 所示。

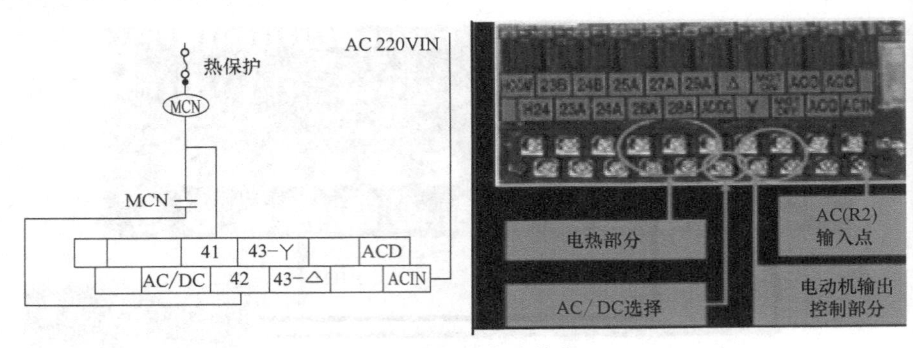

图 9-20　直接启动接线

2） Y—△启动接线如图 9-21 所示。

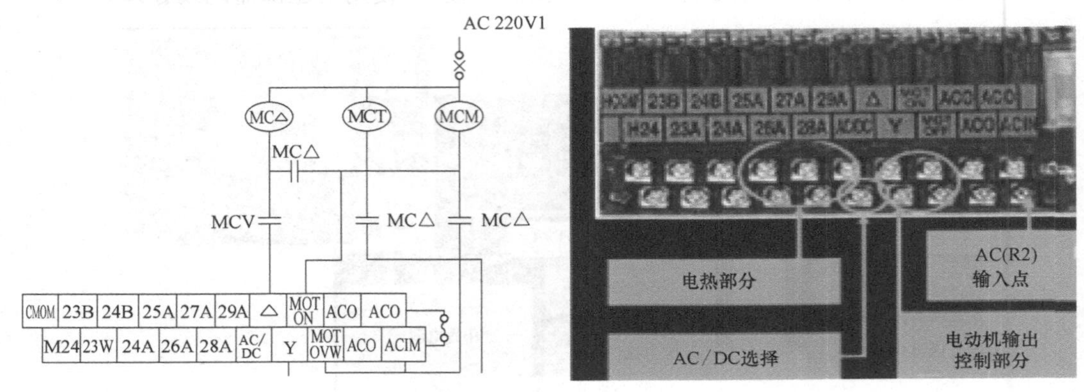

图 9-21　Y—△启动接线

3） 电动机接线方式如图 9-22 所示。

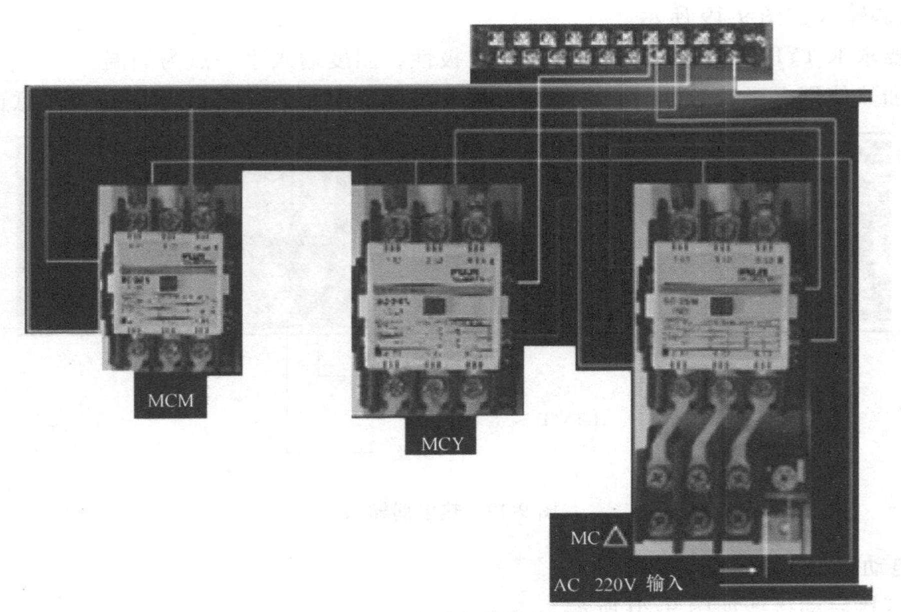

图 9-22　电动机接线方式

4）电动机输出说明。

① 电动机动作注意事项。必须在手动状态下才能起动电动机，而其余状态不能起动。

② 电动机起动时间。当按电动机起动按钮后，须经过此段时间后，才可以按其他键做动作。此可以避免电动机未开始完成运作就动作而造成烧坏。

③ 电动机需要时间。电动机 Y 运作时间。

④ 电动机启动 Y—△延时时间。Y—△中间转换时间。

10. 强电结构图

强电结构如图 9-23 所示。

图 9-23　强电结构

11. 机器自动流程参考

机器自动流程参考如图 9-24 所示。

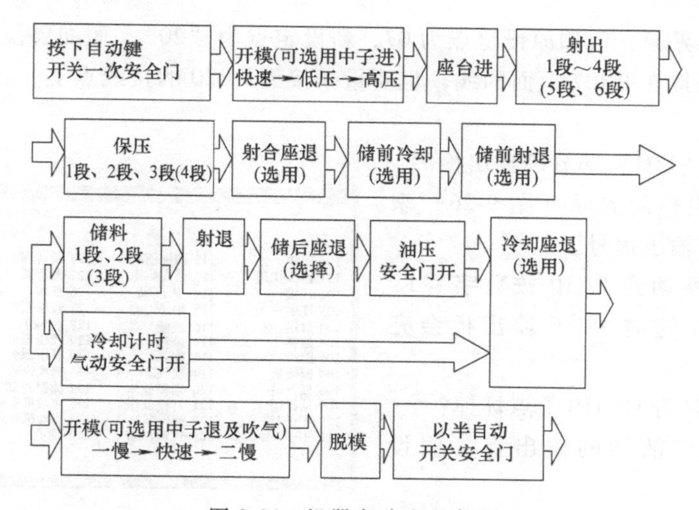

图 9-24　机器自动流程参考

12. 计算机的基本维修方式

(1) 主机 CPU 的维修

1) 检查主机板上有 2 个 LED 灯 (红绿), 位于 RS232 通信接口旁。

红色 LED 灯闪烁, 表示主机板已经正常工作。

绿色 LED 灯闪烁, 表示主机板已与面板通信, 故 2 个 LED 灯应该相互闪烁。

2) 请检查主机板上的+5V、+12V 及-12V 的灯有没有亮。

3) 请检查程式是否没有插好。

4) 更换主机板。

(2) 主机 I/O 部分的维修

1) 当机器一切正常 (面板、主机) 比例压力、流量都有送出时, 但机器都不会动作。此时较有可能是 I/O 的问题。

① 进行输入检测。

② 进行输出检测。

2) 如图 9-25 所示, 打开输入检测界面 (PB), 经此界面来确认控制器是否接收到相应的输入信号, 若在机器运转中遇到输入信号有问题, 可经此界面来确认控制器是否接收到相应的输入信号。在确认 PB 信号前显示 1, 代表输入正常, 显示 0 则代表没有收到输入信号。

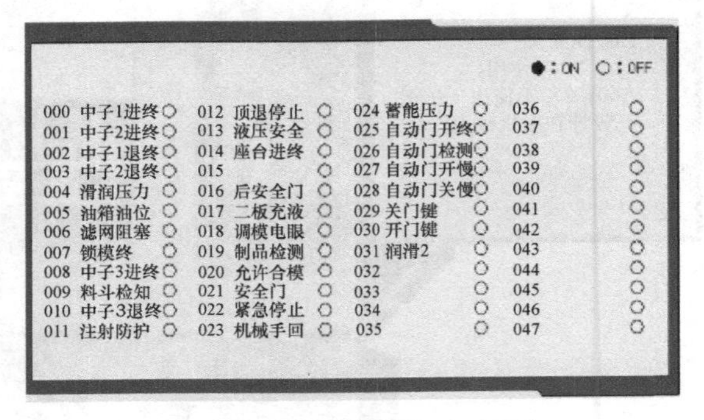

图 9-25 输入检测界面 (PB)

如何确认 INPUT 点坏掉?

① 先将所判定故障的输入点的线拆去。

② 将此点与 HCOM 短路 (使用一根导线就可以了), 会显示 1, 放开显示 0 则正常。

③ 如果一直显示 1 或一直显示 0, 即代表这一点损坏。

④ 如损坏, 可利用 PB 点对调方式, 将损坏的 PB 点与良好的对调, 即可使机器继续运作。

⑤ 利用设 PB 界面, 假如原设定点为 07, 新设定点为“20”(假如要换到 PB20), 再输入确认即可 (原来接在 PB07 上面的线, 也要重新接到 PB20 的接线点上)。一句话, 换点后也要换线。

3) 输入输出 (I/O) 部分的输出检测。

① 可使用输出检测界面 (图 9-26) 来确认是否有相应的输出信号。

② 如将游标移动到 PC10 按数字“1”再按“输入”键, 这时 PC10 输出板会亮灯, 表示正常。

4) 如何确认是否 OUTPUT 点坏掉?

① 先将所判定故障的输出点 (假设 PC10) 的线拆去。

② 将此点与 HCOM 短路 (使用一根导

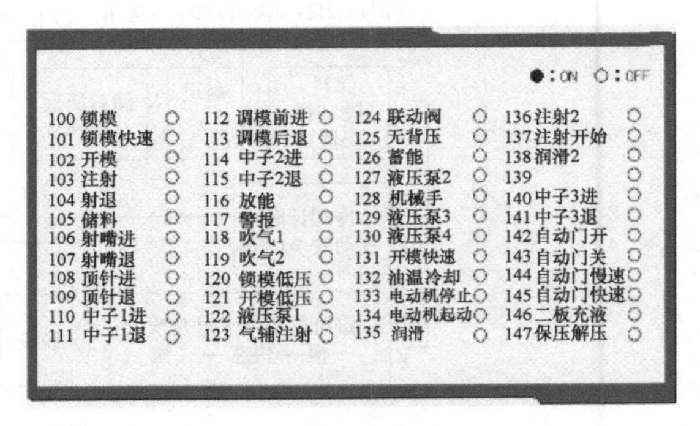

图 9-26 输出检测界面

线就可以了），会显示灯亮。若不亮，则说明 PC10 损坏。

③ 如果界面显示“0”，灯欲亮，表示此点损坏。

④ 如损坏，可利用 PC 点对调方式，将损坏的 PC 点与良好的对调，即可使机器继续运作。

⑤ 利用设 PC 界面，假如原设定点为 07，新设定点为 10（假如要换到 PC10），再输入确认即可（原来接在 PC07 上面的线，也要重新接到 PC10 的接线点上）。一句话，换点后也要换线。

（3）主机部分-温度类

1）温度不显示或显示为 0。

① 请确认 A60 与面板是否正常通信。

② 以万用表 RX-10K 档量所有 AC/DC 电源机器的阻抗（应在 1MΩ 以上）。

③ 将热电偶拆除，以短路代替热电偶，看温度。若显示室内温度，则表示电路板一切正常。

④ 若温度仍显示为 0，则请先更换热电偶接线板。

⑤ 若仍然显示为 0，则更换 A60 主机。

2）无法加温。加温信号为：“ * ”或“+”。无法加温故障检测流程如图 9-27 所示。

3）温度显示不正常、漂移或跳动。

① 请确认机器是否已经接地（最少需要一铜柱，埋入地下 50cm）。

② 系统电源不可与机器短路。

③ 热电偶需要接触良好。

④ 电热圈上面的电压需要足够达到要求。

⑤ 系统电源是否已正确装上滤波器。

⑥ 若一切正常，则请更换热电偶输入板或主机板。

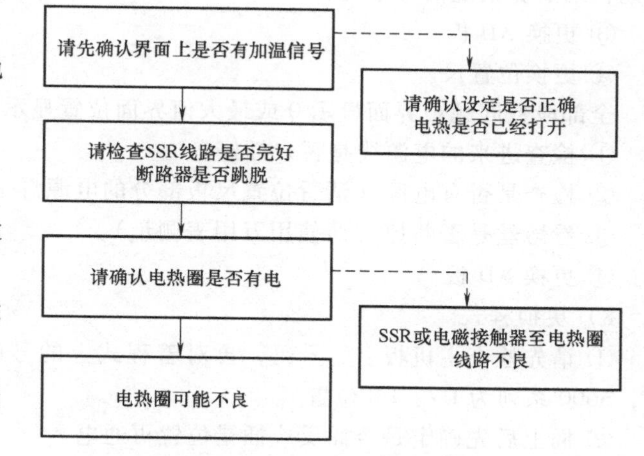

图 9-27 无法加温故障检测流程

4）温度特殊显示的情况。

① 显示 777（977）故障。此为小变压器 T1010（AC10V）未入温度板。检查 T1010 插座是否正常。更换 A60 主机板。

② 显示 888（988）故障。热电偶正负接反或开路，更换热电偶输入板。

③ 显示 999 故障。表示超过感温温度的上限值 449℃。检查热电偶端子是否接好，加热器线路是否正常。

5）温度偏高或偏低。加温信号“+”及“ * ”需正常显示，温度设定值需正常。当某段温度偏高或偏低时，请确认下列情况：

① 当温度偏高，加热器持续有电时，请检查 SSR 或电磁接触器。

② 当温度偏低，加热器持续有电时，请检查 SSR 或电磁接触器。

③ 当温度偏高，加热器送电正常时，请更换热电偶。

④ 当温度偏低，加热器送电正常时，请更换热电偶。若检查结果都正常，可能是 A60 主机板控制的加温部分损坏。

⑤ 当温度持续偏高时，有可能是螺杆与料管摩擦所产生的自然升高。

⑥ 当温度持续偏低时，有可能是原料与料管问题，可更换加热器测试。

6）装配注意事项。

① 机器接地良好不漏电，感温线路与交流线路分开配送。

② 热电偶的金属外网必须可靠接地。

③ 系统电源与机器不发生短路。

7）位置尺。请在手动状态下做位置动作，可判断为单段或全部段数问题。

单段位置问题：界面显示 0 或最大值。

① 检查位置尺的线是否断掉或短路。

② 位置尺的接线是否接错。

③ 位置尺插头的电缆是否良好。

界面显示值跳动。

① 检查位置尺的线是否插好。

② 位置尺长度若超过 650mm，则尺本身与机器绝缘，另外尺的第四脚必须与 AD COM 接地，以避免杂乱信号干扰。

③ 更换 AD 板。

④ 更换位置尺。

全部段数问题：界面显示 0 或最大值界面位置显示不变。

① 检查进来的电源线是否未插好。

② 检查是否有电源（请看位置尺板部分的电源灯是否亮）。

③ 看熔丝是否断掉（请使用万用表测量）。

④ 更换 AD 板。

8）更换程式。

① 请先检查主机板上的号码，再对着程式上的号码插上去（A60 系列为 U78、U79 位置，S600 系列为 U7、U8 位置）。

② 插上后先确定是否插反或插错位置再通电。

③ 当程式需要更换时，（不论主机或模板程式）请一定要做“系统重置”。因有时记忆体内部仍然存有资料，容易和新程式相互冲突，而造成不明原因的操作故障。

9）什么情况下需要更换 6000 系统 CPU 板？

① 主机不正常工作，红灯不闪（程序正常情况下）。

② 由于主机原因，绿灯不闪（通信不正常）。

③ 在更换温度板的情况下，温度上升，需更换 CPU 板。

④ 在更换电子尺板的情况下，不能解决电子尺方面的问题。

⑤ 不明原因产生系统复位现象。

IS5J 系统重置方式如图 9-28 所示。

在系统重置界面中，请将游标移动到系统重置资料后按“1”→“ENTER”，然后屏幕上会显示“次动作将系统重置”，再输入密码一次（此密码是 95），最后请按输入键。

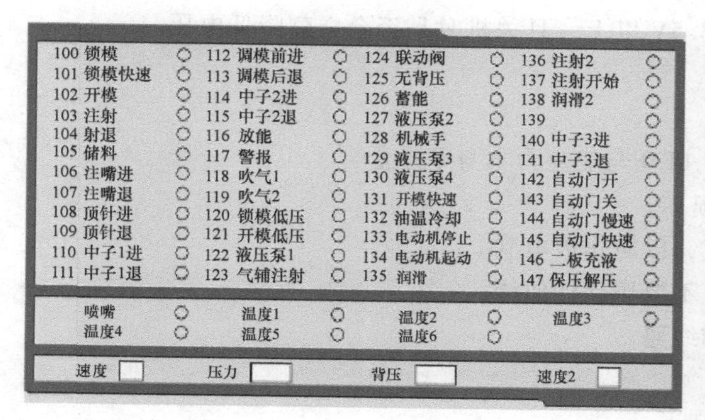

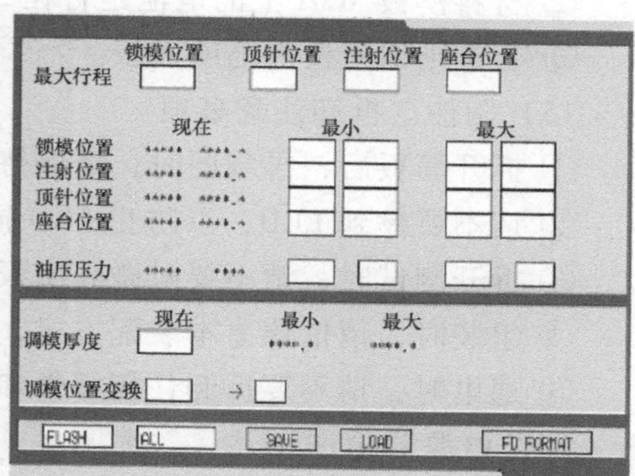

图 9-28　IS5J 系统重置方式

此时，屏幕上会显示“请重开机”，因此请关机以后再开机，此系统重置工作完成。

注意：重置后，所有的模具存储资料均会消失，包括参数资料都会回到出厂时设定的资料的设定值，故请特别注意之前的相关资料的记录工作。

10）屏幕上没有界面显示。

① 检查 MMI-H 板上的+5V（DPW2）及+12V（DPW4）的灯是否亮。如果没有亮，请使用万用表测量。

a. 2P 的空中插头线有没有 24V，若没有检查空中插头是否没有插好。

b. 短接点 OP3 是否有 5V，OP6 是否有 12V。若没有，请更换 MMI-H 板。

② 信号灯（LED1）是否闪烁。如果没有闪烁，请检查程式是否插反或插错（如果没有插错，请更换 MMI-H 板）。

③ 检查 LED 有没有亮（如果没有亮请检查灯管线有没有松脱）。

④ 检查 LED 界面卡到 MMI 的排线有没有插好。

⑤ 更换 LED。

11）键盘没有动作。

① 检查附锁开关没有开或断线。

② 更换 MMI 板。

③ 更换键板。

12）界面不正常。

① 检查 LED 界面卡到 MMI 的排线有没有插好。

② 检查程式是否插反或插错。

③ 更换 LED。

④ 更换 MMI 板（见图 9-29）。

13）屏幕亮度不够。

① 请检查灯管是否亮。

② 手动状态下在主界面连续按“↑”键，可增加亮度。

14）资料无法储存。

① 检查资料设定后是否按设定键。

图 9-29　MMI 板

② 材料模板 MMI 上的电池是否在 3.5V 以上，且关机时是否会立刻降低电压。

③ 若是则请更换电池或面板。

15）附注。拆卸注意事项。

① 拆开面板后，再装回时，请保持 LED 与亚克力本身干净。

② 请不要摔到 LED，以防止 LED 损坏。

③ 拆开测试时，请不要触碰高压板，以防止被电到。

④ 组装时，请依照原本装配方式，不要压到任何线。

⑤ 通电时，请不要拆卸任何零件和线路。

16）电源器检查。

① 先将电源器输出端 DC24V 的线卸下。

② 确认电源器指拨开关位置。

③ 输入电源确认。

④ 绿灯需亮起，并有 24V。

⑤ 为防止电击时的干扰系统工作，请与 AC 输入部分加装雷击器保护装置。

17）电源器故障处理。

① 绿灯不亮，DC24V 端子没有+24V，表示电源器坏，请更换电源器。

② 可能损坏零件。

电源器故障状况，零件位置及零件名称见表 9-2。

表 9-2 电源器故障状况、零件位置及零件名称

故障状况	零件位置	零件名称
无输出	C5、C6、Q1、Q2	330UF/200V，2SC2625
一通电烧熔丝	Q1、Q2	2SC2625
入错电	C5、C6、Q1、Q2	330UF/200V，2SC2625

二、注塑机计算机控制器（宏讯控制器：C6000、C380、S260）故障分类

1. 无动作、无显示

1）关电，用万用表欧姆档测量 AC220V 与 DC 间有无短路，DC 电压相互之间有无短路，DC 电压与机器有无短路。

2）开灯，用万用表 30V 档测量电源器及直流转换器 DC 电源有无输出。若无，则更换电源器或直流转换器。

3）测量正常，观察主机是否正常（LED1 闪烁表示主机正常工作）。若不工作更换主机 CPU 板或程序。

4）主机正常工作但无法与显示面板（MMI）通信，检查 RS232 通信是否正常。

5）RS232 电缆正常，再检查显示面板（MMI）是否工作。若不工作更换显示面板（MMI）CPU 板或程序。

2. 无动作、有显示

1）检查电源线是否接触良好。

2）检查所有插座是否良好。

3）检查电箱内是否工作。工作时 LED1 闪烁而 LED2 也应闪烁。LED1 闪烁代表主机工作。LED2 闪烁代表面板主机与电箱主机通信正常。

4）以万用表 DC30V 档及 DC120V 档量电源器电源、控制器电源以及 VLV32 电源、PH24V \ H38V 电源插头，看是否正常。

5）测试手动动作信号是否输入计算机（动作、压力、流量有无显示）。若无，则检查操作板内线路是否短路或开路。

6）此时输入信号有显示，仍无任何动作，则看方向阀输出板、电流表有无作用：

① 显示有、电流表作用、输出板无。检查 H24V、HCOM 是否正常。若正常且插座良好，则先更换方向阀输出板，再更换主机 CPU 板。也可配合检测界面测试方向阀输出板每点是否有输出。

② 显示有、方向阀有、电流表无。检查 H38V 是否进入 PCB。若有将 MOLEX-4P 电线拔掉，以万用表 RX10 档量比例阀至 DA 板两端是否有阻抗（应该很小）。若无，检查比例阀线。若正常，更换主机 CPU 板（请注意接线正负方向）。

3. 有动作、无显示

1）检查 MMI+24V 是否正常。

2）检查 CPU 板是否正常工作（LED1 闪烁）。若正常，更换液晶显示模块（LCM）或高压板。

3）显示面板 CPU 工作不正常，更换。

4. 单一动作无法操作

1）先确定数据是否设定正确，包括压力、流量、时间、次数、功能、位置。

2）确定屏幕有无显示动作压力、流量。

① 有显示动作压力、流量。参考 3. 检查一遍。

② 无显示动作压力、流量。检查操作面板线路及该动作数据设定。

③ 有显示动作压力、流量，显示均为零。利用检测界面检查，看行程开关是否在正常位置，逐一用手扳动所有相关行程开关，看是否有不正常信号进入。此时，若将电线自 I/O 板上拔掉，而仍有信号进入，则 I/O 故障；若无信号则行程开关线路故障。

3）各种手动故障状况如下。

① 无法关模。顶针未退回、安全门未关、安全门行程开关失效、关模高压、关模终失效、关模参数错误、中子设定错误。

② 无法开模。开模终失效（一直 ON）、开模参数设定错误。

③ 无法脱模。脱模进退终失效或脱模数设定为零。

④ 自动无法射出。温度未达到，座进终失效。

⑤ 无法储料。温度未达到，储料终失效。

⑥ 自动时无法绞牙。绞牙进退电眼失效。

⑦ 无法调模。调模使用失效、调模电眼失效、调模参数错误。

⑧ 无冷却。储料时间过长，冷却时间设定加长。

以上可以先在调模使用下，做慢速运动看是否正常，再检查界面资料是否正确。

5. 数据不正常变更

1）检查电源是否正常，尤其+5V 必须合乎规定。

2）量显示面板（MMI）CPU 板上电池电压（应在 3.5V 以上）。

3）参考操作手册数据设定栏，按正确程序存储。

4）更换显示面板（MMI）CPU 板。

6. 屏幕归零

重起一段操作界面，自动跳为开机界面。

1）参考系统图将电源电路检查一次。先量电源是否与机器短路，接着量电源器输出电压是否正常，再量控制器。

2）量 AC 电源是否稳定在 220V。若 AC 不稳定，则考虑加装稳压器。

3）控制器上电源其中 5V，必须在 5.05~5.15V 之间。若不足则更换电源器，使 5V 输出足够。

4）电源器若无足够输出，更换电源器。

5）检查主机 CPU 板程序及其他零件是否固定不良。

6）检查电动机起动接触器和加热的电源器，其线圈是否加装突破吸收器。

7）以上均无效，则更换主机 CPU 板。

7. 动作中忽然停止

1）检查 H24V、H38V 电压是否正常，有无短路。

2）动作分类。开模至一半停止，检查开模终。关模至一半停止，检查关模高压限位器、关模终限位器、关模慢速与低压是否设定为零。射出至一半停止，检查 H24V 与 H38V。储料至一半停止，检查储料终。电眼未检出，检出电眼聚焦是否对准。

3）若使用位置尺控制行程，在静止状态观察屏幕位置尺读数是否稳定。正常时，在 30cm 以下读数的个位数跳动偏差不超过±5。尺长在 30~75cm 应不能超过±10。若发现跳动已达十位数，则该位置尺配线必须检查，看是否与机器短路。

4）以上均无效，则更换主机 CPU 板。

8. 位置显示不变（动作时，位置尺数字保持不变）

1）检查 DC15V，量输出±15V 是否正常。

2）检查位置尺接线是否接错或短路。

3）量取位置尺电阻值是否随不同长度而变动。

4）量取位置尺电源是否有+10V，位置尺上插第 1、3 脚。

5）更换 AD 板。

9. 位置显示不正常跳动

1）位置尺长度若太长（超过 650mm），则尺本身必须与机器绝缘。

2）间歇性跳动，偶尔会大幅度跳动，则必须检查插头的焊线是否接触良好。

3）更换 AD 板。

4）更换位置尺。

5）更换连接线。

10. 设定距离无法到达

1）量取位置尺电源是否有+10V，不足则更换 AD 板。

2）检查位置尺插头接线是否有短路现象。

3）检查程序所烧录的尺长是否与实际相符。

4）调整 AD 板上可变电阻，看是否可调到位置足够。

11. 无压力有流量或有压力无流量

1）查线路有无断路。

2）检查比例阀电源 24V（或 38V）是否有输出。

3）更换输出功率管，确认是否为功率管故障。

4）更换 DA 板。

12. 压力流量电流不够大

1）测定比例阀阻抗大小。比例压力阀的阻抗一般为 10Ω，比例流量阀的阻抗一般为 40Ω 左右。测定电流电压（24V 或 38V）并计算最大值。出厂时调整的最大压力电流约为 0.8A，最大流量电流约为 0.8A（起始值为 0.1A）。

2）调节电位器。

3）更换 DA 板。

案例 194　注塑机的润滑问题

1. 合模润滑部分

合模部分模板的滑动副和曲肘转动副采用自动集中控制，配以定量加压式分配器（小型机器采用定阻式）和压力检测报警，保证每一部分充分润滑。注塑机目前大多采用油脂润滑，部分机型的模板、推力座采用稀油润滑，另外注射部分及调模等速度低或不常运动的运动副，采用手动定期润滑保养方式。

锁模部分是润滑最重要的部件，因长期受到不断往复摩擦的动作，如果缺少润滑，零件会很快磨损，直接影响机械零件的寿命，导致不能正常生产。同时，科学合理润滑也是保证注塑机正常运行的重要条件。

常用润滑油：

1）68 号抗磨液压油。用于部分机型的模板、滑脚、储料马达、推力座的润滑。

2）极压锂基脂 LIFP000。用于锁模关节部分和小型机拉杆、动模板滑脚的润滑。

3）1 号锂基脂润滑。用于注射导轨部分和小型机储料马达座内的润滑。

4）3 号锂基脂润滑。用于调模部分的润滑。

2. 润滑部分工作顺序

图 9-30 所示为润滑部分工作顺序及油脂润滑泵实例及原理。

油脂润滑泵压力 0~10MPa。稀油润滑泵压力 0~5MPa。

1）定阻式润滑原理。定阻式润滑系统（一般小于 300t 的注塑机）的润滑原理。定阻式润滑系统配置有定阻式分配器。当润滑泵工作时，由于定阻式分配器的作用，从润滑泵出口到各定阻式分配器的油路中产生压力。当高于阻尼压差时，润滑油会克服阻尼不断流向各润滑点，直到润滑时间结束。由于定阻式分配器的阻尼孔大小不同，因此定阻式分配器保证了润滑系统到达各润滑点的油量按需要分配。当润滑油路的压力在润滑时间内达不到压力继电器设定的压力值时，机器会报警。这表明润滑系统有问题需要检查修理。

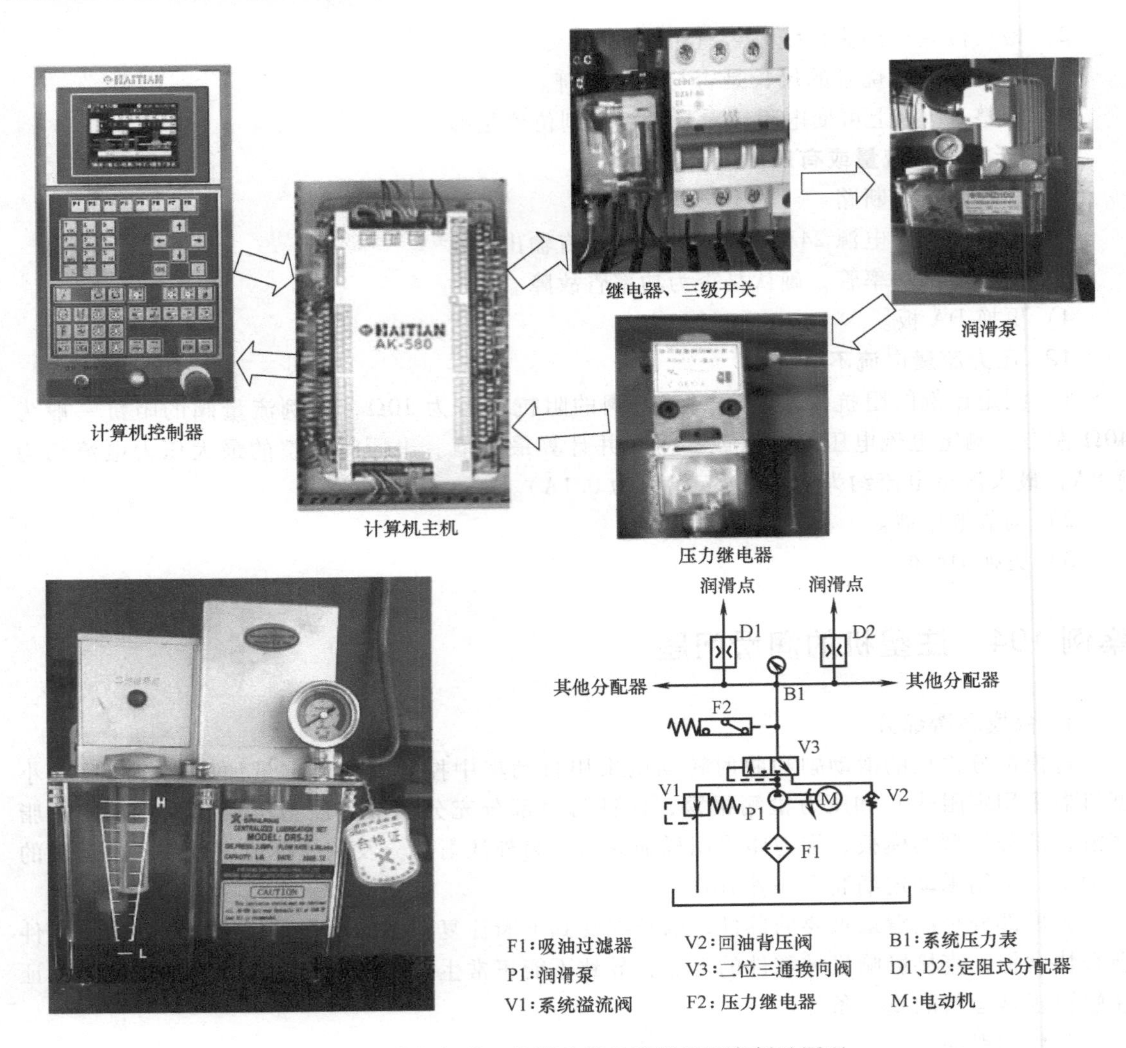

图 9-30 润滑部分工作顺序及油脂润滑泵实例及原理

2）定量加压式润滑原理。定量加压式润滑系统（一般小于 300t 的注塑机）的润滑原理如图 9-31 所示。定量加压式润滑系统配置有定量加压式分配器。当润滑泵工作时，润滑泵向各分配器加压，将定量加压式分配器上腔的润滑油压向各润滑点均匀润滑。当润滑油路的压力达到压力继电器压力设定值时，润滑泵停止工作，开始润滑延时计时，各分配器泄压并自动从油路中补充润滑油到上腔。当润滑延时计时结束后，润滑泵再次起动，周而复始直到润滑总时间结束。由于分配器的排油量不同，因此保证各润滑点的油量按需要分配。当润滑油路的压力在润滑时间内达不到压力继电器设定的压力值时，机器会报警。这表明润滑系统有问题需要检查修理。

3. 锁模部分的润滑

锁模部分润滑实物如图 9-32 所示。

1）拉杆部分润滑。小型机推荐使用 00 号极压锂基脂，由机器润滑系统供油。大中型机推荐使用 150 号极压齿轮油或 68 号抗磨液压油，由独立的动模板自动润滑系统供油。

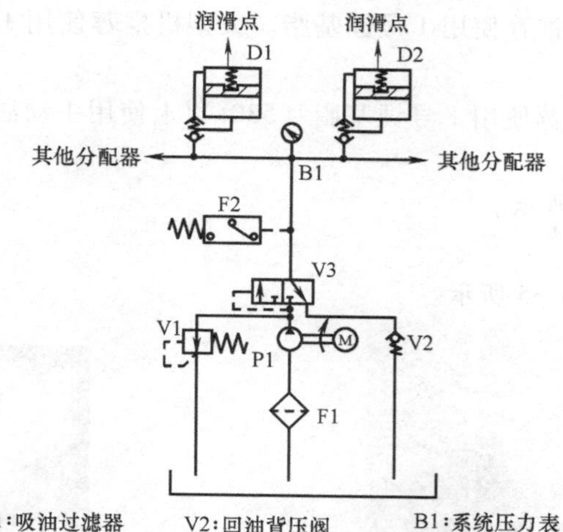

图 9-31 定量加压式润滑原理

图 9-32 锁模部分润滑实物

2） 调模部分润滑。推荐使用 3 号锂基脂。

3） 曲肘部分润滑。

① 油脂润滑机型推荐使用 00 号极压锂基脂，由机器润滑系统供油。

② 稀油润滑机型推荐使用 150 号极压齿轮油或 68 号抗磨液压油，由机器润滑系统供油。

4. 注射部分润滑

注射部分润滑如图 9-33 所示。

图 9-33 注射部分润滑

1）储料座润滑。小型机推荐使用1号锂基脂。大型机推荐使用150号极压齿轮油或68号抗磨液压油。

2）导轨、铜套润滑。推荐使用1号锂基脂（530t以上使用手动润滑泵）。

5. 润滑系统构造

润滑系统构造如图9-34所示。

6. 润滑故障产生实例

润滑故障产生实例如图9-35所示。

图9-34 润滑系统构造

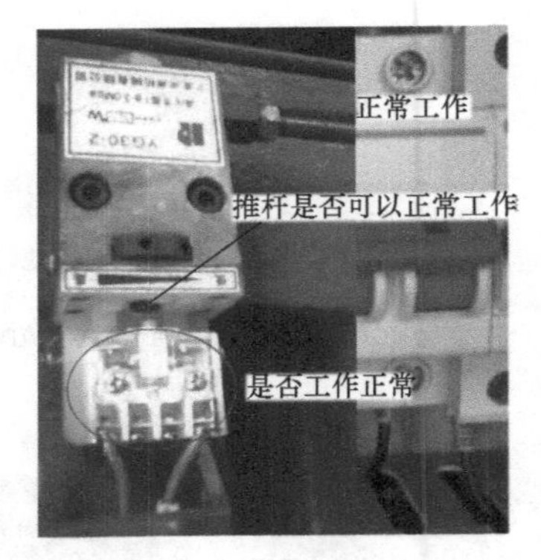

图9-35 润滑故障产生实例

1）压力继电器开关没有接通。

2）润滑泵设置不当。

3）润滑泵污物堵塞。

4）润滑管损坏漏油。

5）润滑管内油干涸。

6）润滑控制电路故障。

7）润滑分配器故障。

润滑管实体如图9-36所示。

图9-36 润滑管实体

案例195 在拆装注嘴、法兰（前机筒）、过胶头以及螺杆与液压马达键槽分离时可能遇到的问题

注塑机的生产，经常会遇到注嘴流延、堵塞、更换过胶头、止逆环、推力环、法兰清

理、螺杆清理、更换等需要拆装。正常的工作会比较顺利，但是由于各自原因（设备使用年限、零配件材料选用质量差、安装不到位等）拆装起来会非常困难。这里将可能会遇到的一些问题整理一下，提供一些比较有效的应对方法，供大家参考。

1. 安装注嘴程序及方法

为何先介绍安装注嘴的方法，而不是拆卸注嘴的程序？原因如下：

1）在安装注嘴前，首先要清除注嘴螺纹及法兰的内螺纹上的塑料等异物。用二硫化钼或红丹粉（润滑脂也可以）少许涂抹在注嘴和法兰的内螺纹上（这一步非常关键。这样，就在螺纹之间增加了一层媒介，以后再拆卸会非常方便，不会咬死）。

2）同时清理干净注嘴和法兰配合接触的平面。开始用手旋入注嘴一直到旋不进为止（注意：此时不要使用工具）。

3）机筒准备加热（正常的设定温度即可），同时将法兰（见图 9-37）前端的电热圈加热。

4）等设定温度达到 0.5h 以后，再使用工具（一般注塑机上面都配有专用套筒扳手）扳紧即可。

实际工作中，由于注嘴在拆卸以后再装配时，没有对螺钉进行涂抹二硫化钼等介质层，因此在经过加温（热胀冷缩）受力等状态下，螺纹之间的咬合力会大大增加，很难把喷嘴拆下来。所以在装注嘴时，必须涂抹二硫化钼等介质层。

图 9-37　法兰

2. 拆卸注嘴程序及方法

1）断开温度控制电源（电箱内单级开关），清理干净需要拆卸的注嘴部位（便于拆电热圈导线和扳手套入位置）。拆除电热圈和热电偶。及时（电热还没有冷却，大概在 150℃以上）使用套筒扳手（用锤子敲击）将注嘴螺钉旋松（此时，不能立即旋转下来）停顿 2min。把注嘴里面的压缩空气尽量排出（这一步非常重要），否则容易发生事故。

2）开始使用扳手逐渐扳松注嘴螺钉（注意：不要把头低下来，呈注嘴前面直线位置）。注嘴螺钉即将掉下来时，使用抗温度高的工具夹住取下，进行清理工作，检查螺纹及球面尺寸。

注嘴实体及安装如图 9-38 所示。

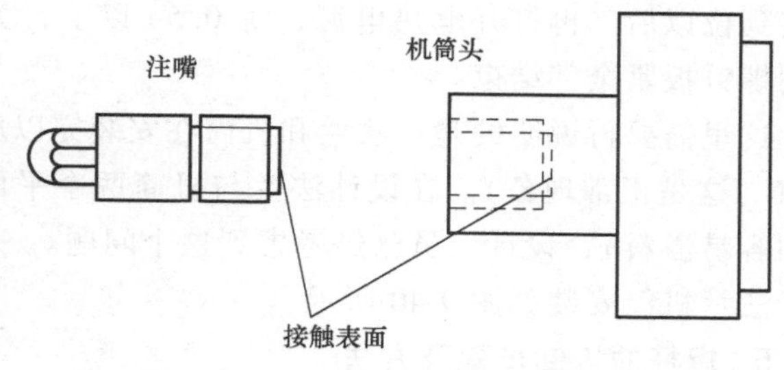

图 9-38　注嘴实体及安装

3. 法兰拆卸程序及方法

机筒的第一、二段温度（可以比设定的温度稍高一些）到达以后，开始进行内六角螺钉的拆卸。断开电源，拆去套在法兰上的电热圈（不影响的不要拆），把导线用绝缘胶布包起来。使用内六角扳手（尽量塞到底，再用锤子敲）进行旋松（可以借助加力管配合作业）。在螺钉松动以后，暂时停止取出，再对对面的螺钉进行拆卸。等全部螺钉（注意：如果设备锁模力在500t以上，建议使用吊车，用吊带固定以后吊下来，以保证安全）松动以后，再使用木锤敲击法兰多个角度，法兰就会慢慢下来。

注意：再拆法兰的内六角螺钉时，经常会遇到螺钉口变形、滑牙，造成螺钉取不下来（前面的注射案例章节里面已经介绍过这个问题，这里不再赘述）。

法兰及相关拆卸组件如图9-39所示。

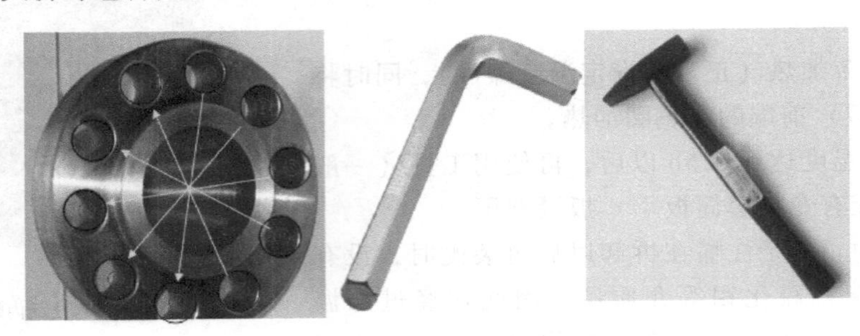

图9-39　法兰及相关拆卸组件

4. 法兰安装程序及方法

法兰上的所有杂物清洗（清理）干净以后（特别是法兰和机筒的配合处，必须特别注意。除了干净以外，平面还必须平整没有划痕）机筒平面也必须清理干净。机筒开始设定的正常加热温度（打开电热圈控制开关），等达到设定的加热温度在0.5h以上，才可以考虑安装法兰。在等待加热时，把经过挑选以后（最好是全新的12.9级的高强度螺钉）的内六角螺钉的螺纹上面涂上一层二硫化钼。开始安装法兰，打开电热温度（在加温的同时进行工作）。注意：必须把法兰和机筒相互配合以后再开始塞入螺钉，第一个螺钉旋进2~3牙后就可以停止了，再用第二个螺钉在对角旋进2~3牙。就这样以此类推把所有螺钉拧上以后，在法兰与机筒处于一个平面时，开始按顺序把螺钉用扳手一一拧进（此时，还不需要加力），等到全部螺钉拧到位以后（此时，电热一直开着）的0.5h以上，开始全部使用加力方法，进行第一次加力扳螺钉。螺钉扳好以后，关电热电源，开始安装拆下的电热圈等。安装到位以后，再打开电热电源，等0.5h以上，关电热电源，开始第二次螺钉扳紧动作，直到螺钉扳紧全部结束。

这里需要再说明的是：法兰和机筒在安装完以后，两者之间应该有一条眼睛可以看见的缝隙（这是正常现象）。在设计法兰与机筒两个平面配合时（一般都要里面的平面先接触，否则容易溢料），设计人员已经考虑到这个问题。

法兰机筒安装如图9-40所示。

5. 螺杆的拆卸步骤及方法

在注射故障中介绍了一些怎样拆螺杆的案例，其中一些步骤都是正常状态下所必须进行的。但是由于机筒的使用年限比较久（长时间的热胀冷缩）、材料的使用寿命降低、螺钉拧

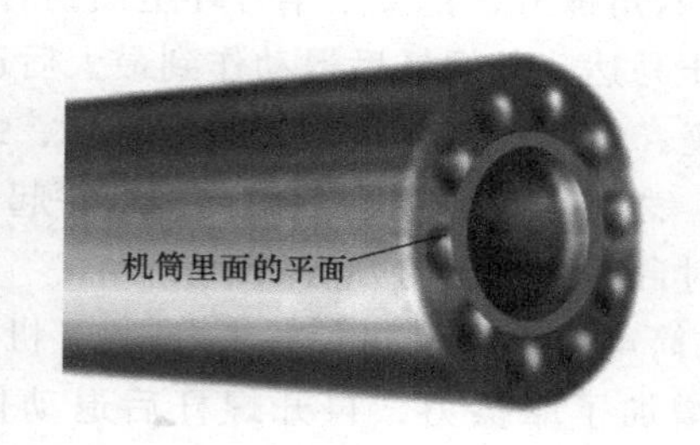

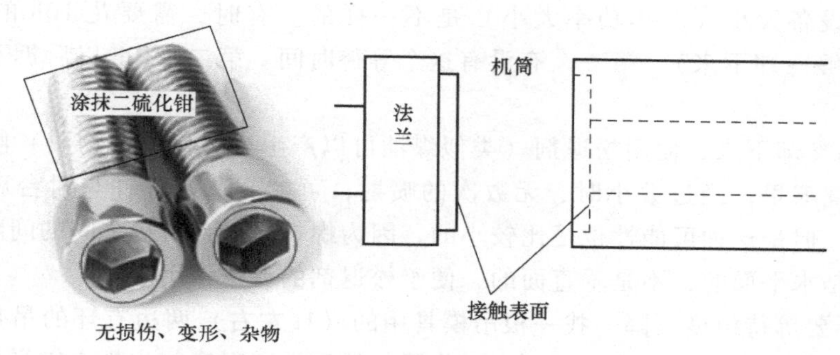

图 9-40　法兰机筒安装

进拧出的频率相对增加、维修人员的操作不当等因素，导致了机筒上面的螺孔、固定螺钉、销轴间隙配合等出现问题。在拆卸螺杆时增加不少困难，影响作业进程和时间，直至损坏配件。下面介绍前面没有提到的拆螺杆的一些实际工作中可能会遇到的问题及应对方法：

1）机筒加温（机筒里面肯定还留有以前做产品剩余的塑料）。设定温度与机筒里面的材料温度相匹配的熔融温度。

2）拆去设备上的模具（下模具），开模到最大，调模到最大，这样便于将螺杆从开模区取出。

3）拆去射座上面的储料桶或干燥料桶，清理干净下料口的杂碎物料。

4）温度到达以后，开注射动作（使用储料加高背压也可以）清空机中的残余料。对聚碳酸酯（PC）和聚氯乙烯（PVC）等树脂，在冷却时会黏在螺杆和加热机筒上。特别是聚碳酸酯，如果剥离时不小心，就会损坏金属表面。如果用的是这些树脂，应该先用聚苯乙烯（PS）、聚乙烯（PE）等清洗材料清洗，易于螺杆的清洁和拆卸（指用聚苯乙烯等对空注射多次）。

5）开始拆卸（上面提过方法及步骤）注嘴、法兰（前机筒）。

6）开始拆卸螺杆前面的三件套（过胶头、止逆阀、推力环）。注意：过胶头与螺杆的螺牙配合是逆时针方向的。所以，在使用过胶头专用扳手时应注意这一点。套上扳手，使用锤子敲击（基本上敲一下就松动了）使用防烫办法，将三件套一一拆下来。

7）清理三件套上面存留的塑料，检查目前的质量状况（如果检查出问题，建议更换）。

8）开螺杆后退动作一段距离（到达可以拆卸螺杆后面的半月环位置的地方），停止液压马达运行。

9）使用内六角螺钉，把2个半月环上面的各3个螺钉拆下以后，拿出2个半月环。

10）开液压马达，开螺杆后退动作到最大后退位置（注塑机上可以设定位置），分离螺杆和液压马达座。但由于各种原因（装配不当、螺钉变形等），会造成螺杆与射台后板之间的键销（键槽）之间咬死（射台后板与螺杆一起向后面运动），螺杆出不来。

将螺杆与射台后板脱离的方法如下：

1）关闭机筒电热，等到机筒冷却下来（机筒中的剩余塑料也冷却了）。这样，螺杆与机筒之间就增加了摩擦力，再开螺杆后退动作，就能够分离出螺杆。但问题是：等到机筒完全冷却下来需要多少时间？（设备冷却的时间是不一样的）冬天和夏天冷却的时间是不一样的。设备大小（电热功率大小）是不一样的。有时，需要花10h的时间进行冷却（也未必能够冷却下来）。第一，有没有这个等待时间。第二，10h以后拆不下来的情况经常发生。

2）待机筒冷却下来，使用松退剂（类似煤油可以产生渗透作用的物质）喷在螺杆与射台后板之间的缝隙里，经过数小时、无数次的喷射，可能会造成螺杆与射台后板之间的松动，从而取出。但是这种可能性也是比较小的，因为螺杆与射台后板之间的间隙小，另外它们配合的方向是水平面的，不是垂直面的，便于松退剂的渗透作用。

3）首先不要等待温度下降，找一根吊模具用的（1t左右）两边有环的吊带，穿入螺杆的颈部后，用吊带的一头穿进另一头环内，收紧；然后沿着射座往注嘴方向平行拉过去，缠绕在注射液压缸（或粗油管上，或机筒一圈），用固定模具的金属活动环锁住吊带另一个环。就这样，可以开始逐渐使用射退动作，平行拉开（注意：可能一次射退动作不能拉开），需要再收紧吊带多次才能将螺杆完全脱离开。螺杆安装原理如图9-41所示。

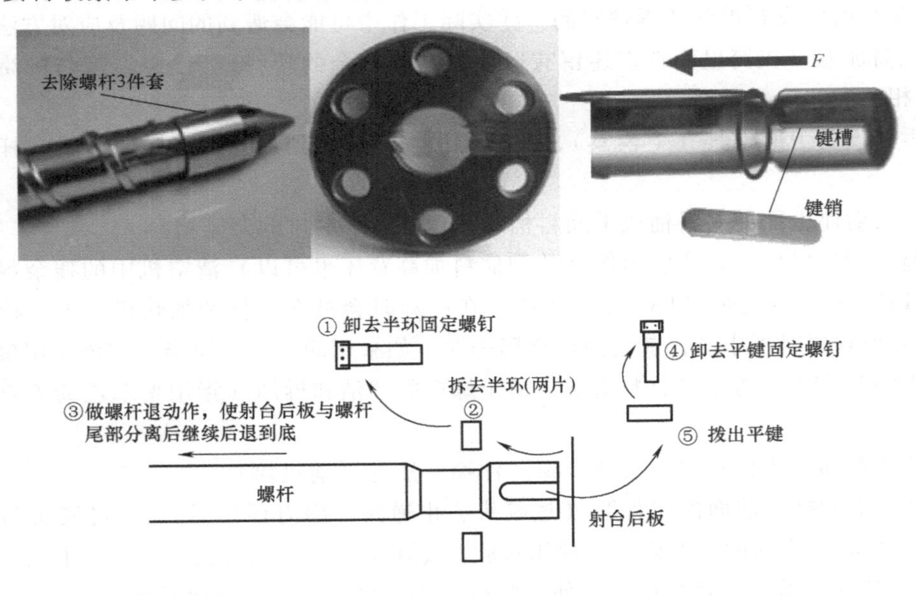

图9-41　螺杆安装原理

另外，这里需要提到的是：在取半月环时，经常会遇到螺钉断在螺孔里；但是一般来说，这几个螺钉比较好取。

案例 196 注嘴漏料

注塑机的运行生产中，注嘴漏料是较常见的故障，其具有渐进性、突发性，也是处理起来比较困难的。

现根据多年的工作经验，下面对注嘴漏料原因和采取的对策进行了认真分析和总结，提供给大家参考。

1. 模具方面

1）模具定位圈在上模中操作不良（或选择配合不当尺寸的定位圈），引起定位圈没装好、模具不平衡。模具及定位圈如图 9-42 所示。

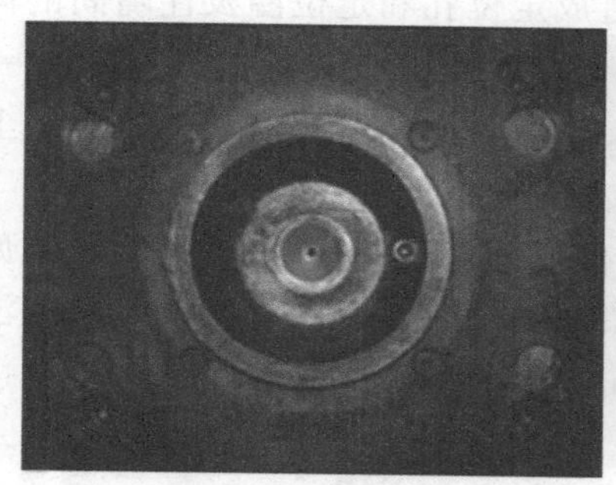

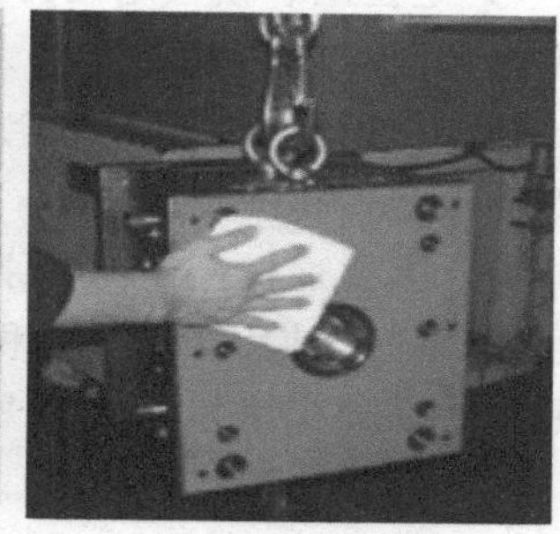

图 9-42 模具及定位圈

上模工在吊模时工作不细致，锁模参数设置不合理，导致模具定位圈与胶口套及定模孔没对正。三者之间同轴度偏差过大，引起漏料（≤400t 的注塑机注嘴同轴度误差不大于 0.25mm）。

处理：降低锁模高压速度，边锁模边观察定位圈定位是否到位，否则重装。

定位孔及故障处理过程实例如图 9-43 所示。

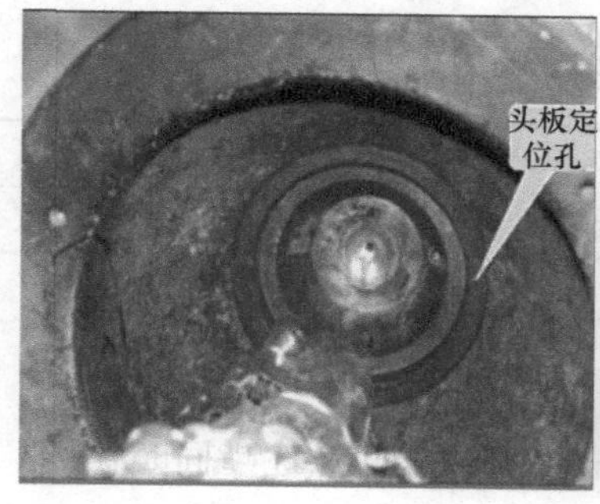

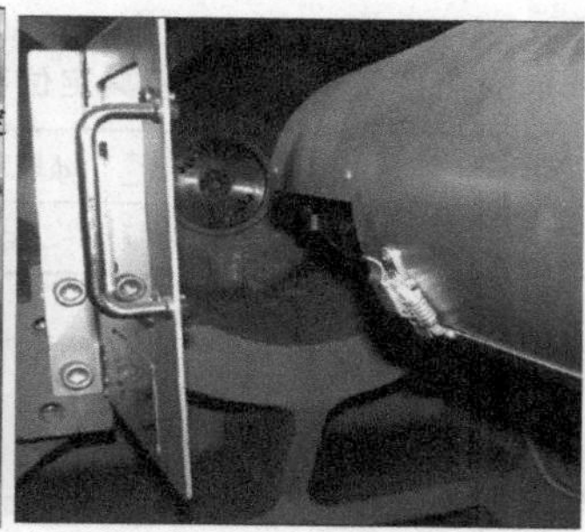

图 9-43 定位孔及故障处理过程实例

2）胶口套有损伤缺口。特别是在生产含玻璃纤维材料时，冷料硬度高，极易损坏胶口套，造成明显的凹陷、流槽。

处理：清理残余碎塑料，更换新的胶口套或重新加工胶口套。

图 9-44 所示为浇口套及相关组件。

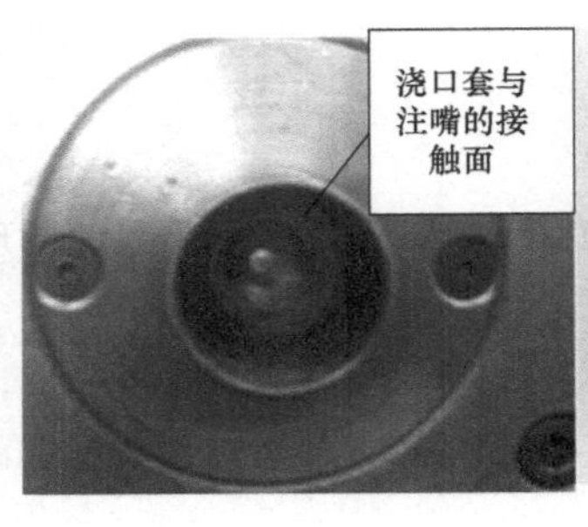

图 9-44　浇口套及相关组件

2. 设备方面

1）定位圈、模板定位孔使用久后产生磨损、变形，造成定位孔和定位圈及注嘴间的同轴度超差，注嘴漏料。

处理：吊模上高压后，暂不上压块。胶口套上垫张纸，座台注嘴对撞胶口套，查看纸上的对冲印记，要圆圆的圆圈。否则微调模具，重新试验。

为什么要这样操作呢？原因是定位圈外径加工一般下极限偏差 0.15mm，内径上极限偏 0.1mm 以上。使用久后，累积误差更大，容易依赖定位圈，忽视同轴度误差值大引起的注嘴漏料。注嘴实体如图 9-45 所示。模具定位孔直径和注嘴与模具定位孔的同轴度见表 9-3。

图 9-45　注嘴实体

表 9-3　模具定位孔直径和注嘴与模具定位孔的同轴度　（单位：mm）

模具定位孔直径	$\phi80 \sim \phi100$	$\phi125 \sim \phi250$	$\phi315$ 以上
注嘴与模具定位孔的同轴度	≤0.25	≤0.30	≤0.40

2）射移座台导轨设计不合理或使用不良变形，导致注嘴的同轴度超差，引起漏料。

处理：更换或校正导轨后，重新调整设备的同轴度。

3）注嘴有损坏。特别是生产玻璃纤维材料时，容易造成模具胶口套和注嘴同时损坏。

处理：车削注嘴 *SR*，或更换新注嘴。注嘴 $SR<10$mm。

4）座台液压缸油封磨损、损坏老化、内泄漏（压力减小）造成漏料。射胶动作时，射出阀和座台射移阀是同时工作的。射出压力作用在模具上，有一个巨大的反作用力靠射移液压缸来支持。如果射移液压缸内泄漏，容易导致渐近性漏胶。特别是在 5 年以上的旧机或从没保养过的注塑机，要特别留意这点。射移阀内泄漏也有这种情况。

处理：更换油封或阀。

5）座台在注射（储料）时，没有参加工作（射台前进）或压力流量太小。

图 9-46 所示为注嘴同轴度超差引起漏料。

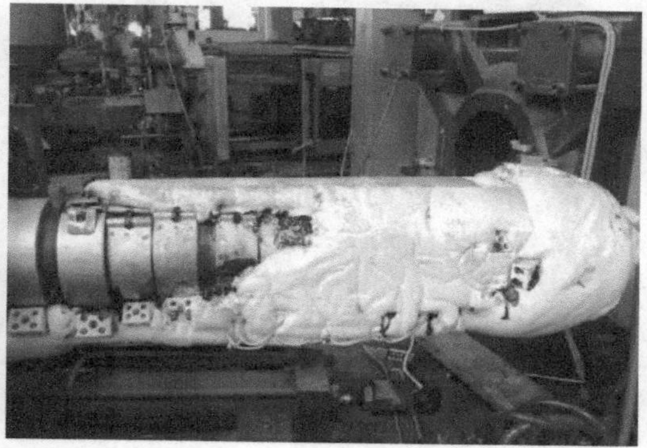

图 9-46 注嘴同轴度超差引起漏料

3. 设备工艺上的参数设置及操作不合理

1）半自动生产前，应该先合模，后进行座台前进动作（再压上射台到位的行程开关），否则容易注射在外面。

2）注塑机使用背压不宜太大。

3）注嘴温度设定不宜太高，否则容易产生漏料。

4）浇口处残留物未清理干净，造成夹料产生间隙。

5）双色机要注意座进保护时间和座进保持时间设置，其应该偏大点。

6）双色机还要考虑主副射台前进的压力设置，一般主射台比副射台的压力要大点。

双色机及射台实体如图 9-47 所示。

图 9-47 双色机及射台实体

案例 197 热流道模具安装不当

在生产中，由于缺乏对热流道模具知识的了解，使得热流道模具安装不当，从而导致漏胶，清理漏胶困难，产品欠注，电器短路，更换大量的备件，拆模具、多次上下模具等，浪费了大量的时间和资金。

图 9-48 所示为热流道模具漏胶。

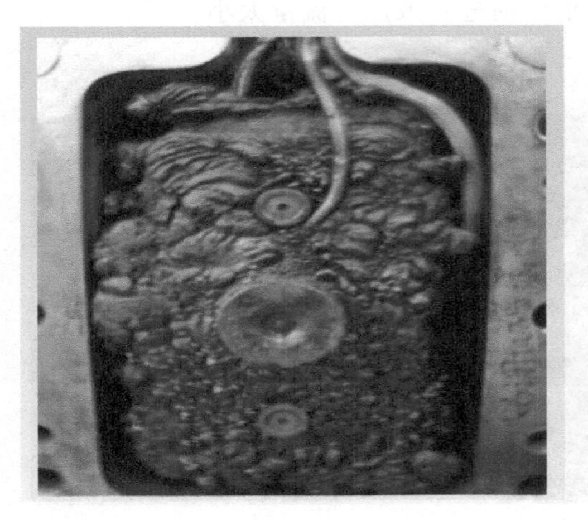

图 9-48　热流道模具漏胶

1. 热流道模具的机构

热流道模具机构如图 9-49 所示。

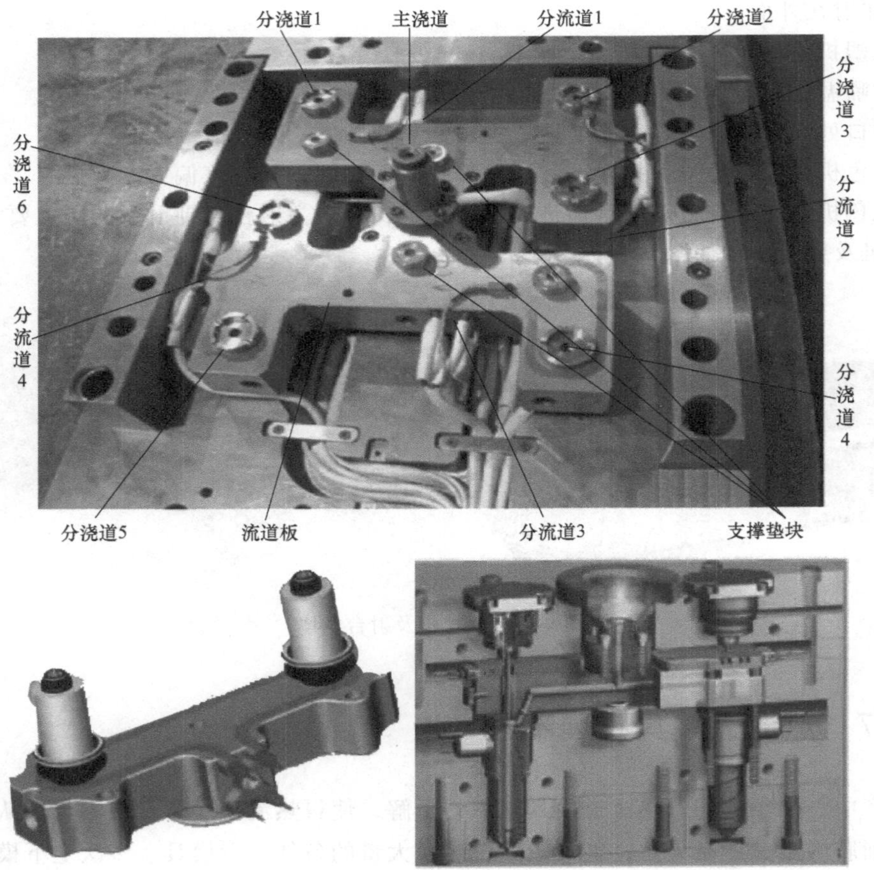

图 9-49　热流道模具机构

2. 热流道模具安装步骤及注意事项

现以一套十六点系统的安装作为实例，详细说明安装步骤及注意事项。

1）摆好模具，放平上模，用风枪清理所有孔位及模板，如图 9-50 所示。

2）如图 9-51 所示，检查各孔位尺寸，重点检查深度。清除模板上的毛刺。同时，查看锁分流板的螺孔及中心钉和防转销孔是否完成加工（第一次做热流道模具的师傅经常会漏）。

图 9-50 热流道安装步骤及注意事项（一）

图 9-51 热流道安装步骤及注意事项（二）

3）将热嘴封胶位和台阶位与模具配合的部位扫红丹，如图 9-52 所示。

4）将热嘴试装，然后拆出检查封胶位是否擦到红丹（见图 9-53），台阶位是否碰到模具。如果没有，停止安装，检查误差原因进行调整。确保配合紧密、不漏料。此过程注意不要碰伤嘴尖。

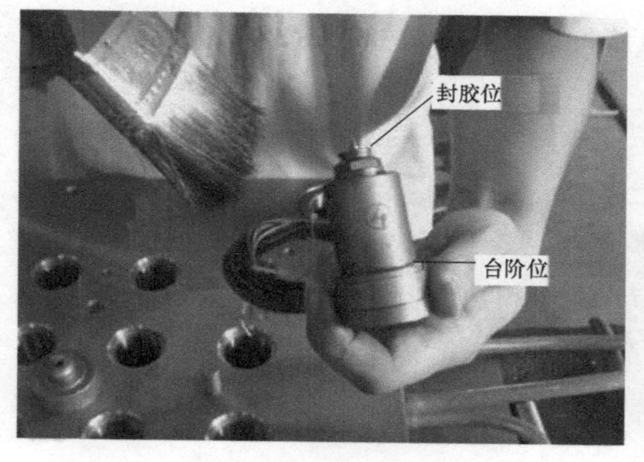

图 9-52 热流道安装步骤及注意事项（三）

图 9-53 热流道安装步骤及注意事项（四）

5）将热嘴全部装好。同时，装好中心垫、中心销、防转销，并在其平面上扫红丹，如图 9-54 所示。

6）检查热嘴平面及中心垫高度（见图 9-55），误差控制在 0.05mm 以内。

7）试装分流板（见图 9-56）。注意：正式装分流板时，不要漏装热嘴密封圈。

8）检查分流板与热嘴的配合，保证全部碰到红丹，确保不漏胶（见图 9-57）。

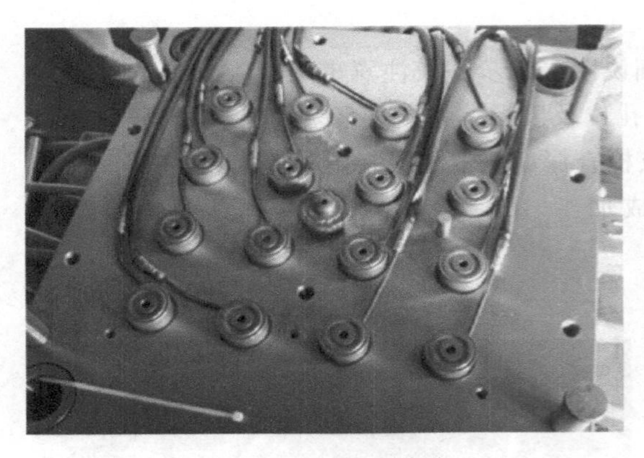

图 9-54 热流道安装步骤及注意事项（五）

图 9-55 热流道安装步骤及注意事项（六）

图 9-56 热流道安装步骤及注意事项（七）

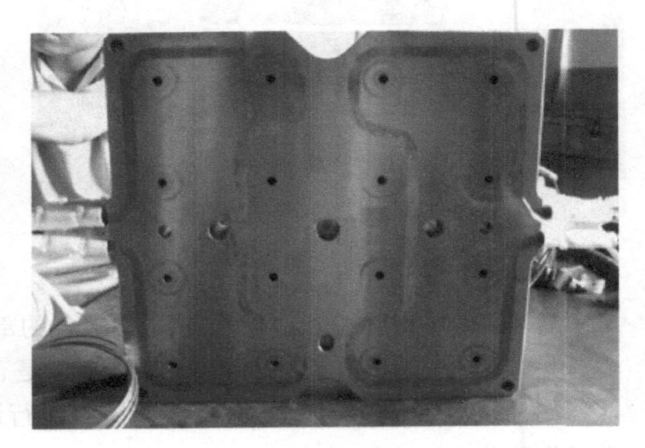

图 9-57 热流道安装步骤及注意事项（八）

9）整理热嘴走线，做到整齐美观，并将线路每组按顺序编号。将线接入插座（见图 9-58）。

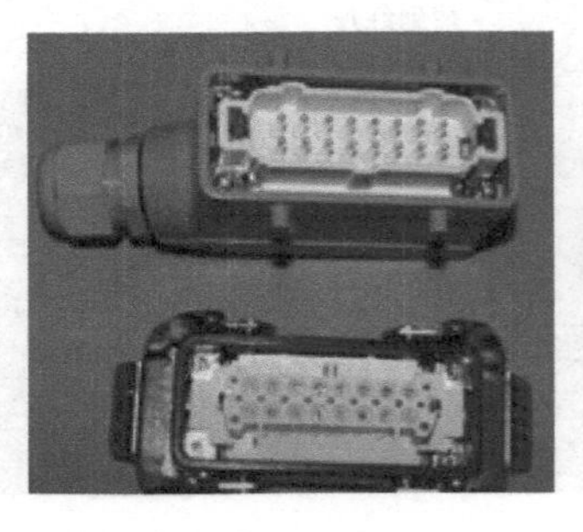

图 9-58 插座

注意：热电偶的压接需要一些技巧，不要造成断线。另外，请把流道电热控制和浇道电热控制分开接线（不要接在一个插座里面。同时，流道电热控制和浇道电热控制在使用插座时应分开，不容易插错），这样便于以后维修和控制（见图 9-59）。

线接好以后，请按照顺序记录好每一个流道和浇道的位置，并编号。同时，画一个简单的流道位置及浇道位置图（注意：这一点非常重要），如图 9-60 所示。

图 9-59　热流道安装步骤及注意事项（九）

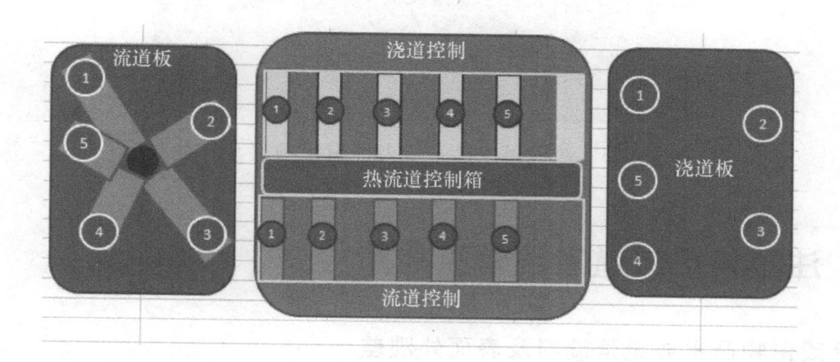

图 9-60　热流道安装步骤及注意事项（十）

10）将分流板正式装入。锁紧分流板固定螺钉（注意一定要锁平衡，保持分流板的四角高度一致），控制分流板介子高于周边模框平面 0.10~0.15mm，然后在分流板介子上扫红丹（见图 9-61）。

11）将码模板试装。检查平面是否碰到介子红丹，确保模板压住分流板介子（见图 9-62）。

12）锁紧模具。将模具立起，从分型面检查浇口与嘴尖的配合是否达到要求。要做到

图 9-61　热流道安装步骤及注意事项（十一）

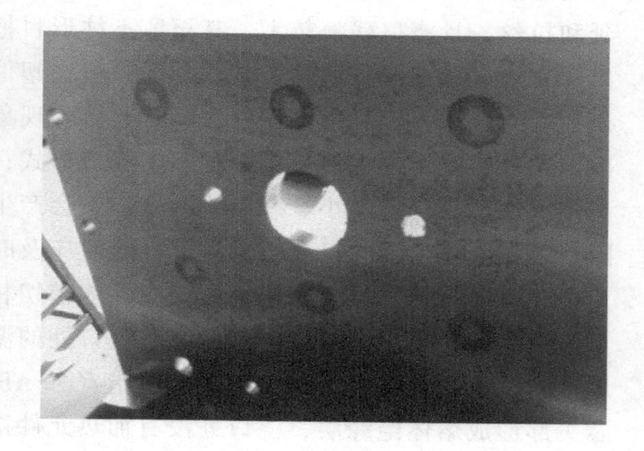

图 9-62　热流道安装步骤及注意事项（十二）

嘴尖低于浇口面 0.1～0.2mm，嘴尖不能偏心。用万用表仔细检测每组电路，做到无短路、断路、漏电等。各组线路对应无误，确保所有电路正常。

13）接好温控器进行试加温，第一次加温应在 100℃ 以内保持 10min 进行预热除湿，保护加热器。然后加温到需要的温度，正常即可安排吊装模具试模（图 9-63）。

图 9-63　热流道安装步骤及注意事项（十三）

案例 198　注塑机热流道系统常见故障

1. 浇口处残留物凸出或流延滴料及表面外观差

主要原因：浇口结构选择不合理，温度控制不当，注射后流道内熔体存在较大残留压力。

解决对策：

1）浇口结构的改进。通常浇口的长度过长，会在塑件表面留下较长的浇口料把，而浇口直径过大，则易导致流延滴料现象的发生。当出现上述故障时，可重点考虑改变浇口结构。热流道常见的浇口形式有直浇口、点浇口和阀浇口。

主流道浇口，其特点是：流道直径较粗大，故浇口处不易凝结，能保证深腔制品的熔体顺利注射；不会快速冷凝，塑件残余应力最小，适宜成型一模多腔的深腔制品；较易产生流延和拉丝，且浇口残痕较大，甚至留下柱形料把，故浇口处料温不可太高，且需稳定控制。

直浇口特点同普通注塑基本相同，但在塑件上的残痕相对较小。点浇口的特点是：塑件残余应力较小，冷凝速度适中，流延、拉丝现象也不明显；可用于大多数工程塑料，也是目前国内外热流道模塑使用较多的一类浇口形式；塑件质量较高，表面仅留有极小的痕迹。

阀浇口具有残痕小、残余应力低，不会产生流延、拉丝；但阀口磨损较明显，在使用中随着配合间隙的增大又会出现流延，此时应及时更换阀芯、阀口体。

浇口形式的选择与被模塑的树脂性能密切相关。易发生流延的低黏度树脂，可选择阀浇口。结晶型树脂成型温度范围较窄，浇口处的温度应适当较高，如 POM、PPEX 等树脂可采用带加热探针的浇口形式。无定型树脂（如 ABS、PS 等）成型温度范围较宽，由于鱼雷嘴芯头部形成熔体绝缘层，浇口处没有加热元件接触，故可加快凝结。

2）温度的合理控制。若浇口区冷却水量不够，则会引起热量集中，造成流延、滴料和拉丝。因此出现上述现象时，应加强该区的冷却。

3）树脂释压。流道内的残余压力过大是造成流延的主要原因之一。一般情况下，注塑机应采取缓冲回路或缓冲装置来防止流延。

2. 注射量短缺或无料射出

主要原因：流道内出现障碍物或死角；浇口堵塞；流道内出现较厚的冷凝层。

解决对策：

1）流道设计和加工时，应保证熔体流向拐弯处壁面的圆弧过渡，使整个流道平滑而不存在流动死角。

2）在不影响塑件质量的情况下，适当提高料温，避免浇口过早凝结。

3）适当增加热流道温度，以减小内热式注嘴的冷凝层厚度，降低压力损失，从而利于充满型腔。

3. 漏料严重

主要原因：密封元件损坏；加热元件烧毁引起流道板膨胀不均；注嘴与浇口套中心错位，或者止漏环决定的熔体绝缘层在注嘴上的投影面积过大，导致注嘴后退。

解决对策：

1）检查密封元件、加热元件有无损坏。若有损坏，在更换前仔细检查是元件质量问题、结构问题，还是正常使用寿命所导致的结果。

2）选择适当的止漏方式。根据注嘴的绝热方式，防止漏料可采用止漏环或注嘴接触两种结构。应注意使止漏接触部位保持可靠的接触状态。

在强度允许范围内，要保证注嘴和浇口套之间的熔体投影面积尽量小，以防止注射时产生过大的背压使注嘴后退。采用止漏方式时，注嘴和浇口套的直接接触面积要保证即使热膨胀造成的两者中心错位，也不会发生树脂泄漏。但接触面积也不能太大，以免造成热损失增大。

4. 热流道不能正常升温或升温时间过长

主要原因：导线通道间距不够，导致导线折断；装配模具时导线相交发生短路、漏电等现象。

解决对策：选择正确的加工和安装工艺，保证能安放全部导线，并按规定使用高温绝缘材料，定期检测导线破损情况。

案例 199　螺杆清洗问题

注塑企业生产会用到各种不同料性、不同颜色的原料。由于订单大多是量小而品种多，因此需经常换料（清洗机筒螺杆）。由于深色料转换为浅色料不易，许多企业往往为之投入大量经费购买各种清洗剂，从而导致生产成本费用的提高，同时对机筒及螺杆有不同程度的腐蚀、磨损，还未必起到较理想的效果。根据不同种类的清洗剂在机筒中产生材料膨胀、导致摩擦清洗的这一特点，在生产实际工作中，注意思考、分析、观察，经过一段时间的摸索和反复试验，取得了一些清洗螺杆机筒比较好的方法，清洗效果有了提高，同时使用清洗的材料量得到大大下降。这不失为一种比较好的方法，建议同行业推广使用。特别提醒：

1）清理时，尽量使用与下一个需要生产的料一样的颜色进行清理，这样颜色转换会快一些。

2）清理结束时，把注嘴拆下来单独清理，效果会更好。

3）尽量在清洗材料的低熔点下进行清洗，这样容易产生比较大的摩擦力。

1. 塑料原料更换时清洗机筒材料（见表9-4）

表9-4 塑料原料更换时清洗机筒材料

原材料	更换材料	清洗料	原材料	更换材料	清洗料
PC	ABS	PE	HIPS	PP	PP
PC	PMMA	PE	HIPS	PMMA	PMMA
PC	PP	PP	PP	PC	PC
PC	HIPS	PE	PP	ABS	ABS
PC	POM	PE	PP	POM	POM
PMMA	PC	PE	PP	PMMA	PMMA
PMMA	PP	PP	PP	HIPS	HIPS
PMMA	ABS	ABS	POM	ABS	ABS
PMMA	POM	PS	POM	PMMA	PS
PMMA	HIPS	HIPS	POM	PC	PE
HIPS	PC	PE	ABS	POM	PS
HIPS	POM	PS	ABS	PMMA	PS
HIPS	ABS	ABS	ABS	PC	PE

2. 塑料原料更换时补充注意事项（见表9-5）

表9-5 塑料原料更换时补充注意事项

生产时的塑料	可选用的材料	不选用的材料
PC	PMMA、PC、GPPS、HDPE	LDPE、POM、ABS、PA
PVC	GPPS、PMMA、PP、LDPE	POM

3. 机筒螺杆的清洗方法

1）趁热（前面一种颜色的塑料已经生产结束）将螺杆中的颜色料射空（注意：尽量还是注射成产品）。如暂时不需要马上进行下一个产品的加工，可用本色料（或清洗材料）加入进行过渡，并预塑至出现在的料再停止储料，并关闭电热开关后停机（见图9-64）。

2）加入清洗材料。温度设定为该清洗材料的下熔点范围后，开预塑动作，使清洗材料进入螺杆机筒。此时，背压设置可以高一些，待射注嘴出料以后再下降到100Pa左右（见图9-65）。

3）先开储料动作（螺杆退30~50mm），再开螺杆后退动作将螺杆抽到底（见图9-66）。

4）迅速一次性注射到底（见图9-67）。

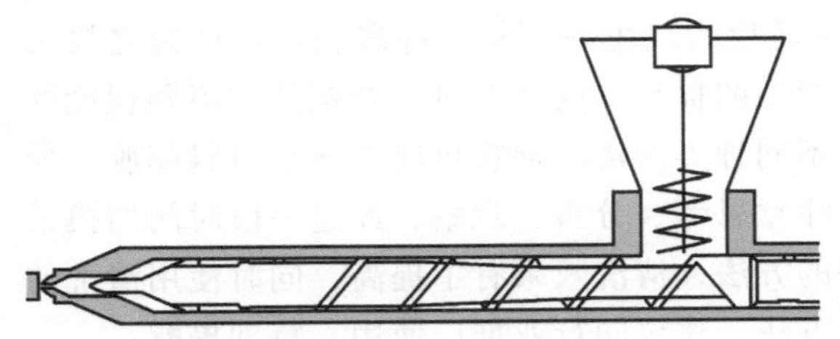

图9-64 机筒螺杆清洗流程图（一）

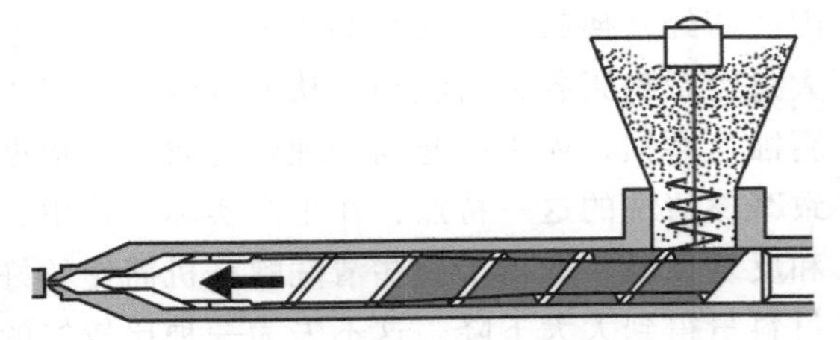

图9-65 机筒螺杆清洗流程图（二）

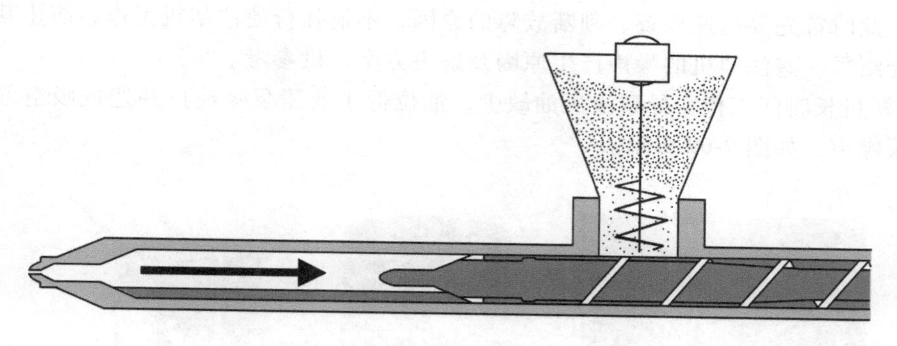

图 9-66　机筒螺杆清洗流程图（三）

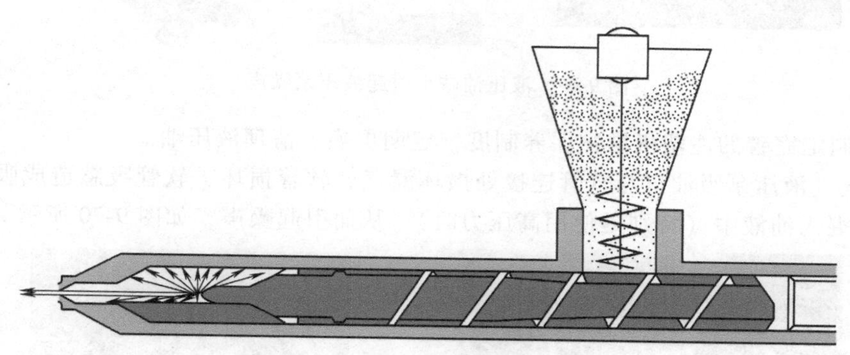

图 9-67　机筒螺杆清洗流程图（四）

5）先按照清洗步骤 3）开储料动作（螺杆退 30~50mm），再开螺杆后退动作将螺杆抽到底（见图 9-68）。

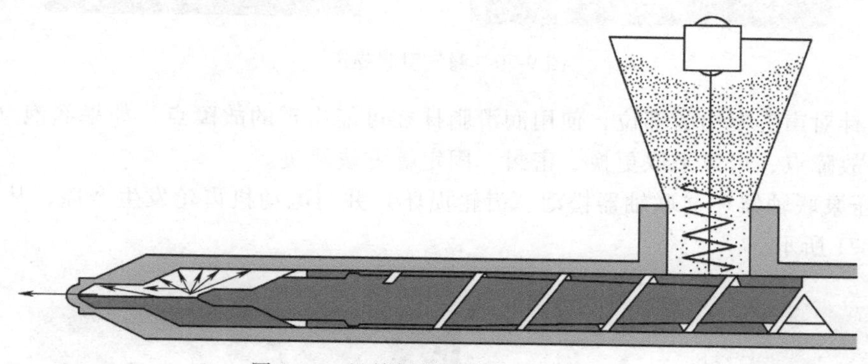

图 9-68　机筒螺杆清洗流程图（五）

以上动作反复多次，原理：在高速注射时，一部分的原料及空气被压出，由于速度太快，其余在机筒内的原料暂时出不去，因此和空气互相挤压。

案例 200　注塑机的噪声故障

在注塑机遇到相对一段较长时间的停机（放假、无订单、计划停机、设备修理、更换液压油、缺少冷却水、油温升高等）情况下，重新起动（操作）注塑机时可能会产生比较高的噪声。此时首先要迅速检查、判断故障的原因，不能强行使注塑机工作，防止其发生损坏。下面介绍了一些注塑机的噪声产生原因及解决方案，供参考。

1）注塑机长时间工作，导致液压油缺少，油位低于液压泵吸油口并造成吸空气，从而引起液压泵噪声，如图 9-69 所示。

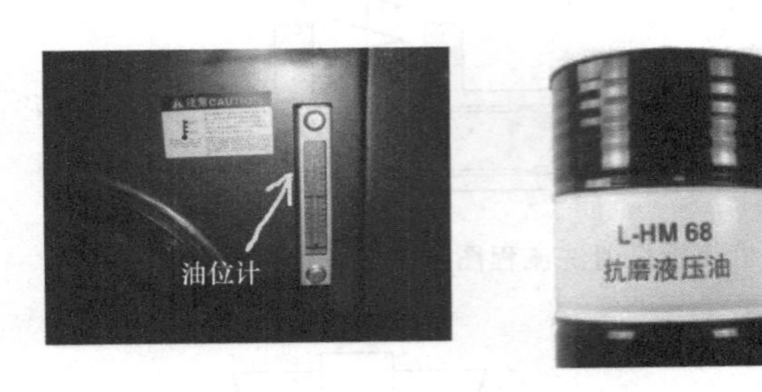

图 9-69　液压油缺少引起液压泵噪声

对策：制定完善的注塑机维护保养制度，定期更换、清理液压油。

2）漏气（液压泵吸油口与软管连接处损坏漏气、软管损坏、软管吸憋造成吸油不畅通等）使空气混入油液中（特别是使用高压力时），从而引起噪声，如图 9-70 所示。

图 9-70　漏气引起噪声

对策：针对声音发出的部位，使用润滑脂抹在可能出现的故障点，如果起泡（或吸入）说明找到了故障点，可以采取更换、密封、固定等方法解决。

3）液压泵联轴器坏（联轴器松动、齿轮损坏）并与电动机齿轮发生摩擦，从而引起噪声，如图 9-71 所示。

图 9-71　液压泵联轴器损坏引起噪声

对策：判断液压泵联轴器是否损坏的方法是当电动机一开（无负载压力）就出现液压泵部位发出的异响（而且关机后电动机还长时间运转），另外在停机状态下，用手转动液压

泵时电动机不一起转动（或转动电动机时液压泵不一起转动），还有就是可以直接看到联轴器已经损坏。

4）长时间不更换新液压油，导致液压油很脏（滤网被杂物堵塞需要清洗及排气），从而引起噪声，如图9-72所示。液压油老化的症状表现为：①液压油变黑；②液压油有胶状物。一般来说，工作到2000h后，液压油是必须要更换的。长时间没有更换液压油，液压油

图9-72 油脏引起噪声

不变质就不影响正常使用；如果油变质，混有水分等杂质发生乳化、起泡沫则会影响正常使用，造成液压元件锈蚀、被卡导致不能正常工作。液压油相当于注塑机的血液，如果没有及时更换，或者混入杂质没有检查出来，将会损失惨重。长期不更换液压油会损坏液压件，油温会超过正常值；对于较精细的液压阀，会经常卡阀，对于大型液压缸，可能会使大型液压缸发热而损坏。长期没有更换的液压油易被氧化，形成油泥聚集在底部，无法使用。系统压力变低，直接影响加工效率及精度，液压油发臭、乳化导致机器锈蚀。维护不当造成冷却器内水管破裂，水进入液压油中会导致注塑机的液压设备在使用期间渐渐劣化。液压油一旦劣化，就会急速进行，以致缩短油压装置中各种注塑机配件的运转寿命。

更换液压油的步骤如下：

第一步：关掉机器电闸，用木棒搅动油污中的沉淀物。

第二步：抽干里面所有的液压油。

第三步：卸下过滤器，使用空气压缩机吹洗，用干净的丝绸布或者能吸油的布擦干里面所有的油污。大型的机器可考虑人工清洁。

第四步：用柴油清洗过滤器，用牙刷刷净网壁上的油污，如有破损的滤网应及时更换，清洗完毕再用干净的柴油冲洗，然后直立让油流干。

第五步：装上过滤器，抽入干净的新油，观察旁边的刻度表，直到达到标准刻度，然后装好盖，合上电闸开动机器约1min后，做手动合模约5次就可以开电热装置待工作了。

5）油冷却器堵（无冷却水）造成油温高，油黏度下降引起管道及密封件老化变形以及阀泄漏、压力波动，从而引起噪声，如图9-73所示。

6）液压泵、液压马达、电动机轴承损坏，电动机接线错误，从而引起噪声，如图9-74所示。

① 修理液压泵后叶片装反。

② 液压油不干净引起液压泵损坏。

③ 液压泵叶片磨损、配油盘磨损、泵体安装有偏差。

7）液压及控制机构问题（溢流阀前腔内存有空气，溢流阀主阀芯上阻尼孔被污物堵

图 9-73　油温高引起噪声

图 9-74　液压泵、液压马达、电动机轴承损坏引起噪声

塞，先导阀与阀座配合拉伤不密合，液压阀弹簧变形或装错，液压阀遥控口流量过大，液压油黏度过低或过高）使油液中混有空气或液压缸中空气未完全排尽，并在高压作用下产生气穴现象，从而引起较大噪声，如图 9-75 所示。

对策：须及时排尽空气。

图 9-75　液压及控制机构问题引起噪声

8）注塑机基础压力 p 调得太高，引起较大噪声。

对策：重新合理调节比例压力（流量）阀的电流值。

9）开锁模噪声。参考前文介绍的锁模机构的故障导致的摩擦声音。

参考文献

[1] 王兴天. 注塑成型技术 [M]. 北京：化学工业出版社，1989.

[2] 杨卫民，高世权. 注塑机使用与维修手册 [M]. 北京：机械工业出版社，2007.

[3] 李忠文. 注塑机操作与调校技术 [M]. 北京：化学工业出版社，2005.

[4] F. 约翰纳伯. 注射成型机使用指南 [M]. 吴宏武，瞿金平，麻向军，等译. 北京：化学工业出版社，2004.

[5] 李忠文，朱国宪，年立官. 注塑机维修实用教程 [M]. 北京：化学工业出版社，2008.

[6] 蔡恒志，等. 注塑制品成型缺陷图集 [M]. 北京：化学工业出版社，2011.

[7] 周殿明. 注塑成型中的故障与排除 [M]. 北京：化学工业出版社，2002.

[8] 李忠文，陈巨. 注塑机操作与调校实用教程 [M]. 北京：化学工业出版社，2007.

[9] 周殿明. 塑料注射成型机的使用与维护 [M]. 北京：机械工业出版社，2010.

[10] 刘朝福. 图解注塑机操作与维修 [M]. 北京：化学工业出版社，2015.